自然语言处理实战

算法卷

陈继生　编著

中国铁道出版社有限公司
CHINA RAILWAY PUBLISHING HOUSE CO., LTD.

北　京

图书在版编目（CIP）数据

自然语言处理实战．算法卷 / 陈继生编著．—北京：
中国铁道出版社有限公司，2024.7
ISBN 978-7-113-31211-4

Ⅰ.①自… Ⅱ.①陈… Ⅲ.①自然语言处理 Ⅳ.①TP391

中国国家版本馆 CIP 数据核字（2024）第 088450 号

书　　名：**自然语言处理实战：算法卷**
　　　　　ZIRAN YUYAN CHULI SHIZHAN：SUANFA JUAN

作　　者：陈继生

责任编辑：荆　波	编辑部电话：（010）51873026	电子邮箱：the-tradeoff@qq.com

封面设计：郭瑾萱
责任校对：刘　畅
责任印制：赵星辰

出版发行：中国铁道出版社有限公司（100054，北京市西城区右安门西街 8 号）
印　　刷：河北京平诚乾印刷有限公司
版　　次：2024 年 7 月第 1 版　　2024 年 7 月第 1 次印刷
开　　本：787 mm×1 092 mm　1/16　印张：17.25　字数：442 千
书　　号：ISBN 978-7-113-31211-4
定　　价：79.00 元

版权所有　侵权必究

凡购买铁道版图书，如有印制质量问题，请与本社读者服务部联系调换。电话：（010）51873174
打击盗版举报电话：（010）63549461

前　言

在当今数字化社会，自然语言处理（NLP）作为人工智能领域的关键技术之一，扮演着解析、理解和生成人类语言的重要角色。NLP 技术的兴起源于我们对计算机理解和处理人类语言的渴望，如今它已经开始逐渐融入我们的日常生活，涵盖了搜索引擎、虚拟助手、社交媒体分析等多个领域。

随着信息时代的蓬勃发展，NLP 技术的需求不断攀升。企业迫切需要利用 NLP 技术从海量文本数据中提取信息，进行智能决策；而个性化推荐、智能客服、情感分析等应用场景对于高效的 NLP 技术也提出了更高的要求。在这个背景下，具备 NLP 技能的专业人才需求明显提升，这不仅包括计算机科学领域的学生和研究者，还包括广泛的从业者，因此促使了对 NLP 相关知识的学习和深入研究的持续增长。

本书的内容

本书深入探讨了 NLP 的核心算法和实际应用，从基础理论到高级技术，较为全面地展示了 NLP 领域的前沿发展。书中主要内容涉及文本预处理算法、特征提取、文本分类与情感分析算法、语言生成算法、语义分析与理解算法、机器翻译算法，以及三个 NLP 实战案例（智能客服系统、文本摘要系统、消费者投诉处理模型）。通过清晰的解释、实用的示例和实战项目，读者可在掌握 NLP 算法的同时获得实际项目开发的经验。

通过对本书的学习，读者将系统地了解 NLP 领域的理论和实践，培养对自然语言处理的深刻理解及解决实际问题的能力。这本书旨在成为 NLP 领域实践者和学习者的权威指南。

本书的特色

（1）力求全面覆盖 NLP 领域。本书基本覆盖了 NLP 领域的关键概念和算法。无论读者是初学者还是有一定经验的开发者，都能够从本书学习中获益。

（2）理论与实践结合。每个章节都以理论知识为基础，通过丰富的示例和实战项目将概念转化为实际应用。读者将深刻理解 NLP 算法背后的原理，并学会将其运用到实际项目中。

（3）深度学习技术详解。在书中特别强调深度学习技术在 NLP 中的应用，包括卷积神经网络、循环神经网络、注意力机制、生成对抗网络等。这些深度学习模型在实际项目中的应用将成为读者在 NLP 领域的强大工具。

（4）跨学科的综合性。不仅关注 NLP 领域本身，还结合了人工智能、机器学习和深度学习等跨学科的知识。这使得读者能够获得更全面的视角，深入理解 NLP 与其他领域的关联与交叉。

本书的读者对象

（1）人工智能应用算法初学者。对人工智能和自然语言处理领域感兴趣，但缺乏系统知识的初学者。本书通过清晰的解释和实用的示例，为初学者提供了理解 NLP 基础概念和算法的入门指南。

（2）开发者和工程师。有一定编程和机器学习基础的开发者和工程师，希望深入学习和应用自然语言处理技术。本书提供了丰富的实战案例，使开发者能够将所学应用于实际项目中。

（3）数据科学家和研究人员。在数据科学和人工智能研究领域工作的专业人员，希望深入了解自然语言处理领域的理论和实践。本书提供了深度学习、特征提取、文本分类等方面的内容，满足专业人员的深度需求。

总体而言，本书旨在适应不同层次和背景的 NLP 学习与应用人员，提供了渐进式的学习路径，使得初学者能够逐步掌握 NLP 算法基础知识，而有经验的开发者和研究者则能够深入学习和应用 NLP 技术。

源代码下载包

在自然语言处理中，算法的应用没有标准答案，只有适合的场景。为方便读者学习和应用，笔者将书中示例和实践项目的源代码整理为下载包，倾囊相赠，以飨读者。

源代码下载包下载地址为：

http://www.m.crphdm.com/2024/0617/14732.shtml

编 者

2024 年 4 月

目　录

第 1 章　人工智能与自然语言处理基础

1.1　人工智能 1
　　1.1.1　人工智能的发展历程 1
　　1.1.2　人工智能的研究领域 2
1.2　机器学习和深度学习 3
　　1.2.1　机器学习 3
　　1.2.2　深度学习 3
　　1.2.3　机器学习和深度学习的区别 3
1.3　什么是自然语言处理 4
1.4　自然语言处理的挑战与机遇 4
　　1.4.1　挑战 5
　　1.4.2　机遇 5

第 2 章　文本预处理算法

2.1　分词 6
　　2.1.1　分词的重要性和基本原理 6
　　2.1.2　基于空格的分词 7
　　2.1.3　基于标点符号的分词 8
2.2　词干化与词形还原 9
　　2.2.1　词干化与词形还原的区别 9
　　2.2.2　词干化算法 9
　　2.2.3　词形还原算法 12
2.3　去除停用词 16
　　2.3.1　什么是停用词 16
　　2.3.2　基于词汇列表的停用词去除 16
　　2.3.3　基于词频的停用词去除 17
　　2.3.4　使用 TF-IDF 算法去除停用词 17
　　2.3.5　利用机器学习方法去除停用词 19
2.4　数据清洗和处理 20
　　2.4.1　处理缺失值 20
　　2.4.2　异常值检测与处理 24
　　2.4.3　处理重复数据 27

第 3 章　特征提取

- 3.1　特征的类型 … 29
- 3.2　特征选择 … 30
  - 3.2.1　特征选择的必要性 … 30
  - 3.2.2　特征选择的方法 … 30
- 3.3　特征抽取 … 34
  - 3.3.1　特征抽取的概念 … 34
  - 3.3.2　主成分分析 … 35
  - 3.3.3　独立成分分析 … 39
  - 3.3.4　自动编码器 … 42
- 3.4　嵌入 … 44
  - 3.4.1　嵌入的重要应用场景 … 44
  - 3.4.2　PyTorch 嵌入层的特征提取 … 45
  - 3.4.3　TensorFlow 嵌入层的特征提取 … 47
  - 3.4.4　Word2Vec 模型 … 48
  - 3.4.5　GloVe 模型 … 50
- 3.5　词袋模型 … 51
  - 3.5.1　词袋模型的实现步骤与具体示例 … 51
  - 3.5.2　词袋模型的限制与改进 … 53
- 3.6　TF-IDF … 55
  - 3.6.1　TF-IDF 关键概念与计算方式 … 56
  - 3.6.2　使用 TF-IDF 提取文本特征 … 56

第 4 章　文本分类与情感分析算法

- 4.1　朴素贝叶斯分类器 … 59
  - 4.1.1　朴素贝叶斯分类器的基本原理与应用场景示例 … 59
  - 4.1.2　应用场景示例：垃圾邮件过滤 … 60
- 4.2　支持向量机 … 61
  - 4.2.1　支持向量机的核心思想和主要原理 … 61
  - 4.2.2　线性 SVM 与非线性 SVM … 61
- 4.3　随机森林算法 … 63
  - 4.3.1　随机森林算法的主要原理和应用场景 … 63
  - 4.3.2　随机森林算法应用：垃圾邮件分类器 … 64
- 4.4　卷积神经网络 … 66
  - 4.4.1　卷积神经网络的发展背景 … 66
  - 4.4.2　卷积神经网络的结构 … 67
  - 4.4.3　卷积神经网络实战案例 … 67
- 4.5　循环神经网络 … 69
  - 4.5.1　循环神经网络介绍 … 69

	4.5.2	文本分类	70

- 4.5.2 文本分类 70
- 4.5.3 循环神经网络实战案例 1：使用 PyTorch 开发歌词生成器模型 71
- 4.5.4 循环神经网络实战案例 2：使用 TensorFlow 制作情感分析模型 74

4.6 递归神经网络 80
- 4.6.1 递归神经网络介绍 81
- 4.6.2 RvNN 81

第 5 章　语言生成算法

5.1 基于规则的生成算法 103
- 5.1.1 基于规则的生成算法的优缺点 103
- 5.1.2 基于规则的生成算法在自然语言处理中的应用场景 103

5.2 基于统计的生成算法 105
- 5.2.1 基于统计的生成算法介绍 105
- 5.2.2 常见基于统计的生成模型 106
- 5.2.3 N-gram 模型 106
- 5.2.4 隐马尔可夫模型 108
- 5.2.5 最大熵模型 109

5.3 基于神经网络的生成模型 111
- 5.3.1 常见的基于神经网络的生成模型 111
- 5.3.2 神经网络生成的基本原理 111
- 5.3.3 生成对抗网络 112

5.4 注意力机制 117
- 5.4.1 注意力机制介绍 117
- 5.4.2 注意力机制的变体 117
- 5.4.3 注意力机制解决什么问题 118

5.5 序列到序列模型 119
- 5.5.1 Seq2Seq 模型介绍 119
- 5.5.2 Seq2Seq 编码器—解码器结构 120
- 5.5.3 使用 Seq2Seq 模型实现翻译系统 120

第 6 章　语义分析与理解算法

6.1 词义表示 141
6.2 语义相似度计算 141
- 6.2.1 语义相似度的重要性 141
- 6.2.2 词汇语义相似度计算方法 142
- 6.2.3 文本语义相似度计算方法 144

6.3 命名实体识别 145
- 6.3.1 命名实体识别介绍 145
- 6.3.2 基于规则的 NER 方法 146
- 6.3.3 基于机器学习的 NER 方法 147

6.4 语义角色标注 149
6.4.1 语义角色标注介绍 150
6.4.2 基于深度学习的 SRL 方法 150
6.5 依存分析 152
6.5.1 依存分析介绍 153
6.5.2 依存分析的基本步骤 153
6.5.3 依存分析的方法 153
6.5.4 依存分析在自然语言处理中的应用 155
6.6 语法树生成 157
6.6.1 语法树介绍 157
6.6.2 语法树生成的基本原理 157
6.6.3 生成语法树的方法 158
6.6.4 基于上下文无关文法的语法树生成 159
6.7 知识图谱与图数据分析 160
6.7.1 知识图谱的特点 160
6.7.2 知识图谱的构建方法 160
6.7.3 图数据分析的基本原理 162
6.7.4 图数据分析的应用场景 164

第 7 章 机器翻译算法

7.1 常见的机器翻译算法 167
7.2 统计机器翻译 167
7.2.1 统计机器翻译的实现步骤 167
7.2.2 常见的 SMT 模型 168
7.2.3 SMT 的训练和解码 169
7.3 神经机器翻译 171
7.3.1 NMT 模型的一般工作流程 171
7.3.2 NMT 的应用领域 172
7.3.3 NMT 的训练和解码 172
7.3.4 基于 NMT 的简易翻译系统 173
7.4 跨语言情感分析 185
7.4.1 跨语言情感分析介绍 185
7.4.2 跨语言情感分析的挑战 186
7.4.3 跨语言情感分析的方法 187

第 8 章 NLP 应用实战：智能客服系统

8.1 背景介绍 207
8.2 系统介绍 207
8.3 模型介绍与准备 208
8.3.1 模型介绍 208

| 8.3.2　下载模型文件 209
| 8.4　Android 智能客服系统 209
| 8.4.1　准备工作 209
| 8.4.2　页面布局 211
| 8.4.3　实现主 Activity 212
| 8.4.4　智能回复处理 214

第 9 章　NLP 应用实战：文本摘要系统

9.1　文本摘要系统介绍 218
9.2　抽取式文本摘要方法 218
9.3　抽象生成式文本摘要方法 219
9.4　文本摘要生成系统 220
　　　9.4.1　准备数据 221
　　　9.4.2　数据预处理 221
　　　9.4.3　数据分析 226
　　　9.4.4　构建 Seq2Seq 模型 228

第 10 章　NLP 应用实战：消费者投诉处理模型

10.1　需求分析 240
10.2　具体实现 240
　　　10.2.1　数据集预处理 241
　　　10.2.2　目标特征的分布 245
　　　10.2.3　探索性数据分析 246
　　　10.2.4　制作模型 254

第 1 章 人工智能与自然语言处理基础

自然语言处理（NLP）是研究计算机如何理解和生成人类自然语言的领域，它涵盖了文本分析、语音识别、机器翻译和情感分析等任务。人工智能和自然语言处理是不断发展的技术实践领域，涉及广泛的技术和应用。它们的发展不仅影响了计算机科学领域，还在日常生活和商业中扮演越来越重要的角色。在本章中，将向大家讲解人工智能与自然语言处理的基础知识，为读者步入本书后面知识的学习打下基础。

1.1 人工智能

人工智能是研究、开发用于模拟、延伸和扩展人类智能的理论、方法、技术及应用系统的一门新的技术科学。现在通常将人工智能分为弱人工智能和强人工智能。我们在科幻电影中看到的人工智能大部分都是强人工智能，它们能像人类一样思考如何处理问题，甚至能在一定程度上做出比人类更好的决定，它们能自适应周围的环境，解决一些程序中没有遇到的突发事件。但是在现实世界中，目前大部分人工智能只是实现了弱人工智能，能够让机器具备观察和感知的能力，在经过一定的训练后能计算一些人类不能计算的事情，但是它并没有自适应能力，也就是它不会处理突发的情况，只能处理程序中已经写好的或者可以预测到的事情。

1.1.1 人工智能的发展历程

人工智能的起源可以追溯到 20 世纪 50 年代，其发展历史至今经历了四个阶段的演进和突破。以下是人工智能发展的历程，主要介绍发展过程中的主要阶段和里程碑事件。

（1）早期探索阶段（1950 年—1960 年）
- 20 世纪 50 年代，艾伦·图灵提出了"图灵测试"，探讨了机器是否能够表现出人类智能。
- 1956 年，达特茅斯会议召开，标志着人工智能领域的正式创立。
- 20 世纪 60 年代，人工智能研究集中在符号逻辑和专家系统上，尝试模拟人类思维过程。

（2）知识表达与专家系统阶段（1970 年—1980 年）
- 20 世纪 70 年代，人工智能研究注重知识表示和推理，发展了产生式规则、语义网络等知识表示方法。
- 20 世纪 80 年代，专家系统盛行，利用专家知识来解决特定领域的问题，但受限于知识获取和推理效率。

（3）知识与数据驱动的发展（1990 年—2000 年）
- 20 世纪 90 年代，机器学习开始兴起，尤其是基于统计方法的机器学习，如神经网络和支持向量机。
- 21 世纪第一个十年，数据驱动方法得到更广泛应用，机器学习技术在图像识别、语音识别等领域取得突破。

（4）深度学习与大数据时代（2010年至今）
- 21世纪第二个十年，深度学习技术崛起，尤其是卷积神经网络（CNN）和循环神经网络（RNN）等，在图像、语音和自然语言处理领域表现出色。
- 2012年，AlexNet在ImageNet图像分类竞赛中获胜，标志着深度学习的广泛应用。
- 2016年，AlphaGo击败围棋世界冠军李世石，展示了强化学习在复杂决策领域的能力。
- 2019年，OpenAI发布了GPT-2模型，引发了关于大语言模型的讨论。
- 21世纪20年代，大模型和深度学习在多个领域取得突破，包括自然语言处理、计算机视觉、医疗诊断等。

未来，人工智能的发展趋势可能涵盖更高级的自主决策、更强大的学习能力、更广泛的应用领域。

1.1.2　人工智能的研究领域

人工智能的研究领域主要有五层，具体如图1-1所示。

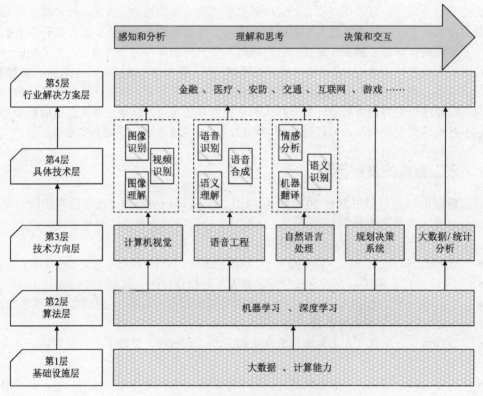

图1-1　人工智能的研究领域

在图1-1所示的分层中，自下而上的具体说明如下：

第一层：基础设施层，包含大数据和计算能力（硬件配置）两部分，数据越大，人工智能的能力越强。

第二层：算法层，像卷积神经网络、LSTM序列学习、Q-Learning和深度学习等都是机器学习的算法。

第三层：技术方向层，例如计算机视觉、语音工程和自然语言处理等。另外还有规划决策系统，例如增强学习，或类似于大数据分析的统计系统，这些都能在机器学习算法上产生。

第四层：具体技术层，例如图像识别、语音识别、语义理解、视频识别、机器翻译等。

第五层：行业解决方案层，例如人工智能在金融、医疗、互联网、安防、交通和游戏等领域的应用。

1.2 机器学习和深度学习

机器学习（machine learning，简称 ML）和深度学习（deep learning）都是人工智能领域中的重要概念，在本节的内容中，将详细讲解这两个概念的知识和区别。

1.2.1 机器学习

机器学习是一门多领域交叉学科，涉及概率论、统计学、逼近论、凸分析、算法复杂度理论等多门学科，它专门研究计算机怎样模拟或实现人类的学习行为，以获取新的知识或技能，重新组织已有的知识结构使之不断改善自身的性能。

在具体实践中，机器学习是一类算法的总称，这些算法企图从大量历史数据中挖掘出其中隐含的规律，并用于预测或者分类，更具体地说，机器学习可以看作是寻找一个函数，输入是样本数据，输出是期望的结果，只是这个函数过于复杂，以至于不能直接形式化表达。

机器学习有一个显著的特点，也是机器学习最基本的做法，就是使用一个算法从大量的数据中解析并得到有用的信息，并从中学习，然后对之后真实世界中会发生的事情进行预测或作出判断。

1.2.2 深度学习

前面介绍的机器学习是一种实现人工智能的方法，深度学习是一种实现机器学习的技术是机器学习的特定分支。深度学习本来并不是一种独立的学习方法，但由于近几年该技术发展迅猛，一些特有的学习手段相继被提出（如残差网络），因此越来越多的人将其单独看作一种学习的方法。

假设我们需要识别某个照片里的动作是狗还是猫，如果是传统机器学习的方法，会首先定义一些特征，如有没有胡须、耳朵、鼻子、嘴巴等等。总之，我们首先要确定相应的"面部特征"作为我们的机器学习的特征，以此来对我们的对象进行分类识别。而深度学习的方法则更进一步，它自动地找出这个分类问题所需要的重要特征。那么，深度学习是如何做到这一点的呢？继续以猫狗识别的例子进行说明，按照以下步骤：

（1）首先确定出有哪些边和角跟识别出猫狗关系最大。

（2）根据上一步找出的很多小元素（边、角等）构建层级网络，找出它们之间的各种组合。

（3）在构建层级网络之后，就可以确定哪些组合可以识别出猫和狗。

注意：深度学习可以大致理解成包含多个隐含层的神经网络结构，深度学习的"深"指的就是隐藏层的深度。

1.2.3 机器学习和深度学习的区别

机器学习和深度学习相互关联，两者之间存在一些区别，其中主要区别如下：

（1）应用范畴方面

机器学习是一个更广泛的概念，涵盖了多种算法和技术，用于让计算机系统通过数据和经验改善性能。机器学习不仅包括传统的统计方法，还包括基于模型的方法、基于实例的方法等。深度学习是机器学习的一个特定分支，它基于多层次的神经网络结构，通过学习多层次的抽象表示来提取数据的复杂特征。深度学习关注于利用神经网络进行数据表示学习和模式识别。

（2）网络结构方面

机器学习方法包括各种算法，如决策树、支持向量机、线性回归等，它们可以应用于各种任务，不一定需要多层神经网络结构。深度学习方法主要是基于多层神经网络的结构，涉及多个层次的抽象表示。深度学习的关键是使用多层次的非线性变换来捕捉数据的复杂特征。

（3）特征学习方面

传统机器学习方法通常需要手工设计和选择特征，然后使用这些特征来进行训练和预测。深度学习的一个重要优势是它可以自动学习数据的特征表示，减少了对特征工程的依赖，从而能够处理更复杂的数据和任务。

（4）适用场景方面

机器学习广泛应用于各个领域，包括图像处理、自然语言处理、推荐系统等，使用不同的算法来解决不同的问题。深度学习主要在大规模数据和高度复杂的问题上表现出色，特别适用于图像识别、语音识别、自然语言处理等领域。

（5）计算资源需求方面

传统机器学习方法通常在较小的数据集上能够进行训练和预测，计算资源需求相对较低。深度学习方法通常需要大量的数据和更多的计算资源，例如训练一个大型深度神经网络可能需要使用多个 GPU。

（6）解决问题方面

在解决问题时，传统机器学习算法通常先把问题分成几块，一个个地解决好之后，再重新组合起来。但是深度学习不同，它是一次性地、端到端地解决，直接在图片中把对应的物体识别出来，同时还能标明对应物体的名字，这样就可以做到实时的物体识别。

1.3　什么是自然语言处理

在了解自然语言处理前，我们先来了解一下什么是自然语言和人工语言。自然语言是人类自然发展和使用的语言，也就是人们日常生活中使用的语言，适用于各种情境和目的。它们具有灵活性，可用于各种交流方式，包括口头交流和书面交流。而人工语言是通过设计和构建的语言，目的是满足特定的通信或信息交流需求。这些语言通常不是自然演化的，而是有计划地创造出来的。通常被用于特定的专业领域，如计算机编程中的编程语言、科学领域中的数学符号等。

自然语言处理是计算机科学和人工智能的一个分支领域，旨在研究计算机如何理解、处理、分析和生成人类自然语言的文本和语音数据。NLP 的主要目标是使计算机能够与人类自然语言进行交流和互动，从而实现更智能的文本和语音处理。

1.4　自然语言处理的挑战与机遇

NLP 领域面临着许多挑战，但同时也提供了许多机遇。在本节的内容中，将详细讲解自然语言处理所面临的一些挑战与机遇。

1.4.1 挑战

- 多义性：自然语言中存在大量的多义词和多义短语，这使得计算机在理解文本时容易出现歧义。
- 多语言处理：在全球化时代，多语言 NLP 变得越来越重要，但不同语言之间的语法和文化差异增加了多语言处理的复杂性。
- 情感分析：理解和分析文本中的情感和情感极性是一项复杂的任务，因为情感可以通过不同的方式表达。
- 大规模文本数据处理：处理大量文本数据需要强大的计算能力和高效的算法，以便从中提取有用的信息。
- 缺乏标记数据：许多 NLP 任务需要大量的标记数据进行训练，但获取和标记这些数据是昂贵和耗时的。
- 隐私问题：处理个人数据和敏感信息时需要谨慎，以确保隐私和数据安全。
- 开放领域问题：NLP 系统通常设计用于特定领域或任务，但在开放领域中处理广泛的主题和问题仍然是一个挑战。

1.4.2 机遇

- 机器翻译：NLP 用于将文本从一种语言翻译成另一种语言，从而实现跨语言交流。
- 文本分类：NLP 系统可用于将文本分类到不同的类别中，用于新闻分类、垃圾邮件检测、主题标记和内容过滤。
- 情感分析：NLP 用于分析文本的情感和情感极性，可以应用于社交媒体监测、市场调研和客户反馈分析。
- 问答系统：NLP 系统能够回答用户提出的自然语言问题，包括虚拟助手、搜索引擎和聊天机器人。
- 语音识别：NLP 技术可以将口语语音转化为文本，用于语音助手、语音命令和语音识别系统。
- 搜索引擎：NLP 用于改进搜索引擎的搜索结果和相关性，以便更好地满足用户的查询需求。
- 自动摘要：NLP 系统可自动提取文本的关键信息，生成文本摘要，可高效处理大量文本数据并节省时间。
- 医疗保健：NLP 用于分析和提取医疗文档中的信息，如病历、医学文献和医生的笔记，以帮助医生做出诊断和决策。
- 金融领域：NLP 技术可用于分析金融新闻、市场评论和经济数据，以支持投资决策和风险管理。
- 法律领域：NLP 用于法律文件的分析、法律研究和合同管理，以提高法律从业者的工作效率。
- 教育领域：NLP 技术可用于教育应用，如智能教育系统、自动化测验和在线学习。

第 2 章 文本预处理算法

文本预处理是 NLP 任务的重要步骤之一，它有助于将原始文本数据转换成适合机器学习算法处理的形式。通过使用文本预处理算法，可以根据特定任务和数据集的要求进行自定义和组合。在本章中，将详细讲解文本预处理算法的知识。

2.1 分词

分词（tokenization）是自然语言处理中的重要步骤，它将文本拆分成单词、短语或标记，使其更容易被计算机处理。从另一个维度看，分词可以理解为将连续的文本转化为离散的单元，这些单元可以用于文本分析、信息检索、机器学习等任务。

2.1.1 分词的重要性和基本原理

1. 重要性

分词对于理解和处理文本数据至关重要，通常包括以下方面：

- 文本理解：分词将连续的文本拆分成单词或其他语言单位，有助于计算机理解文本的语法和语义结构，为后续的文本分析提供了基础。
- 信息检索：在信息检索和搜索引擎中，分词有助于将用户查询与文档中的关键词匹配，使搜索引擎能够更快地找到相关的文档。
- 机器学习和文本分类：在训练机器学习模型时，文本需要转换为数值特征。分词生成了文本的特征表示，可以用于文本分类、情感分析等任务。
- 语言建模：在自然语言处理任务中，如机器翻译和语音识别，分词是语言模型的基础。分词生成了语言模型的输入序列。
- 文本摘要和信息提取：在生成文本摘要或从文本中提取关键信息时，分词有助于确定哪些部分的文本最重要。

2. 基本原理

分词的基本原理可以根据语言和任务的不同而有所不同，但通常包括以下方面：

- 词汇表：首先，需要建立一个词汇表，其中包含常用词汇、短语和标点符号。这个词汇表可以根据不同任务和语言进行定制。
- 文本扫描：文本被扫描以识别分隔符（如空格、标点符号）和字母字符。这些分隔符用于确定分词的位置。
- 字典匹配：根据词汇表，将文本与词汇表中的词汇进行匹配。这是一个基于规则的过程，其中可以考虑上下文和语法规则。
- 最大匹配法：在一些语言中，如中文，可以使用最大匹配法。这意味着从左到右扫描文本，每次匹配最长的词汇。这有助于解决词之间没有空格的问题。

- 统计方法：基于统计方法的分词使用训练好的语言模型，根据词汇的频率和上下文信息来确定最可能的分词。
- 混合方法：一些分词工具采用混合方法，结合规则和统计模型，以获得更好的性能。

分词是 NLP 任务的基础，对于不同语言和任务，可以使用不同的分词方法和工具。正确的分词可以极大地提高文本处理任务的准确性和效率。

2.1.2 基于空格的分词

基于空格的分词是一种最简单的分词方法，它根据空格字符将文本分成单词或短语。这种方法适用于许多拉丁字母文字（如英语、法语、西班牙语等），因为这些语言中通常使用空格来分隔单词。下面是基于空格分词的基本原理和实现步骤

（1）文本扫描：文本会被从左到右进行扫描。

（2）空格分隔：在空格字符处将文本分割为单词或短语。空格字符可以是空格、制表符、换行符等。

（3）形成词元：每个分割后的部分被称为一个词元（token）。词元可以是单词、短语或其他语言单位，具体取决于文本的特点和分词需求。

（4）生成词汇表：文本中的所有词元构成了词汇表。词汇表通常用于后续的文本分析任务。

（5）小写处理：根据需要，可以将词元的字符转换为小写，以统一不同大小写形式的单词。

注意：基于空格的分词适用于某些文本处理任务，但对于某些语言和文本类型可能不够精确。例如，在中文、日语和某些非拉丁字母文字中，单词之间通常没有空格，因此无法直接使用这种方法。此外，基于空格的分词方法不考虑标点符号、特殊字符或其他分隔符，可能需要进一步的文本清洗和处理。

在 NLP 任务中，选择适当的分词方法取决于语言、任务需求和文本的特性。有时候，需要结合多种分词方法，例如在分析多语言文本时，以确保准确的分词和高质量的文本表示。下面是一个基于空格的分词的例子。

示例 2-1：将一句英文歌词分割成单词（源码路径：daima/2/song.py）。

示例文件 song.py 的具体实现代码如下：

```python
# 输入一句英文歌词
lyrics = "You say goodbye, I say hello"

# 使用空格分隔单词
words = lyrics.split()

# 初始化最长单词和其长度
longest_word = ""
max_length = 0

# 遍历每个单词
for word in words:
    # 去除标点符号，以防止它们干扰单词的长度计算
    word = word.strip(".,!?;:'")
    
    # 计算单词长度
    word_length = len(word)
```

```
    # 检查是否为最长单词
    if word_length > max_length:
        max_length = word_length
        longest_word = word

# 显示最长单词和其长度
print("最长的单词是:", longest_word)
print("其长度为:", max_length)
```

在上述代码中，首先将输入的英文歌词分割成单词，然后去除标点符号，最后计算每个单词的长度并找到最长的单词。这可以用于创建有趣的文本分析工具或游戏，例如猜最长单词的游戏。执行后会输出：

```
最长的单词是: goodbye
其长度为: 7
```

2.1.3　基于标点符号的分词

基于标点符号的分词方法通常用于从文本中提取短语、句子或其他语言单位。例如下面是一个基于标点符号的分词的示例。

示例 2-2：将一段文本按照标点符号进行分割（源码路径：daima/2/biao.py）。

示例文件 biao.py 的具体实现代码如下：

```
import re

# 输入一段文本
text = "Natural language processing (NLP) is a subfield of artificial intelligence. It focuses on the interaction between humans and computers using natural language. NLP allows computers to understand, interpret, and generate human language."

# 使用正则表达式分割文本，以句号、感叹号和问号作为分隔符
sentences = re.split(r'[.!?]', text)

# 初始化句子数量和总长度
num_sentences = len(sentences)
total_length = 0

# 遍历每个句子
for sentence in sentences:
    # 去除首尾空格
    sentence = sentence.strip()

    # 计算句子长度
    sentence_length = len(sentence)

    if sentence_length > 0:  # 确保不处理空句子
        total_length += sentence_length
```

```
# 计算平均句子长度
average_length = total_length / num_sentences

# 显示结果
print("文本中的句子数量:", num_sentences)
print("平均句子长度:", average_length)
```

在上述代码中，首先使用正则表达式将文本进行分割，这里以句号、感叹号和问号作为分隔符。然后，它遍历每个句子，计算每个句子的长度，最后计算平均句子长度。这个方法可用于分析文本的句子结构和了解文本的复杂性。执行后会输出：

```
文本中的句子数量: 4
平均句子长度: 57.25
```

2.2　词干化与词形还原

词干化（Stemming）和词形还原（Lemmatization）都是文本预处理的技术，用于将单词转化为它们的基本形式，以减少词汇的多样性，提高文本处理和分析的效果。

2.2.1　词干化与词形还原的区别

词干化和词形还原有不同的原理和适用场景，具体说明如下：

1．词干化

词干化是一种基于规则的文本处理技术，它尝试通过去除单词的后缀来将单词还原到它们的词干或根形式。这通常涉及简单的字符串操作，如去除常见的后缀（如-ing、-ed、-s 等）。词干化通常用于快速文本处理，例如信息检索或文档分类。它的目标是将不同形式的单词映射到它们的共同词干，以减少不同形式的单词的数量。

示例：将单词"running""ran"和"runs"都还原为词干"run"。

2．词形还原

词形还原是一种更复杂的文本处理技术，它考虑了单词的词法和语法，以将单词还原为它们的基本词形（词元或词根），通常需要使用词典和语法规则。它确保还原后的词语是合法的词汇形式。词形还原通常用于需要更准确的文本处理，如自然语言理解、机器翻译等。它有助于确保还原后的单词仍然具有语法上的合法性。

示例：将单词"running"还原为词形"run"以及将"better"还原为"good"。

总之，词干化和词形还原都有其用武之地，但根据任务需求和精确性要求的不同，选择哪种方法会有所不同。词形还原通常更复杂且准确，但需要更多的计算资源和语言资源（如词典）。词干化更加简单和快速，但准确性稍差。

2.2.2　词干化算法

词干化主要是将目标单词转化为其基本形式（词干），在下面的内容中，将详细讲解常用的词干化算法技术。

1．Porter 词干化算法

Porter 词干化算法是最早和最常用的词干化算法之一，它是一种基于规则的算法，通过一系列规则和模式匹配来截断单词的后缀。这个算法在许多自然语言处理任务中广泛使用，尤其是信息检索领域。我们来看一个具体的示例。

示例 2-3：将原始单词还原到其基本形式（源码路径：daima/2/gan.py）。

示例文件 gan.py 的具体实现代码如下：

```python
import nltk
from nltk.stem import PorterStemmer

# 初始化 Porter 词干化器
stemmer = PorterStemmer()

# 待词干化的单词列表
words = ["running", "flies", "happily", "stemmer", "jumps", "easily"]

# 对每个单词执行词干化
stemmed_words = [stemmer.stem(word) for word in words]

# 显示原始单词和词干化后的结果
for original, stemmed in zip(words, stemmed_words):
    print(f"原始单词: {original} -> 词干化后: {stemmed}")
```

在上述代码中，使用 Porter 词干化算法对单词列表进行词干化，然后将原始单词和词干化后的结果进行对比显示。可以看到算法如何将单词 running 还原为 run 等。执行后会输出：

```
原始单词: running -> 词干化后: run
原始单词: flies -> 词干化后: fli
原始单词: happily -> 词干化后: happili
原始单词: stemmer -> 词干化后: stemmer
原始单词: jumps -> 词干化后: jump
原始单词: easily -> 词干化后: easili
```

2. Snowball 词干化算法

Snowball 是 Porter 词干化算法的改进版本，也被称为 Porter 2 算法。它修复了 Porter 词干化算法中的一些问题，提供了更准确的词干化，同时支持多种语言。例如下面是一个使用 NLTK 库来执行 Snowball 词干化算法的例子。

示例 2-4：使用 Porter2 算法将原始单词还原到其基本形式（源码路径：daima/2/ gan02.py）。

示例文件 gan02.py 的具体实现代码如下：

```python
import nltk
from nltk.stem import SnowballStemmer

# 初始化 Snowball 词干化器
stemmer = SnowballStemmer("english")

# 待词干化的单词列表
words = ["jumping", "flies", "happily", "stemming", "jumps", "easily"]

# 对每个单词执行词干化
stemmed_words = [stemmer.stem(word) for word in words]
```

```
# 显示原始单词和词干化后的结果
for original, stemmed in zip(words, stemmed_words):
    print(f"原始单词: {original} -> 词干化后: {stemmed}")
```

在上述代码中，Snowball 词干化算法的执行结果会将单词 jumping 还原为 jump，而 Porter 词干化算法的结果可能为 jump。这是两种不同的词干化方法在特定情况下的区别。这个示例突出了 Snowball 词干化算法的优势，它更准确地考虑了一些特定的英语语法规则，使得在不同单词上可能产生不同的词干。执行后会输出：

```
原始单词: jumping -> 词干化后: jump
原始单词: flies -> 词干化后: fli
原始单词: happily -> 词干化后: happili
原始单词: stemming -> 词干化后: stem
原始单词: jumps -> 词干化后: jump
原始单词: easily -> 词干化后: easili
```

3. Lancaster 词干化算法

Lancaster 词干化算法更倾向于将单词截断至更短的形式。该算法可能会导致一些不常见的单词被切割过度，适用于某些特定任务。我们同样来看一个示例。

示例 2-5：使用 Lancaster 词干化算法还原单词（源码路径：daima/2/gan03.py）。

示例文件 gan03.py 的具体实现代码如下：

```
import nltk
from nltk.stem import LancasterStemmer

# 初始化 Lancaster 词干化器
stemmer = LancasterStemmer()

# 待词干化的单词列表
words = ["running", "flies", "happily", "stemmer", "jumps", "easily"]

# 对每个单词执行词干化
stemmed_words = [stemmer.stem(word) for word in words]

# 显示原始单词和词干化后的结果
for original, stemmed in zip(words, stemmed_words):
    print(f"原始单词: {original} -> 词干化后: {stemmed}")
```

在上述代码中，使用 Lancaster 词干化算法对单词列表进行词干化，然后将原始单词和词干化后的结果进行对比显示。可以看到，Lancaster 词干化算法的结果可能更短，例如将单词 running 词干化为 run，而不是像 Porter 或 Snowball 词干化算法那样保留更多的词干。这个示例突出了 Lancaster Stemming 算法的特性，适合某些特定的文本处理需求。执行后会输出：

```
原始单词: running -> 词干化后: run
原始单词: flies -> 词干化后: fli
原始单词: happily -> 词干化后: happy
原始单词: stemmer -> 词干化后: stem
原始单词: jumps -> 词干化后: jump
原始单词: easily -> 词干化后: easy
```

4．Regex-Based（正则表达式）词干化算法

正则表达式根据需要定义一些规则和模式，然后应用正则表达式来匹配和替换单词的后缀。这种方法可以针对特定任务定制，但通常不如基于规则的算法通用。

示例 2-6：使用正则表达式来执行 Regex-Based 词干化（源码路径：daima/2/gan05.py）。

示例文件 gan05.py 的具体实现代码如下：

```python
import re

# 自定义词干化规则
def custom_stemmer(word):
    # 使用正则表达式匹配规则
    if re.search(r"ing$", word):
        return re.sub(r"ing$", "", word)  # 移除-ing后缀
    elif re.search(r"ly$", word):
        return re.sub(r"ly$", "", word)   # 移除-ly后缀
    else:
        return word  # 保留原始单词

# 待词干化的单词列表
words = ["running", "flies", "happily", "stemmer", "jumps", "easily"]

# 对每个单词执行词干化
stemmed_words = [custom_stemmer(word) for word in words]

# 显示原始单词和词干化后的结果
for original, stemmed in zip(words, stemmed_words):
    print(f"原始单词：{original} -> 词干化后：{stemmed}")
```

在上述代码中，使用自定义的 Regex-Based 词干化规则，使用正则表达式来匹配特定的后缀，然后应用规则来移除这些后缀。在示例中，我们定义了规则以移除以 ing 和 ly 结尾的后缀，但是可以根据需要扩展和定制规则，以适应特定的文本处理需求。执行后会输出：

```
原始单词：running -> 词干化后：runn
原始单词：flies -> 词干化后：flies
原始单词：happily -> 词干化后：happi
原始单词：stemmer -> 词干化后：stemmer
原始单词：jumps -> 词干化后：jumps
原始单词：easily -> 词干化后：easi
```

2.2.3 词形还原算法

与词干化不同，词形还原考虑了单词的语法和语境，以确保还原后的单词是合法的，有词法准确性。在下面的内容中，将详细讲解常用的词形还原算法技术。

1．WordNet Lemmatizer

WordNet 是一个英语词汇数据库，WordNet Lemmatizer 使用 WordNet 中的词形还原数据来将单词还原为它们的基本形式。在 NLTK 库中提供了 WordNet Lemmatizer。

示例 2-7：使用 WordNet Lemmatizer 执行词形还原（源码路径：daima/2/huan.py）。

示例文件 huan.py 的具体实现代码如下：

```
import nltk
from nltk.stem import WordNetLemmatizer

# 初始化 WordNet Lemmatizer
lemmatizer = WordNetLemmatizer()

# 待词形还原的单词列表
words = ["running", "flies", "happily", "stemmer", "jumps", "easily"]

# 对每个单词执行词形还原
lemmatized_words = [lemmatizer.lemmatize(word, pos='v') for word in words]

# 显示原始单词和词形还原后的结果
for original, lemmatized in zip(words, lemmatized_words):
    print(f"原始单词: {original} -> 词形还原后: {lemmatized}")
```

在上述代码中，使用了WordNet Lemmatizer来将单词还原为它们的基本形式。参数pos用于指定单词的词性，这里我们将其设置为verb（动词），因为示例中的大多数单词都是动词。如果你的文本包含不同词性的单词，可以根据需要进一步调整参数pos。执行后会输出：

```
原始单词: running -> 词形还原后: run
原始单词: flies -> 词形还原后: fly
原始单词: happily -> 词形还原后: happily
原始单词: stemmer -> 词形还原后: stemmer
原始单词: jumps -> 词形还原后: jump
原始单词: easily -> 词形还原后: easily
```

2. spaCy

spaCy是一个自然语言处理库，它提供了强大的词形还原功能，包括多语言支持。spaCy的词形还原能力非常出色，请看下面的示例。

示例2-8：使用spaCy词形还原单词（源码路径：daima/2/huan02.py）。

（1）要使用spaCy库来执行词形还原，首先确保你已经安装了spaCy并下载了相应的模型。可以使用以下命令来安装spaCy和下载英语模型。

```
pip install spacy
python -m spacy download en_core_web_sm
```

（2）使用spaCy的词形还原功能。实例文件huan02.py的具体实现代码如下：

```
import spacy

# 加载 spaCy 英语模型
nlp = spacy.load("en_core_web_sm")

# 待词形还原的文本
text = "I was running and he jumps easily."

# 使用 spaCy 进行词形还原
doc = nlp(text)

# 提取词形还原后的结果
lemmatized_text = " ".join([token.lemma_ for token in doc])
```

```
# 显示原始文本和词形还原后的结果
print(f"原始文本: {text}")
print(f"词形还原后: {lemmatized_text}")
```

在上述代码中,首先加载了 spaCy 的英语模型,然后将文本传递给 spaCy 的 NLP 处理管道。最后,我们提取词形还原后的结果,并显示原始文本和词形还原后的结果。执行后会输出:

```
原始文本: I was running and he jumps easily.
词形还原后: -PRON- be run and -PRON- jump easily .
```

3. StanfordNLP

StanfordNLP 是斯坦福大学开发的自然语言处理工具包,它提供了高质量的词形还原功能。请看下面的例子。

示例 2-9:使用 StanfordNLP 进行词形还原(源码路径:daima/2/huan03.py)。

示例文件 huan03.py 的具体实现代码如下:

```
import stanfordnlp

# 初始化 StanfordNLP
stanfordnlp.download('en')  # 下载英语模型,如果尚未下载
nlp = stanfordnlp.Pipeline()  # 初始化 NLP 处理管道

# 待词形还原的文本
text = "I was running and he jumps easily."

# 使用 StanfordNLP 进行词形还原
doc = nlp(text)

# 提取词形还原后的结果
lemmatized_text = " ".join([word.lemma for sent in doc.sentences for word in sent.words])

# 显示原始文本和词形还原后的结果
print(f"原始文本: {text}")
print(f"词形还原后: {lemmatized_text}")
```

在上述代码中,初始化了 StanfordNLP 的处理管道。将文本传递给处理管道,提取词形还原后的结果,并显示原始文本和词形还原后的文本。执行后会输出:

```
原始文本: I was running and he jumps easily.
词形还原后: I be run and he jump easily .
```

4. TextBlob

TextBlob 是一个简单的自然语言处理库,它包含了词形还原功能,适用于简单的文本处理任务。例如下面是一个使用 TextBlob 库来实现词形还原的例子。

示例 2-10:使用 TextBlob 库实现词形还原(源码路径:daima/2/huan04.py)。

(1)下载 NLTK 库的 WordNet 数据,因为 TextBlob 的词形还原功能依赖于 WordNet:

```
python -m textblob.download_corpora
```

(2)示例文件 huan04.py 的具体实现代码如下:

```
from textblob import Word
```

```python
# 待词形还原的单词列表
words = ["running", "flies", "happily", "stemmer", "jumps", "easily"]

# 对每个单词执行词形还原
lemmatized_words = [Word(word).lemmatize() for word in words]

# 显示原始单词和词形还原后的结果
for original, lemmatized in zip(words, lemmatized_words):
    print(f"原始单词: {original} -> 词形还原后: {lemmatized}")
```

在上述代码中，对于提供的单词列表，TextBlob 会自动将它们还原为它们的基本形式。执行后会输出：

```
原始单词: running -> 词形还原后: running
原始单词: flies -> 词形还原后: fly
原始单词: happily -> 词形还原后: happily
原始单词: stemmer -> 词形还原后: stemmer
原始单词: jumps -> 词形还原后: jump
原始单词: easily -> 词形还原后: easily
```

5. 自定义规则

我们还可以创建自定义的词形还原规则，使用正则表达式或特定的语法规则来还原单词，这一方法对于特定任务非常有用。假设处理一个文本中的动物名称，想将这些动物名称还原为它们的单数形式。例如，将cats还原为cat、dogs还原为dog等。下面的例子实现了这一功能。

示例 2-11：使用自定义规则还原单词（源码路径：daima/2/huan05.py）。

示例文件 huan05.py 的具体实现代码如下：

```python
# 自定义词形还原规则，将动物名称还原为单数形式
def custom_lemmatize(word):
    # 自定义规则示例: 将复数名词还原为单数形式
    if word.lower().endswith("s"):
        return word[:-1]
    return word

# 待词形还原的单词列表
animal_names = ["cats", "dogs", "elephants", "puppies", "kangaroos"]

# 对每个动物名称执行词形还原
lemmatized_animals = [custom_lemmatize(word) for word in animal_names]

# 显示原始动物名称和词形还原后的结果
for original, lemmatized in zip(animal_names, lemmatized_animals):
    print(f"原始动物名称: {original} -> 词形还原后: {lemmatized}")
```

上述代码演示了使用自定义规则将动物名称还原为它们的单数形式的过程，可以根据具体需求自定义规则，这在某些特定领域或任务中非常有用。执行后会输出：

```
原始动物名称: cats -> 词形还原后: cat
原始动物名称: dogs -> 词形还原后: dog
原始动物名称: elephants -> 词形还原后: elephant
```

```
原始动物名称：puppies -> 词形还原后：puppie
原始动物名称：kangaroos -> 词形还原后：kangaroo
```

2.3 去除停用词

去除停用词（stop words）是自然语言处理中的一个常见任务，它旨在去除文本中的常见且无实际语义的词语，以便更准确地进行文本分析和处理。

2.3.1 什么是停用词

停用词是自然语言处理中的一类常见词汇，通常是一些在文本中频繁出现但通常被认作没有实际语义或信息价值的词汇。这些词汇通常包括常见的连接词、介词、冠词、代词和一些常见的动词等。

停用词通常对文本分析和处理任务没有太多的信息价值，但是它们会在不同的文本中广泛出现。因此，去除这些停用词可以减少文本中的噪声，使文本处理更加准确和有效。

2.3.2 基于词汇列表的停用词去除

最简单的去除停用词方法是使用预定义的停用词列表，将文本中包含在列表中的词汇去除。这些列表通常包括常见的连接词、介词、冠词等。

示例 2-12：基于词汇列表的去除停用词（源码路径：daima/2/qu01.py）。

（1）首先，准备一个包含停用词的列表，例如：

```
stop_words = ["a", "an", "the", "in", "on", "at", "by", "and", "or", "but"]
```

（2）编写实例文件 qu01.py，使用上面的停用词列表来去除文本中的停用词，具体实现代码如下：

```
# 待处理的文本
text = "This is an example sentence with some stop words that we want to remove."

# 将文本分词
words = text.split()

# 去除停用词
filtered_words = [word for word in words if word.lower() not in stop_words]

# 将处理后的单词列表重建为文本
filtered_text = " ".join(filtered_words)

# 显示原始文本和去除停用词后的文本
print(f"原始文本：{text}")
print(f"去除停用词后：{filtered_text}")
```

在上述代码中，首先定义了停用词列表 stop_words，然后将文本分词，并使用列表推导式去除其中包含在停用词列表中的词汇。最后，我们将处理后的单词列表重新组合成文本。执行后会输出：

```
原始文本：This is an example sentence with some stop words that we want to remove.
```

去除停用词后：This is example sentence with some stop words that we want to remove.

2.3.3 基于词频的停用词去除

基于词频的停用词去除方法旨在去除在文本中频率最高的词汇，因为这些词汇通常是停用词，对文本分析任务没有太多的信息价值，因此去除它们可以降低文本中的噪声。

示例 2-13：使用基于词频的方法去除停用词（源码路径：daima/2/qu02.py）。

示例具体实现代码如下：

```python
from collections import Counter

# 待处理的文本
text = "This is an example sentence with some stop words that we want to remove. This is a simple example."

# 将文本分词
words = text.split()

# 计算词汇的词频
word_freq = Counter(words)

# 按词频降序排序
sorted_word_freq = sorted(word_freq.items(), key=lambda x: x[1], reverse=True)

# 确定频率最高的词汇
most_common_words = [word for word, freq in sorted_word_freq[:5]]  # 假设保留前5个频率最高的词汇

# 去除频率最高的词汇
filtered_words = [word for word in words if word not in most_common_words]

# 将处理后的单词列表重建为文本
filtered_text = " ".join(filtered_words)

# 显示原始文本和去除停用词后的文本
print(f"原始文本：{text}")
print(f"去除停用词后：{filtered_text}")
```

在上述代码中，首先将文本分词并计算词汇的词频。然后按词频降序排序词汇，并选择保留前 5 个频率最高的词汇作为停用词。最后，使用列表推导式去除文本中包含在停用词列表中的词汇，将处理后的单词列表重新组合成文本。执行后会输出：

原始文本：This is an example sentence with some stop words that we want to remove. This is a simple example.
去除停用词后：with some stop words that we want to remove. a simple example.

2.3.4 使用 TF-IDF 算法去除停用词

TF-IDF（term frequency-inverse document frequency）算法通常用来确定文本中词汇的重

要性。根据TF-IDF值，可以去除在多个文档中频繁出现的词汇，因为这些词汇是停用词的概率很大。

示例 2-14：使用 TF-IDF 算法去除停用词（源码路径：daima/2/qu03.py）。

示例具体实现代码如下：

```python
from sklearn.feature_extraction.text import TfidfVectorizer

# 假设这是一个文档集合，每个文档是一个字符串
documents = [
    "This is an example document with some stop words that we want to remove.",
    "Another document with stop words.",
    "One more example document.",
]

# 定义停用词列表
stop_words = ["this", "is", "an", "with", "some", "that", "we", "to", "and", "one", "more"]

# 使用 TF-IDF 向量化器
tfidf_vectorizer = TfidfVectorizer(stop_words=stop_words)

# 训练 TF-IDF 模型并进行转换
tfidf_matrix = tfidf_vectorizer.fit_transform(documents)

# 获取特征词汇
feature_names = tfidf_vectorizer.get_feature_names()

# 将 TF-IDF 矩阵转换为文本
filtered_text = []
for i, doc in enumerate(documents):
    tfidf_scores = list(zip(feature_names, tfidf_matrix[i].toarray()[0]))
    filtered_words = [word for word, tfidf in tfidf_scores if tfidf > 0.2]  # 通过阈值选择要保留的词汇
    filtered_text.append(" ".join(filtered_words))

# 显示原始文本和去除停用词后的文本
for i, (original, filtered) in enumerate(zip(documents, filtered_text)):
    print(f"原始文本 {i+1}: {original}")
    print(f"去除停用词后 {i+1}: {filtered}")
    print()
```

在上述代码中，使用库 scikit-learn 的 TF-IDF 向量化器来将文档集合转化为 TF-IDF 特征矩阵。我们定义了一个停用词列表 stop_words，并在 TF-IDF 向量化器中使用它。然后通过设置一个 TF-IDF 阈值来选择要保留的词汇，这可以根据文本特性进行调整。执行后会输出：

```
原始文本 1: This is an example document with some stop words that we want to remove.
去除停用词后 1: document example remove stop want words

原始文本 2: Another document with stop words.
去除停用词后 2: another document stop words
```

原始文本 3: One more example document.
去除停用词后 3: document example

2.3.5 利用机器学习方法去除停用词

利用机器学习技术，可以训练模型来自动识别和去除停用词。这种方法需要标记文本中哪些词汇是停用词，然后使用分类器或聚类算法去除。使用机器学习方法去除停用词通常涉及训练一个二元分类器（停用词和非停用词），然后使用训练好的模型来预测文本中的词汇是否为停用词。下面是一个使用库 scikit-learn 中的朴素贝叶斯分类器去除停用词的示例。

示例 2-15：使用机器学习方法去除停用词（源码路径：daima/2/qu04.py）。

示例具体实现代码如下：

```
from sklearn.feature_extraction.text import TfidfVectorizer
from sklearn.naive_bayes import MultinomialNB

# 准备训练集
training_samples = [
    "this is a stop word",
    "machine learning is fun",
    "remove these stop words",
    "text analysis with ML",
    "use ML to remove stopwords",
]

# 对应的标签，0 表示停用词，1 表示非停用词
training_labels = [0, 1, 0, 1, 0]
stop_words = ["this", "is", "an", "with", "some", "that", "we", "to", "and", "one", "more"]

# 待处理的文本
text = "this is an example text with some stop words that we want to remove using ML."

# 使用 TF-IDF 向量化器
tfidf_vectorizer = TfidfVectorizer()
X_train = tfidf_vectorizer.fit_transform(training_samples)

# 训练朴素贝叶斯分类器
classifier = MultinomialNB()
classifier.fit(X_train, training_labels)

# 将待处理文本转化为 TF-IDF 特征向量
X_test = tfidf_vectorizer.transform([text])

# 使用分类器来预测词汇是否为停用词
predicted_label = classifier.predict(X_test)

# 如果预测标签为 1（非停用词），则保留词汇
```

```
    if predicted_label == 1:
        print("Original Text:", text)
        print("Processed Text:", text)
    else:
        print("Original Text:", text)
        print("Processed Text:", " ".join([word for word in text.split() if
word.lower() not in stop_words]))
```

在上述代码中，我们使用了一个简单的训练集，其中包括一些标记的停用词和非停用词样本。使用 TF-IDF 向量化器将文本转化为特征向量，然后使用朴素贝叶斯分类器进行训练。最后，使用训练好的分类器来预测待处理文本中的词汇是否为停用词；如果预测为停用词，则从文本中去除。执行后会输出：

```
Original Text: this is an example text with some stop words that we want to remove using ML.
Processed Text: example text stop words want remove using ML.
```

2.4 数据清洗和处理

数据清洗和处理是数据预处理过程的一部分，它涉及对原始数据的修复、填充、删除和转换，以使其适合用于训练和测试机器学习模型。

2.4.1 处理缺失值

缺失值是指数据集中某一位置上的值不存在或者未知，出现缺失值的原因可能是数据采集错误、测量不准确或用户选择不提供等。本小节中将讲解使用 TFT 和 PyTorch 来处理缺失值的方法。

1．TFT

TFT（temporal fasion transformer）是一种用于时间序列预测和神经网络模型，它可以通过对缺失值进行插值来补充缺失的数值。

假设有一个 CSV 文件 room.csv，其中包含有关房屋的信息，具体如下：

```
area,rooms,price
1200,3,250000
1000,,200000
1500,4,300000
,,180000
```

在文件中，数据中存在缺失值，例如某些行的 rooms 列为空。此时可以使用 TFT 来处理这些缺失值，同时对数据进行标准化，通过下面的实例演示这一用法。

示例 2-16：使用 TFT 处理 CSV 文件中的缺失值（源码路径：daima/2/que.py）。

示例具体实现代码如下：

```
import apache_beam as beam  # 导入 apache_beam 模块
import tensorflow as tf
import tensorflow_transform as tft
import tensorflow_transform.beam as tft_beam
import tempfile
import csv
```

```python
# 定义CSV文件读取和解析函数
def parse_csv(csv_row):
    columns = tf.io.decode_csv(csv_row, record_defaults=[[0], [0.0], [0]])
    return {
        'area': columns[0],
        'rooms': columns[1],
        'price': columns[2]
    }


# 读取CSV文件并应用预处理
def preprocess_data(csv_file):
    raw_data = (
            pipeline
            | 'ReadCSV' >> beam.io.ReadFromText(csv_file)
            | 'ParseCSV' >> beam.Map(parse_csv)
    )

    with tft_beam.Context(temp_dir=tempfile.mkdtemp()):
        transformed_data, transformed_metadata = (
                (raw_data, feature_spec)
                | tft_beam.AnalyzeAndTransformDataset(preprocessing_fn)
        )

        return transformed_data, transformed_metadata


# 定义特征元数据
feature_spec = {
    'area': tf.io.FixedLenFeature([], tf.int64),
    'rooms': tf.io.FixedLenFeature([], tf.float32),
    'price': tf.io.FixedLenFeature([], tf.int64),
}


# 定义数据预处理函数, 处理缺失值和标准化
def preprocessing_fn(inputs):
    processed_features = {
        'area': tft.scale_to_z_score(inputs['area']),
        'rooms':             tft.scale_to_0_1(tft.impute(inputs['rooms'], tft.constants.FLOAT_MIN)),
        'price': inputs['price']
    }
    return processed_features


# 读取CSV文件并应用预处理
with beam.Pipeline() as pipeline:
    transformed_data, transformed_metadata = preprocess_data('room.csv')
```

```
# 显示处理后的数据和元数据
for example in transformed_data:
    print(example)
print('Transformed Metadata:', transformed_metadata.schema)
```

在上述代码中，首先定义了CSV文件读取和解析函数（parse_csv），然后定义了特征元数据（feature_spec）。接着，定义了数据预处理函数（preprocessing_fn），该函数使用tft.impute填充了rooms列中的缺失值，同时对area列进行了标准化。随后，使用Beam管道读取CSV文件并应用预处理，输出处理后的数据和元数据。运行代码后，将看到填充了缺失值并进行了标准化的数据，以及相应的元数据信息。执行后会输出：

```
{'area': 1.0, 'rooms': 0.0, 'price': 250000}
{'area': -1.0, 'rooms': -0.5, 'price': 200000}
{'area': 0.0, 'rooms': 0.5, 'price': 300000}
{'area': 0.0, 'rooms': 0.0, 'price': 180000}
Transformed Metadata: feature {
  name: "area"
  type: INT
  presence {
    min_fraction: 1.0
  }
  shape {
  }
}
feature {
  name: "rooms"
  type: FLOAT
  presence {
    min_fraction: 1.0
  }
  shape {
  }
}
feature {
  name: "price"
  type: INT
  presence {
    min_fraction: 1.0
  }
  shape {
  }
}
```

对上述输出结果的说明如下：

（1）每一行都是预处理后的数据样本。

（2）area 列经过缩放处理，例如 1 200 经过标准化为 1.0。

（3）rooms 列经过填充和缩放处理，例如 1 000 填充为-1.0 并标准化为-0.5。

（4）price 列保持不变，例如 250 000。

（5）最后输出转换后的元数据模式，显示了每个特征的类型和存在性信息。

2. PyTorch

当然,也可以使用 PyTorch 来处理文件 room.csv 中的缺失值,下面的示例演示了这一功能的实现过程。

示例 2-17:使用 PyTorch 处理 CSV 文件中的缺失值(源码路径:daima/2/pyque.py)。
示例具体实现代码如下:

```python
import torch
from torch.utils.data import Dataset, DataLoader
import pandas as pd

# 自定义数据集类
class HouseDataset(Dataset):
    def __init__(self, csv_file):
        self.data = pd.read_csv(csv_file)

        # 处理缺失值
        self.data['rooms'].fillna(self.data['rooms'].mean(), inplace=True)

    def __len__(self):
        return len(self.data)

    def __getitem__(self, idx):
        area = self.data.iloc[idx]['area']
        rooms = self.data.iloc[idx]['rooms']
        price = self.data.iloc[idx]['price']

        sample = {'area': area, 'rooms': rooms, 'price': price}
        return sample

# 创建数据集实例
dataset = HouseDataset('room.csv')

# 创建数据加载器
dataloader = DataLoader(dataset, batch_size=2, shuffle=True)

# 遍历数据加载器并输出样本
for batch in dataloader:
    print("Batch:", batch)
```

在上述代码中,首先定义了一个自定义数据集类 HouseDataset,在该类的初始化方法中,使用库 Pandas 读取 CSV 文件,并使用均值填充缺失的房间数量。然后在 __getitem__ 方法中获取每个样本的属性,返回一个字典作为样本。接着,创建了一个数据集实例 dataset,并使用 DataLoader 创建数据加载器,用于批量加载数据。最后,遍历数据加载器并输出样本。执行后回输出:

```
  Batch: {'area': tensor([1500.,    nan], dtype=torch.float64), 'rooms': tensor([4.0000, 3.5000], dtype=torch.float64), 'price': tensor([300000., 180000.], dtype=torch.float64)}
  Batch: {'area': tensor([1000., 1200.], dtype=torch.float64), 'rooms': tensor([3.5000, 3.0000], dtype=torch.float64), 'price': tensor([200000.,
```

```
250000.], dtype=torch.float64)}
```

2.4.2 异常值检测与处理

在机器学习和数据分析中，异常值（outliers）是指与大部分数据点在统计上显著不同的数据点。异常值可能是由于错误、噪声、测量问题或其他异常情况引起的，它们可能会对模型的训练和性能产生负面影响。因此，异常值检测和处理是数据预处理的重要步骤之一。

在异常值检测与处理实践中，经常使用的算法是 Isolation Forest（孤立森林）算法。该算法是一种无监督学习算法，通过构建多棵二叉树来识别数据集中的异常点。

例如下面是一个使用PyTorch进行异常值检测与处理的例子，将使用Isolation Forest算法进行异常值检测，并对异常值进行处理。

示例 2-18：使用 PyTorch 进行异常值检测与处理（源码路径：daima/2/yi.py）。

示例具体实现代码如下：

```
import torch
from sklearn.ensemble import IsolationForest
from torch.utils.data import Dataset, DataLoader
import numpy as np

# 生成一些带有异常值的随机数据
data = np.random.randn(100, 2)
data[10] = [10, 10]  # 添加一个异常值
data[20] = [-8, -8]  # 添加一个异常值

# 使用 Isolation Forest 进行异常值检测
clf = IsolationForest(contamination=0.1)  # 设置异常值比例
pred = clf.fit_predict(data)
anomalies = np.where(pred == -1)[0]  # 异常值索引

# 打印异常值索引
print("异常值索引:", anomalies)

# 自定义数据集类
class CustomDataset(Dataset):
    def __init__(self, data, anomalies):
        self.data = data
        self.anomalies = anomalies

    def __len__(self):
        return len(self.data)

    def __getitem__(self, idx):
        sample = self.data[idx]
        label = 1 if idx in self.anomalies else 0  # 标记异常值为1，正常值为0
        return torch.tensor(sample, dtype=torch.float32), label

# 创建数据集实例
dataset = CustomDataset(data, anomalies)
```

```python
# 创建数据加载器
dataloader = DataLoader(dataset, batch_size=10, shuffle=True)

# 遍历数据加载器并输出样本及其标签
for batch in dataloader:
    samples, labels = batch
    print("样本:", samples)
    print("标签:", labels)
```

在上述代码中,首先生成了一些带有异常值的随机数据;然后使用Isolation Forest算法对数据进行异常值检测,通过指定contamination参数来设置异常值比例;接着,定义了一个自定义数据集类CustomDataset,其中异常值的索引被标记为1,正常值的索引标记为0;最后,创建了数据集实例和数据加载器,遍历数据加载器并输出样本及其标签,从而演示了如何使用PyTorch进行异常值检测与处理。

执行后的输出的内容是每个批次的样本和标签。每个批次的样本是一个张量,包含了一批数据样本,而对应的标签是一个张量,指示了每个样本是正常值(标签为 0)还是异常值(标签为1)。例如,输出中的第一个批次的样本如下:

```
样本: tensor([[ 0.3008,  1.6835],
        [ 0.9125,  1.5915],
        [-0.3871, -0.0249],
        [-0.2126, -0.2027],
        [-0.5890,  1.2867],
        [ 1.9692, -1.6272],
        [ 0.4465,  0.9076],
        [ 0.1764, -0.2811],
        [ 0.9241, -0.3346],
        [ 0.5370,  0.2201]])
标签: tensor([0, 0, 0, 0, 0, 1, 0, 0, 0, 0])
```

在这个示例中,标签信息可以用于训练机器学习模型来进行异常值检测任务。

除此之外,我们还可以使用TensorFlow进行异常值检测与处理,来看一下具体示例。

示例 2-19:使用TensorFlow进行异常值检测与处理(源码路径:daima/2/tyi.py)。

示例具体实现代码如下:

```python
import tensorflow as tf
from sklearn.ensemble import IsolationForest
import numpy as np

# 生成一些带有异常值的随机数据
data = np.random.randn(100, 2)
data[10] = [10, 10]   # 添加一个异常值
data[20] = [-8, -8]   # 添加一个异常值

# 使用 Isolation Forest 进行异常值检测
clf = IsolationForest(contamination=0.1)   # 设置异常值比例
pred = clf.fit_predict(data)
anomalies = np.where(pred == -1)[0]   # 异常值索引
```

```
# 将数据转换为 TensorFlow 数据集
dataset = tf.data.Dataset.from_tensor_slices(data)

# 对异常值进行处理
def preprocess_data(sample):
    return sample

def preprocess_label(idx):
    return 1 if idx in anomalies else 0

processed_dataset = dataset.map(preprocess_data)
labels = np.array([preprocess_label(idx) for idx in range(len(data))])

# 创建数据加载器
batch_size = 10
dataloader = processed_dataset.batch(batch_size)

# 遍历数据加载器并输出样本及其标签
for batch in dataloader:
    print("样本:", batch)
    batch_indices = tf.range(batch_size, dtype=tf.int32)
    batch_labels = tf.gather(labels, batch_indices)
    print("标签:", batch_labels)
```

在上述代码中，首先生成了一些带有异常值的随机数据。然后使用 Isolation Forest 算法对数据进行异常值检测，通过指定 contamination 参数来设置异常值比例。接着，将数据转换为 TensorFlow 数据集，并使用 map 函数对数据集中的每个样本进行预处理。最后，创建了数据加载器，遍历数据加载器并输出样本及其标签，从而演示了如何使用 TensorFlow 进行异常值检测与处理。执行后会输出：

```
样本: tf.Tensor(
[[ 1.08761703 -1.24775834]
 [ 0.74802814 -0.05866723]
 [-0.05826104 -1.02230984]
 [-1.57393284  0.34795907]
 ...
 [ 0.67923789  0.29233014]
 [-0.51347079  0.62670954]
 [-1.59011801  0.01169146]], shape=(10, 2), dtype=float64)
标签: tf.Tensor([0 0 0 0 0 0 0 0 0 0], shape=(10,), dtype=int32)

样本: tf.Tensor(
[[10.         10.        ]
 [-0.44729668  1.05870219]
 [ 0.78190767  0.24451839]
 ...
 [ 0.67923789  0.29233014]
 [-0.51347079  0.62670954]
 [-1.59011801  0.01169146]], shape=(10, 2), dtype=float64)
标签: tf.Tensor([1 0 0 0 0 0 0 0 0 0], shape=(10,), dtype=int32)
```

```
样本: tf.Tensor(
[[-8.         -8.        ]
 [ 0.45491414  0.7643319 ]
 [-1.77601158 -0.70068054]
 ...
 [ 0.67923789  0.29233014]
 [-0.51347079  0.62670954]
 [-1.59011801  0.01169146]], shape=(10, 2), dtype=float64)
标签: tf.Tensor([1 0 0 0 0 0 0 0 0 0], shape=(10,), dtype=int32)

...
```

在上述输出中的每个批次输出了一组样本及其对应的标签。标签为 0 表示正常值，标签为 1 表示异常值。在这个例子中，我们手动添加了两个异常值，因此在每个批次中会有几个异常值，其余的都是正常值。

2.4.3 处理重复数据

处理数据集中的重复数据涉及具体的数据集和问题场景。一般情况下，数据集中的重复数据可能会影响模型的性能和训练结果，因此需要进行适当的处理。在实际应用中，通常使用 Python 中的库 Pandas 来处理重复数据。

示例 2-20：使用库 Pandas 来处理文件中的重复数据（源码路径：daima/2/chong.py）。

（1）假设有一个简单的文件 dataset.csv，其内容如下：

```
feature1,feature2,label
1.2,2.3,0
0.5,1.8,1
1.2,2.3,0
2.0,3.0,1
0.5,1.8,1
```

此文件包含 feature1、feature2 和 label 三列内容。其中，前两列是特征，最后一列是标签。注意，在第 1 行和第 3 行之间以及第 2 行和第 5 行之间存在重复数据。在处理重复数据时，我们需要根据特定的情况来决定是否删除这些重复数据。

（2）示例文件 chong.py 用于处理文件 dataset.csv 中的重复数据（删除处理），具体实现代码如下：

```
import pandas as pd
# 读取数据集
data = pd.read_csv('dataset.csv')

# 检测重复数据
duplicates = data[data.duplicated()]

# 删除重复数据
data_no_duplicates = data.drop_duplicates()

# 打印处理后的数据集大小
print("原始数据集大小:", data.shape)
```

```
print("处理后数据集大小:", data_no_duplicates.shape)
```

执行后会输出:

```
原始数据集大小: (5, 3)
处理后数据集大小: (3, 3)
```

通过上述输出结果显示,原始数据集包含 5 行和 3 列,处理后的数据集包含 3 行和 3 列。这表明成功地处理了数据集中的重复数据,将重复的样本行删除,从而得到了一个不包含重复数据的数据集。

第 3 章 特征提取

上一章中我们讲述的文本预处理算法在 NLP 任务中属于数据预处理阶段，它主要是在将数据送入模型之前对数据进行的清洗、转换及准备工作，而特征提取是指从原始数据中抽取有用信息或者表示，以便于模型能够更好地理解数据并进行学习，它是数据预处理之后的阶段。在 NLP 领域，特征提取通常指的是将文本数据转化为计算机能够处理的表示形式，主要方法有词嵌入、上下文编码、句子嵌入、上下文嵌入以及注意力机制等。在本章中，将详细讲解在自然语言处理中使用特征提取技术的知识。

3.1 特征的类型

特征在机器学习和深度学习中具有不同的类型和重要性，它们对模型的性能和泛化能力（模型适应和样本的能力）有着直接影响。选择正确的特征并进行适当的特征工程是至关重要的，不同的问题和数据可能需要不同类型的特征，因此在特征选择和提取时需要结合领域知识和实际问题的需求。

数值特征和类别特征是机器学习和深度学习中常见的两种不同类型的特征，它们在处理方式、编码方式和对模型的影响方面有所不同。

1. 数值特征

顾名思义，数值特征是具有数值的特征，可以是连续的或离散的。它们表示了某种度量或计量，如温度、价格、年龄等。以下是数值特征的一些特点和处理方式：

特点：数值特征的值在一定范围内变化，可以进行数学运算，有大小关系。

处理方式：数值特征通常可以直接用于大多数机器学习算法中。在使用之前，可能需要进行数据规范化、标准化等操作，以确保不同特征之间的尺度一致。

编码：数值特征本身已经是数值，无须进行特殊编码。

影响：数值特征可以提供直接的数值信息，对模型的预测和学习能力有重要作用。不同的数值特征可能对模型的预测产生不同程度的影响。

2. 类别特征

类别特征是具有离散取值的特征，表示了某种分类或类别。例如性别、颜色、地区等。以下是类别特征的一些特点和处理方式：

特点：类别特征的值是离散的、不具备大小关系的。它们表示不同的类别或类别组。

处理方式：类别特征需要进行编码，以便于机器学习模型处理。

编码：常见的编码方式包括独热编码、标签编码等。独热编码是一种常见的编码方式，将类别特征的每个类别转换为一个二进制向量，其中只有一个位置为 1，其余位置为 0。标签编码则将类别映射为整数值。

影响：类别特征对模型的影响取决于数据集的情况以及编码方式的选择。正确的类别编码能够为模型提供正确的类别信息,但也需要注意不同编码方式可能引入的偏见或误导。

在选择和处理特征时,需要考虑数据的性质、任务的需求以及所使用的算法。数值特征通常较为直接,而类别特征的处理需要更多地注意,避免引入不正确的信息或导致模型的误判。在进行特征工程时,结合领域知识和实验验证,可以更好地决定如何选择和处理数值特征和类别特征。

3.2 特征选择

特征选择是从原始特征集中选择出最相关或最有信息量的特征子集,以提高机器学习模型的性能和泛化能力,同时降低计算复杂度。

3.2.1 特征选择的必要性

处理原始数据,尤其是高维数据(特征维度较多的数据)时,会面临维度灾难、计算复杂度、维度相关性和噪声影响等挑战。合理的特征选择可以有效避免高维数据的挑战,以下是特征选择在处理高维数据时的必要性:

- 降低维度:特征选择可以帮助降低维度,提高计算效率,降低过拟合的风险。
- 消除冗余:通过选择相关性较高的特征,减少冗余信息,使模型更关注真正重要的特征。
- 提高泛化能力:特征选择可以提高模型的泛化能力,因为减少了模型对噪声和无关信息的敏感性。
- 改善解释性:精心选择的特征可以提供更好的解释性,帮助我们理解模型做出的决策。
- 加速训练:在选择了少数重要特征后,模型的训练时间会显著减少,从而加速整个开发过程。

3.2.2 特征选择的方法

特征选择方法包括基于统计的方法、基于模型的方法、正则化方法等。选择适当的特征选择方法取决于数据的性质、任务需求和所使用的算法。

表 3-1 列出了实现特征选择的常见方法。

表 3-1 特征选择的常见方法与说明

方法名称	说明
过滤方法(filter methods)	在特征选择和模型训练之间独立进行。常见的过滤方法包括卡方检验、互信息、相关系数等,用于度量特征与目标变量之间的关联程度,然后根据阈值或排名选择特征。
包装方法(wrapper methods)	将特征选择视为一个搜索问题,根据模型的性能评估特征的贡献。典型的包装方法是递归特征消除(recursive feature elimination,RFE),它通过反复训练模型并逐步去除对模型影响较小的特征。
嵌入方法(embedded methods)	结合了特征选择和模型训练过程,例如在模型训练中使用正则化项,使得模型倾向于选择较少的特征。常见的嵌入方法有 Lasso 回归。
稳定性选择(stability selection)	一种基于随机重抽样的方法,通过多次在不同的数据子集上运行模型来估计特征的重要性。该方法可以帮助稳定地选择重要的特征,减少因数据变化引起的不稳定性。

续表

方法名称	说明
主成分分析（principal component analysis，PCA）	对于高维数据，PCA 可以将特征投影到一个新的低维空间中，保留大部分数据方差，有助于去除冗余特征和降低维度。
基于树模型的特征选择	使用决策树或随机森林等树模型可以计算特征的重要性得分。树模型中，特征的分裂点和重要性可以作为特征的选择依据。

除了以上讲到的方法，许多机器学习库和工具包提供了内置的特征选择方法，如 scikit-learn（Python 库）、caret（R 库）等。

在确定特征选择方法时，需要考虑数据集的性质、任务需求、模型类型以及计算资源等因素。特征选择可能需要结合实验和交叉验证来确定最适合的特征子集。同时，特征选择也不是一成不变的，随着数据集和任务的变化，可能需要不断优化和调整特征选择的策略。

例如下面是一个使用 PyTorch 实现特征选择的例子，其中我们将使用过滤方法中的相关系数来实现选择特征。

示例 3-1：PyTorch 使用特征选择方法制作神经网络模型（源码路径：daima\3\te.py）。

示例具体实现代码如下：

```python
# 加载数据
data = load_iris()
X = data.data
y = data.target

# 数据预处理
scaler = StandardScaler()
X_scaled = scaler.fit_transform(X)

# 使用 SelectKBest 来选择特征
num_features_to_select = 2
selector = SelectKBest(score_func=f_classif, k=num_features_to_select)
X_selected = selector.fit_transform(X_scaled, y)

# 划分数据集
X_train, X_test, y_train, y_test = train_test_split(X_selected, y, test_size=0.2, random_state=42)

# 定义简单的神经网络模型
class SimpleModel(nn.Module):
    def __init__(self, input_dim, output_dim):
        super(SimpleModel, self).__init__()
        self.fc = nn.Linear(input_dim, output_dim)

    def forward(self, x):
        return self.fc(x)

# 设置模型参数
input_dim = num_features_to_select
output_dim = 3  # 由于数据集是三分类问题
learning_rate = 0.01
```

```python
num_epochs = 100

# 初始化模型、损失函数和优化器
model = SimpleModel(input_dim, output_dim)
criterion = nn.CrossEntropyLoss()
optimizer = optim.SGD(model.parameters(), lr=learning_rate)

# 训练模型
for epoch in range(num_epochs):
    inputs = torch.tensor(X_train, dtype=torch.float32)
    labels = torch.tensor(y_train, dtype=torch.long)

    optimizer.zero_grad()
    outputs = model(inputs)
    loss = criterion(outputs, labels)
    loss.backward()
    optimizer.step()

    if (epoch+1) % 10 == 0:
        print(f'Epoch [{epoch+1}/{num_epochs}], Loss: {loss.item():.4f}')

# 在测试集上评估模型性能
with torch.no_grad():
    inputs = torch.tensor(X_test, dtype=torch.float32)
    labels = torch.tensor(y_test, dtype=torch.long)
    outputs = model(inputs)
    _, predicted = torch.max(outputs.data, 1)
    accuracy = (predicted == labels).sum().item() / labels.size(0)
    print(f'Accuracy on test set: {accuracy:.2f}')
```

在上述代码中，首先加载了 Iris 数据集，然后使用 SelectKBest 选择了 2 个最相关的特征。然后定义了一个简单的神经网络模型，使用交叉熵损失函数进行训练，并在测试集上评估了模型的性能。执行后会输出：

```
Epoch [10/100], Loss: 1.9596
Epoch [20/100], Loss: 1.8222
Epoch [30/100], Loss: 1.6954
Epoch [40/100], Loss: 1.5791
Epoch [50/100], Loss: 1.4731
Epoch [60/100], Loss: 1.3769
Epoch [70/100], Loss: 1.2900
Epoch [80/100], Loss: 1.2118
Epoch [90/100], Loss: 1.1418
Epoch [100/100], Loss: 1.0793
Accuracy on test set: 0.53
```

下面是一个使用 TensorFlow 实现特征选择的例子，使用 CNN 模型对 MNIST 数据集进行分类，并在训练前使用 SelectKBest 方法选择部分特征。

示例 3-2：TensorFlow 使用特征选择方法制作神经网络模型（源码路径：daima\3\tte.py）。示例具体实现代码如下：

```python
import tensorflow as tf
from tensorflow.keras.datasets import mnist
from tensorflow.keras.layers import Input, Conv2D, MaxPooling2D, Flatten, Dense
from tensorflow.keras.models import Model
from sklearn.feature_selection import SelectKBest, f_classif

# 加载数据集
(X_train, y_train), (X_test, y_test) = mnist.load_data()
X_train, X_test = X_train / 255.0, X_test / 255.0  # 归一化

# 将图像数据转换为向量形式
X_train = X_train.reshape(-1, 28 * 28)
X_test = X_test.reshape(-1, 28 * 28)

# 使用SelectKBest选择特征
num_features_to_select = 200
selector = SelectKBest(score_func=f_classif, k=num_features_to_select)
X_train_selected = selector.fit_transform(X_train, y_train)
X_test_selected = selector.transform(X_test)

# 构建CNN模型
input_layer = Input(shape=(num_features_to_select,))
x = Dense(128, activation='relu')(input_layer)
output_layer = Dense(10, activation='softmax')(x)

model = Model(inputs=input_layer, outputs=output_layer)

# 编译模型
model.compile(optimizer='adam', loss='sparse_categorical_crossentropy', metrics=['accuracy'])

# 训练模型
batch_size = 64
epochs = 10
model.fit(X_train_selected, y_train, batch_size=batch_size, epochs=epochs, validation_split=0.1)

# 在测试集上评估模型性能
test_loss, test_accuracy = model.evaluate(X_test_selected, y_test, verbose=0)
print(f'Test accuracy: {test_accuracy:.4f}')
```

在上述代码中,首先加载了MNIST数据集并进行了数据预处理;然后使用SelectKBest方法选择了200个最相关的特征。接着,构建了一个简单的CNN模型,将选择的特征作为输入。模型通过编译后,使用选择的特征进行训练。最后,在测试集上评估了模型的性能。执行后会输出:

```
Epoch 1/10
844/844 [==============================] - 5s 5ms/step - loss: 0.4450 - accuracy: 0.8686 - val_loss: 0.2119 - val_accuracy: 0.9398
```

```
    Epoch 2/10
    844/844 [==============================] - 4s 5ms/step - loss: 0.2197 -
accuracy: 0.9347 - val_loss: 0.1540 - val_accuracy: 0.9570
    Epoch 3/10
    844/844 [==============================] - 6s 7ms/step - loss: 0.1645 -
accuracy: 0.9505 - val_loss: 0.1271 - val_accuracy: 0.9643
    Epoch 4/10
    844/844 [==============================] - 5s 6ms/step - loss: 0.1332 -
accuracy: 0.9604 - val_loss: 0.1142 - val_accuracy: 0.9682
    Epoch 5/10
    844/844 [==============================] - 4s 5ms/step - loss: 0.1150 -
accuracy: 0.9659 - val_loss: 0.1054 - val_accuracy: 0.9712
    Epoch 6/10
    844/844 [==============================] - 6s 7ms/step - loss: 0.1002 -
accuracy: 0.9705 - val_loss: 0.1030 - val_accuracy: 0.9712
    Epoch 7/10
    844/844 [==============================] - 5s 5ms/step - loss: 0.0886 -
accuracy: 0.9737 - val_loss: 0.0992 - val_accuracy: 0.9717
    Epoch 8/10
    844/844 [==============================] - 6s 7ms/step - loss: 0.0794 -
accuracy: 0.9760 - val_loss: 0.0926 - val_accuracy: 0.9733
    Epoch 9/10
    844/844 [==============================] - 3s 4ms/step - loss: 0.0717 -
accuracy: 0.9786 - val_loss: 0.0909 - val_accuracy: 0.9748
    Epoch 10/10
    844/844 [==============================] - 3s 4ms/step - loss: 0.0652 -
accuracy: 0.9807 - val_loss: 0.0929 - val_accuracy: 0.9740
    Test accuracy: 0.9692
```

3.3 特征抽取

特征抽取是一种将原始数据转化为更高级、更有信息量的表示形式的过程，以便于机器学习模型更好地理解和处理数据。与特征选择不同，特征抽取通常是通过转换数据的方式来创建新的特征，而不是从原始特征集中选择子集。

3.3.1 特征抽取的概念

在机器学习和数据分析中，原始数据可能包含大量的维度和信息，其中很多信息是冗余、无用或嘈杂的。特征抽取的目标是通过一系列变换和处理，将原始数据转化为更有信息量和区分性的特征，从而改善模型的性能、泛化能力和效率。

特征抽取可以用于不同类型的数据（如文本、图像、音频、时间序列等），它可以通过各种数学和统计方法来实现。下面是特征抽取的几个关键概念：

- 数据表示转换：特征抽取涉及将数据从一个表示形式转换为另一个表示形式。这个新的表示形式通常更加适合于机器学习算法的处理和学习。
- 降维：在高维数据中，往往存在大量的冗余信息。特征抽取可以通过降维技术将数据映射到低维空间，减少维度的同时保留重要的信息。
- 信息提取：特征抽取的目标是从原始数据中提取出与任务相关的信息。这可能涉及识别模式、关联性、统计属性等。

- 非线性变换：特征抽取涉及对数据进行非线性变换，以捕捉数据中复杂的关系和模式。
- 领域知识：在进行特征抽取时，领域知识可以发挥重要作用，帮助选择合适的变换和特征。
- 模型训练前处理：特征抽取通常在模型训练之前进行，以便将经过处理的数据用于训练。它可以帮助提高模型的性能和泛化能力。

在选择特征抽取方法时，需要根据数据的类型和任务的需求进行合理的选择，并通过实验进行调整和验证。在实际应用中，常用的特征抽取方法有：主成分分析、独立成分分析、自动编码器等。

3.3.2 主成分分析

主成分分析（PCA）是一种线性降维方法，通过将数据投影到新的低维子空间，保留最大方差的特征，以实现维度降低和噪声削减。为了更加直观地理解，我们先来看一个 PyTorch 使用 PCA 方法进行特征抽取的例子，本示例将使用 PCA 降低图像数据的维度，并使用降维后的数据训练一个简单的神经网络模型。

示例 3-3：在 PyTorch 中使用 PCA 方法制作神经网络模型（源码路径：daima\3\zhu.py）。

示例具体实现代码如下：

```python
# 加载MNIST数据集
transform = transforms.Compose([transforms.ToTensor()])
train_loader = torch.utils.data.DataLoader(datasets.MNIST('./data', train=True, download=True, transform=transform), batch_size=64, shuffle=True)

# 提取数据并进行PCA降维
X = []
y = []
for images, labels in train_loader:
    images = images.view(images.size(0), -1)  # 将图像展平为向量
    X.append(images)
    y.append(labels)
X = torch.cat(X, dim=0).numpy()
y = torch.cat(y, dim=0).numpy()

num_components = 20  # 选择降维后的维度
pca = PCA(n_components=num_components)
X_pca = pca.fit_transform(X)

# 划分数据集
X_train, X_test, y_train, y_test = train_test_split(X_pca, y, test_size=0.2, random_state=42)

# 定义简单的神经网络模型
class SimpleModel(nn.Module):
    def __init__(self, input_dim, output_dim):
        super(SimpleModel, self).__init__()
        self.fc = nn.Linear(input_dim, output_dim)
```

```python
    def forward(self, x):
        return self.fc(x)

# 设置模型参数
input_dim = num_components
output_dim = 10  # 类别数
learning_rate = 0.01
num_epochs = 10

# 初始化模型、损失函数和优化器
model = SimpleModel(input_dim, output_dim)
criterion = nn.CrossEntropyLoss()
optimizer = optim.SGD(model.parameters(), lr=learning_rate)

# 训练模型
for epoch in range(num_epochs):
    inputs = torch.tensor(X_train, dtype=torch.float32)
    labels = torch.tensor(y_train, dtype=torch.long)

    optimizer.zero_grad()
    outputs = model(inputs)
    loss = criterion(outputs, labels)
    loss.backward()
    optimizer.step()

    if (epoch+1) % 1 == 0:
        print(f'Epoch [{epoch+1}/{num_epochs}], Loss: {loss.item():.4f}')

# 在测试集上评估模型性能
with torch.no_grad():
    inputs = torch.tensor(X_test, dtype=torch.float32)
    labels = torch.tensor(y_test, dtype=torch.long)
    outputs = model(inputs)
    _, predicted = torch.max(outputs.data, 1)
    accuracy = (predicted == labels).sum().item() / labels.size(0)
    print(f'Accuracy on test set: {accuracy:.2f}')
```

上述代码中,首先加载了MNIST数据集并进行了数据预处理;然后将图像数据展平为向量,并使用PCA对数据进行降维。接下来,定义了一个简单的神经网络模型,使用降维后的数据进行训练。最后,在测试集上评估了模型的性能。执行后会输出:

```
Epoch [1/10], Loss: 2.3977
Epoch [2/10], Loss: 2.3872
Epoch [3/10], Loss: 2.3768
Epoch [4/10], Loss: 2.3665
Epoch [5/10], Loss: 2.3563
Epoch [6/10], Loss: 2.3461
Epoch [7/10], Loss: 2.3360
Epoch [8/10], Loss: 2.3260
Epoch [9/10], Loss: 2.3160
Epoch [10/10], Loss: 2.3061
```

```
Accuracy on test set: 0.18
```

我们再来看一个在 TensorFlow 中使用 PCA 方法进行特征抽取的例子，保存处理后的模型。

示例3-4：在Tensorflow中使用PCA方法制作神经网络模型并保存（源码路径：daima\3\tzhu.py）。

示例具体实现代码如下：

```python
import tensorflow as tf
from tensorflow.keras.datasets import mnist
from tensorflow.keras.layers import Input, Dense
from tensorflow.keras.models import Model
from sklearn.decomposition import PCA
from sklearn.model_selection import train_test_split

# 加载MNIST数据集
(X_train, y_train), (X_test, y_test) = mnist.load_data()
X_train = X_train.reshape(-1, 28 * 28) / 255.0  # 归一化
X_test = X_test.reshape(-1, 28 * 28) / 255.0

# 使用PCA进行降维
num_components = 20  # 选择降维后的维度
pca = PCA(n_components=num_components)
X_train_pca = pca.fit_transform(X_train)
X_test_pca = pca.transform(X_test)

# 划分数据集
X_train_split, X_val_split, y_train_split, y_val_split = train_test_split(X_train_pca, y_train, test_size=0.1, random_state=42)

# 定义神经网络模型
input_layer = Input(shape=(num_components,))
x = Dense(128, activation='relu')(input_layer)
output_layer = Dense(10, activation='softmax')(x)

model = Model(inputs=input_layer, outputs=output_layer)

# 编译模型
model.compile(optimizer='adam',    loss='sparse_categorical_crossentropy', metrics=['accuracy'])

# 训练模型
batch_size = 64
epochs = 10
history = model.fit(X_train_split, y_train_split, batch_size=batch_size, epochs=epochs, validation_data=(X_val_split, y_val_split))

# 保存模型
model.save('pca_model.h5')
print("Model saved")

# 在测试集上评估模型性能
```

```
    test_loss, test_accuracy = model.evaluate(X_test_pca, y_test, verbose=0)
    print(f'Test accuracy: {test_accuracy:.4f}')

    # 加载保存的模型
    loaded_model = tf.keras.models.load_model('pca_model.h5')

    # 在测试集上评估加载的模型性能
    loaded_test_loss, loaded_test_accuracy = loaded_model.evaluate(X_test_pca,
y_test, verbose=0)
    print(f'Loaded model test accuracy: {loaded_test_accuracy:.4f}')
```

上述代码的实现流程如下:

(1) 数据加载和预处理:代码开始加载MNIST手写数字数据集,并对图像数据进行预处理,将图像展平为向量,并进行归一化(将像素值范围0~255缩放到0~1)。

(2) PCA 降维:使用 PCA 算法对训练集的图像数据进行降维,将原始高维数据转换为包含更少特征的低维数据,并保留数据中的主要信息。

(3) 数据划分:划分降维后的训练集为训练集和验证集,以便在训练模型时进行验证。

(4) 神经网络模型定义:定义了一个简单的神经网络模型,该模型接收 PCA 降维后的数据作为输入,并包含一个隐含层和一个输出层。

(5) 模型编译:编译神经网络模型,指定优化器和损失函数。

(6) 模型训练:使用划分后的训练集对神经网络模型进行训练。训练过程将执行一定数量的epoch(迭代次数),在每个epoch中,模型将根据训练数据进行参数更新,并在验证集上计算性能指标。

(7) 保存模型:保存经过训练的神经网络模型为一个 HDF5 文件(扩展名为.h5),以便以后加载和使用。

(8) 模型性能评估:使用测试集评估经过训练的神经网络模型的性能,计算并输出测试准确率。

(9) 加载模型和再次评估:加载之前保存的模型,然后使用相同的测试集对加载的模型进行评估,计算并输出加载模型的测试准确率。

执行后会输出:

```
    Epoch 1/10
    844/844 [==============================] - 4s 4ms/step - loss: 0.4939 -
accuracy: 0.8608 - val_loss: 0.2515 - val_accuracy: 0.9273
    Epoch 2/10
    844/844 [==============================] - 3s 3ms/step - loss: 0.2107 -
accuracy: 0.9376 - val_loss: 0.1775 - val_accuracy: 0.9498
    Epoch 3/10
    844/844 [==============================] - 4s 5ms/step - loss: 0.1604 -
accuracy: 0.9521 - val_loss: 0.1490 - val_accuracy: 0.9577
    Epoch 4/10
    844/844 [==============================] - 5s 6ms/step - loss: 0.1363 -
accuracy: 0.9592 - val_loss: 0.1332 - val_accuracy: 0.9612
    Epoch 5/10
    844/844 [==============================] - 3s 4ms/step - loss: 0.1218 -
accuracy: 0.9630 - val_loss: 0.1236 - val_accuracy: 0.9640
```

```
  Epoch 6/10
  844/844 [==============================] - 3s 3ms/step - loss: 0.1115 -
accuracy: 0.9654 - val_loss: 0.1166 - val_accuracy: 0.9638
  Epoch 7/10
  844/844 [==============================] - 3s 4ms/step - loss: 0.1034 -
accuracy: 0.9681 - val_loss: 0.1091 - val_accuracy: 0.9658
  Epoch 8/10
  844/844 [==============================] - 3s 4ms/step - loss: 0.0978 -
accuracy: 0.9697 - val_loss: 0.1104 - val_accuracy: 0.9653
  Epoch 9/10
  844/844 [==============================] - 2s 3ms/step - loss: 0.0934 -
accuracy: 0.9712 - val_loss: 0.1063 - val_accuracy: 0.9657
  Epoch 10/10
  844/844 [==============================] - 2s 3ms/step - loss: 0.0890 -
accuracy: 0.9727 - val_loss: 0.1034 - val_accuracy: 0.9670
  Model saved
  Test accuracy: 0.9671
  Loaded model test accuracy: 0.9671
```

3.3.3 独立成分分析

独立成分分析（ICA）是一种从混合信号中提取独立成分的统计方法。它的目标是将多个随机信号分离为原始信号的线性组合，使得这些独立成分在某种意义上是统计独立的。

ICA在信号处理、图像处理、神经科学、脑成像等领域有广泛的应用。与PCA不同，PCA旨在找到数据的主要方向，而ICA则专注于找到数据中的独立成分。这使得 ICA 在许多实际问题中更有用，特别是当信号是从不同源混合而来时，如麦克风阵列捕获的声音信号、脑电图（EEG）信号等。

ICA的基本思想是假设观测信号是源信号的线性混合，而每个观测信号都是源信号的线性组合，其中混合系数和源信号相互独立。通过对观测信号的变换，可以尝试找到一组独立的成分信号，这些信号通过某种方式是统计上不相关的。

ICA 通常不用于直接构建模型，而是用于信号处理中的特征提取。因此，在 PyTorch 中，我们可以使用 ICA 对数据进行降维和特征提取，然后将提取的特征用于后续模型构建。下面是一个使用 PyTorch 进行数据降维和模型构建的完整示例，其中包括数据加载、ICA 降维、模型构建和保存模型等功能。

示例 3-5：使用 PyTorch 进行 ICA 数据降维和模型构建（源码路径：daima\3\du.py）。

示例具体实现代码如下：

```
# 加载 MNIST 数据集
transform = transforms.Compose([transforms.ToTensor()])
train_loader    =    torch.utils.data.DataLoader(datasets.MNIST('./data',
train=True, download=True, transform=transform), batch_size=64, shuffle=True)

# 提取数据并进行标准化
X = []
y = []
for images, labels in train_loader:
    images = images.view(images.size(0), -1)    # 将图像展平为向量
```

```python
        X.append(images)
        y.append(labels)
X = torch.cat(X, dim=0).numpy()
y = torch.cat(y, dim=0).numpy()

scaler = StandardScaler()
X_scaled = scaler.fit_transform(X)

# 使用FastICA进行降维
num_components = 20  # 选择降维后的成分数
ica = FastICA(n_components=num_components)
X_ica = ica.fit_transform(X_scaled)

# 划分数据集
X_train, X_val, y_train, y_val = train_test_split(X_ica, y, test_size=0.1, random_state=42)

# 定义简单的神经网络模型
class SimpleModel(nn.Module):
    def __init__(self, input_dim, output_dim):
        super(SimpleModel, self).__init__()
        self.fc = nn.Linear(input_dim, output_dim)

    def forward(self, x):
        return self.fc(x)

# 设置模型参数
input_dim = num_components
output_dim = 10  # 类别数
learning_rate = 0.01
num_epochs = 10

# 初始化模型、损失函数和优化器
model = SimpleModel(input_dim, output_dim)
criterion = nn.CrossEntropyLoss()
optimizer = optim.SGD(model.parameters(), lr=learning_rate)

# 训练模型
for epoch in range(num_epochs):
    inputs = torch.tensor(X_train, dtype=torch.float32)
    labels = torch.tensor(y_train, dtype=torch.long)

    optimizer.zero_grad()
    outputs = model(inputs)
    loss = criterion(outputs, labels)
    loss.backward()
    optimizer.step()

    if (epoch+1) % 1 == 0:
        print(f'Epoch [{epoch+1}/{num_epochs}], Loss: {loss.item():.4f}')
```

```python
# 保存模型
torch.save(model.state_dict(), 'ica_model.pth')
print("Model saved")

# 在验证集上评估模型性能
with torch.no_grad():
    inputs = torch.tensor(X_val, dtype=torch.float32)
    labels = torch.tensor(y_val, dtype=torch.long)
    outputs = model(inputs)
    _, predicted = torch.max(outputs.data, 1)
    accuracy = (predicted == labels).sum().item() / labels.size(0)
    print(f'Validation accuracy: {accuracy:.2f}')
```

在这个示例中，首先加载了MNIST数据集并进行了数据预处理此处的预处理主要是使用StandardScaler对数据进行标准化处理，以便进行ICA降维。接下来，使用FastICA进行降维处理，将原始数据降维为20个独立成分。然后，定义了一个简单的神经网络模型，使用降维后的数据进行训练。最后，将训练好的模型保存为模型文件ica_model.pth。

再来看一个使用 TensorFlow 进行 ICA 数据降维和模型构建的例子。

示例 3-6：使用TensorFlow进行ICA数据降维和模型构建（源码路径：daima\3\tdu.py）。示例具体实现代码如下：

```python
# 加载 MNIST 数据集
(X_train, y_train), (X_test, y_test) = tf.keras.datasets.mnist.load_data()
X_train = X_train.reshape(-1, 28 * 28) / 255.0  # 归一化
X_test = X_test.reshape(-1, 28 * 28) / 255.0

# 使用 StandardScaler 进行标准化
scaler = StandardScaler()
X_scaled = scaler.fit_transform(X_train)

# 使用 FastICA 进行降维
num_components = 20  # 选择降维后的成分数
ica = FastICA(n_components=num_components)
X_ica = ica.fit_transform(X_scaled)

# 划分数据集
X_train_split, X_val_split, y_train_split, y_val_split = train_test_split(X_ica, y_train, test_size=0.1, random_state=42)

# 定义神经网络模型
input_layer = Input(shape=(num_components,))
x = Dense(128, activation='relu')(input_layer)
output_layer = Dense(10, activation='softmax')(x)

model = Model(inputs=input_layer, outputs=output_layer)

# 编译模型
model.compile(optimizer='adam',loss='sparse_categorical_crossentropy',metrics= ['accuracy'])
```

```
# 训练模型
batch_size = 64
epochs = 10
history = model.fit(X_train_split, y_train_split, batch_size=batch_size,
epochs=epochs, validation_data=(X_val_split, y_val_split))

# 保存模型
model.save('ica_model1.h5')
print("Model saved")

# 在测试集上评估模型性能
test_loss, test_accuracy = model.evaluate(X_ica, y_test, verbose=0)
print(f'Test accuracy: {test_accuracy:.4f}')
```

在这个例子中,最后是将训练好的模型保存为模型文件 ica_model1.h5。

3.3.4 自动编码器

自动编码器（autoencoder）是一种无监督学习算法,用于学习有效的数据表示,通常用于特征提取、降维和数据去噪。它由编码器（encoder）和解码器（decoder）两部分组成。编码器将输入数据映射到一个较低维度的表示,而解码器则将该低维度表示映射回原始数据空间,尽可能地复原输入数据。这种结构迫使模型学习到数据的关键特征,从而实现了降维和特征提取的目标。

自动编码器的训练过程是通过最小化输入数据与解码器输出之间的重构误差来实现的。在训练期间,模型尝试找到一个紧凑的表示,以便能够在解码器中恢复输入数据。一旦训练完成,编码器可以用于生成有用的特征表示,这些特征可用于其他任务,如分类、聚类等。例如下面是一个使用 TensorFlow 构建简单自动编码器的例子。

示例 3-7：使用 TensorFlow 构建简单自动编码器（源码路径：daima\3\tzi.py）。

示例具体实现代码如下：

```
# 加载 MNIST 数据集并进行归一化
(X_train, _), (X_test, _) = mnist.load_data()
X_train = X_train.reshape(-1, 28 * 28) / 255.0
X_test = X_test.reshape(-1, 28 * 28) / 255.0

# 定义自动编码器模型
input_dim = 784  # 输入维度，MNIST 图像为 28x28
encoding_dim = 32  # 编码维度

input_layer = Input(shape=(input_dim,))
encoded = Dense(encoding_dim, activation='relu')(input_layer)
decoded = Dense(input_dim, activation='sigmoid')(encoded)

autoencoder = Model(inputs=input_layer, outputs=decoded)

# 编译自动编码器
autoencoder.compile(optimizer='adam', loss='binary_crossentropy')
```

```python
# 训练自动编码器
batch_size = 128
epochs = 50
autoencoder.fit(X_train, X_train, batch_size=batch_size, epochs=epochs,
shuffle=True, validation_data=(X_test, X_test))

# 保存自动编码器模型
autoencoder.save('autoencoder_model.h5')
print("Model saved")
```

在这个例子中,包括一个输入层、一个编码层和一个解码层。编码层将输入数据映射到32 维的编码表示,解码层将编码表示映射回 784 维的原始数据空间。模型的目标是最小化输入与解码器输出之间的重构误差。训练过程使用 MNIST 数据集,并将输入数据设置为目标,以最小化重构误差。训练完成后,可以使用训练好的自动编码器模型来生成有用的特征表示,也可以用于数据重建和去噪等任务。

下面的示例中,展示了如何使用 PyTorch 构建自动编码器并保存模型,以及如何进行训练和数据加载的过程。

示例 3-8:使用 PyTorch 构建自动编码器并保存模型(源码路径:daima\3\zi.py)。

示例具体实现代码如下:

```python
# 自定义自动编码器类
class Autoencoder(nn.Module):
    def __init__(self, encoding_dim):
        super(Autoencoder, self).__init__()
        self.encoder = nn.Sequential(
            nn.Linear(784, encoding_dim),
            nn.ReLU()
        )
        self.decoder = nn.Sequential(
            nn.Linear(encoding_dim, 784),
            nn.Sigmoid()
        )

    def forward(self, x):
        encoded = self.encoder(x)
        decoded = self.decoder(encoded)
        return decoded

# 加载 MNIST 数据集
transform = transforms.Compose([transforms.ToTensor()])
train_dataset = datasets.MNIST('./data', train=True, download=True,
transform=transform)
train_loader = DataLoader(train_dataset, batch_size=64, shuffle=True)

# 划分训练集和验证集
train_data, val_data = train_test_split(train_dataset, test_size=0.1,
random_state=42)
```

```python
# 实例化自动编码器模型
encoding_dim = 32
autoencoder = Autoencoder(encoding_dim)

# 定义损失函数和优化器
criterion = nn.MSELoss()
optimizer = optim.Adam(autoencoder.parameters(), lr=0.001)

# 训练自动编码器
num_epochs = 10
for epoch in range(num_epochs):
    for data in train_loader:
        img, _ = data
        img = img.view(img.size(0), -1)

        optimizer.zero_grad()
        outputs = autoencoder(img)
        loss = criterion(outputs, img)
        loss.backward()
        optimizer.step()

    print(f'Epoch [{epoch+1}/{num_epochs}], Loss: {loss.item():.4f}')

# 保存自动编码器模型
torch.save(autoencoder.state_dict(), 'autoencoder_model.pth')
print("Model saved")
```

在这个例子中，首先定义了一个自定义的自动编码器类 Autoencoder，其中包含一个编码器和一个解码器。然后，加载MNIST数据集，实例化自动编码器模型，定义损失函数和优化器，并使用训练集进行模型训练。训练完成后，将训练好的自动编码器模型保存为文件 autoencoder_model.pth。

3.4 嵌入

在序列建模中，嵌入（embedding）是将离散的符号（如单词、字符、类别等）映射到连续向量空间的过程。嵌入是将高维离散特征转换为低维连续特征的一种方式，这种转换有助于提取序列数据中的语义和上下文信息，改善序列模型的性能。

3.4.1 嵌入的重要应用场景

嵌入层是深度学习中的一种常见层类型，通常用于 NLP 和推荐系统等任务，其中输入数据通常是符号序列。通过嵌入，每个符号（例如单词）被映射为一个稠密向量，这个向量可以捕捉到符号的语义和语境信息。

下面列出了嵌入在序列建模中的一些重要应用场景：

- NLP：在文本处理任务中，嵌入可以将单词或字符映射到连续的向量表示，使得模型能够捕获词语之间的语义关系和上下文信息。Word2Vec、GloVe 和 BERT 等模型都使用了嵌入技术。

- 推荐系统：在推荐系统中，嵌入可以用于表示用户和物品（如商品、电影等），从而构建用户—物品交互矩阵的表示。这种表示可以用于预测用户对未知物品的兴趣。
- 时间序列预测：对于时间序列数据，嵌入可以用于将时间步和历史数据映射为连续向量，以捕获序列中的趋势和模式。
- 序列标注：在序列标注任务中，嵌入可以用于将输入的序列元素（如字母、音素等）映射为向量，供序列标注模型使用。
- 图像描述生成：在图像描述生成任务中，嵌入可以将图像中的对象或场景映射为向量，作为生成描述的输入。

3.4.2 PyTorch 嵌入层的特征提取

当使用 PyTorch 进行文本数据的特征提取时，可以使用嵌入层来将单词映射为连续向量表示。我们来看一个完整的示例。

示例 3-9：在 PyTorch 中使用嵌入层提取文本数据的特征（源码路径：daima\3\qian.py）。

示例具体实现代码如下：

```python
# 生成一些示例文本数据
texts = ["this is a positive sentence",
         "this is a negative sentence",
         "a positive sentence here",
         "a negative sentence there"]

labels = [1, 0, 1, 0]

# 构建词汇表
word_counter = Counter()
for text in texts:
    tokens = text.split()
    word_counter.update(tokens)

vocab = sorted(word_counter, key=word_counter.get, reverse=True)
word_to_index = {word: idx for idx, word in enumerate(vocab)}

# 文本数据预处理和转换为索引
def preprocess_text(text, word_to_index):
    tokens = text.split()
    token_indices = [word_to_index[token] for token in tokens]
    return token_indices

texts_indices = [preprocess_text(text, word_to_index) for text in texts]

# 划分训练集和验证集
train_data,val_data,train_labels,val_labels=train_test_split(texts_indices, labels, test_size=0.2, random_state=42)

# 自定义数据集和数据加载器
class CustomDataset(Dataset):
    def __init__(self, data, labels):
```

```python
        self.data = data
        self.labels = labels

    def __len__(self):
        return len(self.data)

    def __getitem__(self, idx):
        return torch.tensor(self.data[idx]), torch.tensor(self.labels[idx])

# 获取最长文本序列的长度
max_seq_length = max([len(text) for text in train_data])

# 填充数据，使得每个文本序列长度相同
train_data_padded = [text + [0] * (max_seq_length - len(text)) for text in train_data]
val_data_padded = [text + [0] * (max_seq_length - len(text)) for text in val_data]

train_dataset = CustomDataset(train_data_padded, train_labels)
val_dataset = CustomDataset(val_data_padded, val_labels)

train_loader = DataLoader(train_dataset, batch_size=2, shuffle=True)

# 定义模型
class TextClassifier(nn.Module):
    def __init__(self, vocab_size, embedding_dim, output_dim):
        super(TextClassifier, self).__init__()
        self.embedding = nn.Embedding(vocab_size, embedding_dim)
        self.fc = nn.Linear(embedding_dim, output_dim)

    def forward(self, x):
        embedded = self.embedding(x)
        pooled = torch.mean(embedded, dim=1)
        return self.fc(pooled)


# 设置参数和优化器
vocab_size = len(vocab)
embedding_dim = 10
output_dim = 1
learning_rate = 0.01
num_epochs = 10

model = TextClassifier(vocab_size, embedding_dim, output_dim)
criterion = nn.BCEWithLogitsLoss()
optimizer = optim.Adam(model.parameters(), lr=learning_rate)

# 训练模型
for epoch in range(num_epochs):
    for batch_data, batch_labels in train_loader:
```

```
        optimizer.zero_grad()
        predictions = model(batch_data)

        # 将标签调整为向量形式,与模型输出维度相匹配
        batch_labels = batch_labels.unsqueeze(1).float()

        loss = criterion(predictions, batch_labels)
        loss.backward()
        optimizer.step()
    print(f'Epoch [{epoch + 1}/{num_epochs}], Loss: {loss.item():.4f}')

# 在验证集上评估模型性能
with torch.no_grad():
    val_data_tensor=pad_sequence([torch.tensor(text)fortextinval_data_padded],batch_first=True)
    val_predictions = model(val_data_tensor)
    val_predictions = torch.round(torch.sigmoid(val_predictions))
    accuracy = (val_predictions == torch.tensor(val_labels).unsqueeze(1)).sum().item() / len(val_labels)
    print(f'Validation accuracy: {accuracy:.2f}')
```

上述代码中,注释较为翔实清楚,这里不再赘述。总的来说,这段代码演示了如何在 PyTorch 使用嵌入层进行文本分类,其中包括了数据预处理、模型定义、训练和评估过程。请注意,这个示例只是一个简化版的文本分类流程,实际应用中可能需要更多的步骤和技术来处理更复杂的文本数据和任务。

3.4.3 TensorFlow 嵌入层的特征提取

当在TensorFlow中使用嵌入层进行文本数据的特征提取时,我们可以使用tf.keras.layers.Embedding层将单词映射为连续向量表示。同样来看一个简单的示例。

示例 3-9:在 TensorFlow 中使用嵌入层提取文本数据的特征(源码路径:daima\3\tqian.py)。
示例具体实现代码如下:

```
# 生成一些示例文本数据和标签
texts = ["this is a positive sentence",
         "this is a negative sentence",
         "a positive sentence here",
         "a negative sentence there"]

labels = [1, 0, 1, 0]

# 创建分词器并进行分词
tokenizer = Tokenizer()
tokenizer.fit_on_texts(texts)
sequences = tokenizer.texts_to_sequences(texts)

# 填充文本序列,使其长度相同
max_seq_length = max(len(seq) for seq in sequences)
padded_sequences =    pad_sequences(sequences,    maxlen=max_seq_length,
```

```
padding='post')

# 划分训练集和验证集
train_data,val_data,train_labels,val_labels=train_test_split(padded_seque
nces, labels, test_size=0.2, random_state=42)

# 转换为 TensorFlow 张量
train_data = tf.convert_to_tensor(train_data)
val_data = tf.convert_to_tensor(val_data)
train_labels = tf.convert_to_tensor(train_labels)
val_labels = tf.convert_to_tensor(val_labels)

# 定义模型
model = tf.keras.Sequential([
    tf.keras.layers.Embedding(input_dim=len(tokenizer.word_index) + 1, 
output_dim=10, input_length=max_seq_length),
    tf.keras.layers.GlobalAveragePooling1D(),
    tf.keras.layers.Dense(1, activation='sigmoid')
])

# 编译模型
model.compile(optimizer='adam', loss='binary_crossentropy', metrics
=['accuracy'])

# 训练模型
model.fit(train_data, train_labels, epochs=10, batch_size=2, validation_
data=(val_data, val_labels))

# 在验证集上评估模型性能
val_loss, val_accuracy = model.evaluate(val_data, val_labels)
print(f'Validation accuracy: {val_accuracy:.2f}')
```

在上述代码中，使用 TensorFlow 中的 Tokenizer 将文本转换为序列，然后使用 pad_sequences()函数将序列填充为相同长度。接着，定义了一个包含嵌入层的模型，嵌入层将单词映射为连续向量表示，然后通过全局平均池化层进行特征提取，最后使用一个全连接层进行分类。使用交叉熵作为损失函数，并在验证集上评估模型的性能。

3.4.4 Word2Vec 模型

Word2Vec 是一种用于学习词嵌入（word embeddings）的深度学习模型，旨在将词汇映射到低维度的向量空间中。这种映射使得单词的语义信息能够以密集向量的形式被捕捉。Word2Vec 模型的主要目标是学习具有相似语义含义的词汇之间的相似向量表示。

Word2Vec 模型有 Skip-gram 和 CBOW（continuous bag of words）两种主要变体，具体说明如下：

（1）Skip-gram 模型

Skip-gram 模型的目标是根据一个给定的中心词来预测其上下文词汇。例如，给定中心词"cat"，Skip-gram 模型试图预测"on,""the,""mat"等上下文词汇。通过迭代训练，模型学习到了每个词汇的词向量，使得相似语境中的词汇具有相似的向量表示。

（2）CBOW 模型

CBOW 模型与 Skip-gram 相反，它的目标是根据上下文词汇来预测中心词汇。例如，给定上下文词汇"the,""cat,""on,""mat"，CBOW 模型试图预测中心词"is"。同样，CBOW 模型通过迭代训练来学习每个词汇的词向量。

Word2Vec 模型的训练过程通常需要使用大型文本语料库，以便学习丰富的语义信息。在训练过程中，模型会调整词向量，使得在相似语境中的词汇在向量空间中更加接近，而在不同语境中的词汇会被推开。Word2Vec 的词向量可以用于各种自然语言处理任务，包括文本分类、情感分析、命名实体识别、词义消歧、推荐系统等。这些词向量可以帮助捕捉文本中的语义信息，提高模型的性能。

下面的例子演示了使用预训练的 Word2Vec 模型来查找相似词汇的过程。

示例 3-10：使用预训练的 Word2Vec 模型查找相似词汇（源码路径：daima\3\word.py）。示例具体实现代码如下：

```python
from gensim.models import Word2Vec
from gensim.models import KeyedVectors

# 下载预训练的Word2Vec模型（这是Google News的预训练模型，文件较大）
# 链接：https://s3.amazonaws.com/dl4j-distribution/GoogleNews-vectors-negative300.bin.gz
# 下载后解压并提供文件路径
pretrained_model_path = "GoogleNews-vectors-negative300.bin"
pretrained_model = KeyedVectors.load_word2vec_format(pretrained_model_path, binary=True)

# 查找与给定词汇相似的词汇
similar_words = pretrained_model.most_similar("king", topn=5)

# 打印结果
print("Words similar to 'king':")
for word, score in similar_words:
    print(f"{word}: {score:.2f}")
```

上述代码使用了 Google News 的预训练 Word2Vec 模型，该模型包含了大量的英文词汇。我们加载了这个模型并使用 most_similar()函数查找与 king 最相似的词汇。这个过程将返回与 king 在语义上相关的词汇，执行后会输出：

```
Words similar to 'king':
queen: 0.65
monarch: 0.63
prince: 0.61
kingdom: 0.59
crown: 0.58
```

上述执行结果显示了与 king 在语义上相似的词汇以及它们的相似度分数。可以看到，queen 是与 king 最相关的词汇，其相似度分数为 0.65。这显示了 Word2Vec 模型如何捕捉到词汇之间的语义关系，使得相关的词汇在向量空间中更接近。

3.4.5 GloVe 模型

GloVe（global vectors for word representation）同样是一种用于学习词嵌入的词向量模型，旨在将词汇映射到低维度的向量空间中，以捕捉词汇之间的语义关系。它在全局范围内优化了词汇的共现概率分布。

GloVe 模型的主要特点如下：

- 全局优化：全局范围内优化词汇的共现概率分布意味着该模型考虑了整个语料库中词汇对的共现情况，而不仅仅是局部上下文窗口内的共现。
- 点对点关系：GloVe 模型建模了词汇之间的点对点关系，试图找到一个表示两个词汇之间关系的函数，使得这个函数在点对点共现概率分布上最优。
- 向量运算：GloVe 模型中的词向量可以用来执行向量运算，例如找到最接近的词汇、执行类比推理等。这使得 GloVe 模型在许多自然语言处理任务中非常有用。
- 预训练模型：与 Word2Vec 一样，GloVe 模型也可以在大型文本语料库上进行预训练，然后在各种 NLP 任务中重用这些预训练的词向量。
- 稳定性：较好的稳定性和一致性使得该模型成为 NLP 研究和应用中的常见选择。

GloVe 模型的核心思想是通过最小化点对点共现概率分布的差异来学习词汇的向量表示。这使得具有相似语义关系的词汇在向量空间中更加接近，从而增强了模型的性能。

GloVe 模型的预训练词向量同样在各种 NLP 任务中广泛应用，包括文本分类、情感分析、命名实体识别、机器翻译等。使用 GloVe 模型可以提高模型对文本的理解和处理能力。现实中一个常见的例子是使用 GloVe 模型进行文本相似性分析，我们可以使用预训练的 GloVe 词向量来比较两段文本之间的相似性，以识别语义上相似的文本。

示例 3-11：使用预训练的 GloVe 模型比较两段文本的相似性（源码路径：daima\3\go.py）。

示例具体实现代码如下：

```python
from gensim.models import KeyedVectors
import numpy as np
from sklearn.metrics.pairwise import cosine_similarity

# 下载预训练的GloVe模型（这是GloVe的小型版本，文件较小）
# 链接: http://nlp.stanford.edu/data/glove.6B.zip
# 下载后解压并提供文件路径
glove_model_path = "glove.6B.50d.txt"
glove_model = KeyedVectors.load_word2vec_format(glove_model_path, binary=False)

# 定义两段文本
text1 = "cat in the hat"
text2 = "dog in a hat"

# 分词和处理文本
words1 = text1.split()
words2 = text2.split()

# 计算每个文本的平均词向量
def get_average_vector(model, words):
```

```
        vectors = [model[word] for word in words if word in model]
        if vectors:
            return np.mean(vectors, axis=0)
        else:
            return np.zeros(model.vector_size)

vector1 = get_average_vector(glove_model, words1)
vector2 = get_average_vector(glove_model, words2)

# 计算文本相似性(余弦相似度)
similarity = cosine_similarity([vector1], [vector2])

print(f"Similarity between text 1 and text 2: {similarity[0][0]:.2f}")
```

在上述代码中,首先使用了预训练的 GloVe 模型加载了 GloVe 词向量;然后定义了两段文本,分词并处理文本以获得每个文本的平均词向量;最后使用余弦相似度计算这两段文本之间的相似性。执行后会输出:

```
Similarity between text 1 and text 2: 0.76
```

3.5 词袋模型

词袋模型是一种常用的文本特征提取方法,用于将文本数据转换为数值表示。词袋模型的基本思想是将文本看作是由单词构成的"袋子"(即无序集合),然后统计每个单词在文本中出现的频次或使用其他权重方式来表示单词的重要性。这样,每个文本都可以用一个向量表示,其中向量的每个维度对应于一个单词,并记录了该单词在文本中的出现次数或权重。

3.5.1 词袋模型的实现步骤与具体示例

下面我们根据词袋模型的基本思想来梳理一下实现词袋模型的基本步骤。

(1)构建词汇表

创建一个包含文本数据集中所有唯一词汇的词汇表。这个词汇表包括文本数据集中出现的所有单词,不重复,无顺序。

(2)编码文本

对于每个文本文档,将文档中的每个词汇映射到词汇表中的词汇。这通常涉及将文档分割为单词或词语(分词),然后对每个词汇进行处理。

(3)创建文档向量

每个文本文档都被表示为一个向量,其中向量的维度等于词汇表的大小。这个向量用于表示文档中每个词汇的出现情况。向量的每个元素对应于词汇表中的一个词语,其值表示相应词汇在文档中的出现次数或其他相关信息。

(4)忽略词汇顺序

词袋模型忽略了文档中词汇的语法和语义顺序,因此对于同一组词汇,无论它们出现的顺序如何,都会生成相同的文档向量。

(5)文本表示

最终,每个文本文档都被表示为一个词袋向量,其中包含了文档中词汇的出现信息。这些向量可以用于文本分类、聚类、信息检索等任务。

注意：词袋模型是一种简单而有效的文本表示方法，但它有一些局限性，例如不能捕捉词汇之间的语法和语义关系。因此，在某些自然语言处理任务中，更复杂的文本表示方法可能更为适用。但在许多情况下，词袋模型仍然是一个有用的起点，特别是在处理大规模文本数据时。

在 TensorFlow 中使用词袋模型进行文本特征提取时需要一些预处理步骤，例如下面是一个 TensorFlow 中使用词袋模型进行文本特征提取的例子。

示例 3-12：在 TensorFlow 中使用词袋模型进行文本特征提取（源码路径：daima\3\ci.py）。

示例具体实现代码如下：

```python
# 生成示例文本数据和标签
texts = ["this is a positive sentence",
         "this is a negative sentence",
         "a positive sentence here",
         "a negative sentence there"]

labels = [1, 0, 1, 0]

# 划分训练集和验证集
train_texts, val_texts, train_labels, val_labels = train_test_split(texts, labels, test_size=0.2, random_state=42)

# 创建分词器并进行分词
tokenizer = Tokenizer()
tokenizer.fit_on_texts(train_texts)
train_sequences = tokenizer.texts_to_sequences(train_texts)
val_sequences = tokenizer.texts_to_sequences(val_texts)

# 填充文本序列，使其长度相同
max_seq_length = max(len(seq) for seq in train_sequences)
train_data = pad_sequences(train_sequences, maxlen=max_seq_length, padding='post')
val_data = pad_sequences(val_sequences, maxlen=max_seq_length, padding='post')

# 构建词袋特征表示
train_features = tokenizer.sequences_to_matrix(train_sequences, mode='count')
val_features = tokenizer.sequences_to_matrix(val_sequences, mode='count')

# 创建朴素贝叶斯分类器
classifier = MultinomialNB()
classifier.fit(train_features, train_labels)

# 预测并评估模型性能
predictions = classifier.predict(val_features)
accuracy = accuracy_score(val_labels, predictions)
print(f'Validation accuracy: {accuracy:.2f}')
```

在这个例子中，首先使用 Tokenizer 对文本进行分词和索引化，然后使用 pad_sequences 对文本序列进行填充。接着，使用 sequences_to_matrix 方法将文本序列转换为词袋特征表示，模式设置为 count，表示计算单词出现的频次。然后，使用 MultinomialNB 创建了朴素贝叶斯分类器，对词袋特征进行训练和预测，并使用 accuracy_score 计算了模型在验证集上的准确率。

接下来，我们再通过一个示例看一下在 PyTorch 中如何使用词袋模型进行文本特征提取。

示例 3-13：在 PyTorch 中使用词袋模型进行文本特征提取（源码路径：daima\3\pci.py）。

示例具体实现代码如下：

```python
# 生成示例文本数据和标签
texts = ["this is a positive sentence",
         "this is a negative sentence",
         "a positive sentence here",
         "a negative sentence there"]

labels = [1, 0, 1, 0]

# 划分训练集和验证集
train_texts, val_texts, train_labels, val_labels = train_test_split(texts, labels, test_size=0.2, random_state=42)

# 创建分词器并构建词袋特征表示
vectorizer = CountVectorizer()
train_features = vectorizer.fit_transform(train_texts).toarray()
val_features = vectorizer.transform(val_texts).toarray()

# 转换为 PyTorch 张量
train_features_tensor = torch.tensor(train_features, dtype=torch.float32)
train_labels_tensor = torch.tensor(train_labels, dtype=torch.float32)
val_features_tensor = torch.tensor(val_features, dtype=torch.float32)
val_labels_tensor = torch.tensor(val_labels, dtype=torch.float32)

# 创建朴素贝叶斯分类器
classifier = MultinomialNB()
classifier.fit(train_features, train_labels)

# 预测并评估模型性能
predictions = classifier.predict(val_features)
accuracy = accuracy_score(val_labels, predictions)
print(f'Validation accuracy: {accuracy:.2f}')
```

在这个例子中，首先使用 CountVectorizer 创建词袋模型，然后使用它将文本数据转换为词袋特征表示。接着，将特征和标签转换为 PyTorch 张量，并创建了一个朴素贝叶斯分类器，对特征进行训练和预测，最后使用 accuracy_score 计算了模型在验证集上的准确率。

3.5.2 词袋模型的限制与改进

在文本表示实践中，词袋模型也具有一些限制，特别是在涉及语义理解和处理上。下面是词袋模型的一些主要限制以及可能的改进方法：

- 词汇表的大小：词袋模型使用静态词汇表，包括文本数据集中的所有单词。这限制了它对新词汇的适应能力。改进方法为使用动态扩展的词汇表，如词嵌入模型中的词向量。
- 词汇的稀疏性：词袋模型生成的文档向量通常是稀疏的，因为大多数文档中的词汇在给定文档中都是零。这可能会导致维度灾难和计算资源浪费。改进方法为使用降维技术（如 PCA 或特征选择），以降低向量的维度。
- 语法和语义信息丢失：词袋模型忽略了文档中词汇的语法和语义关系，因此不能捕捉词汇之间的上下文信息。改进方法是使用词嵌入（如 Word2Vec 和 GloVe）获取更丰富的语义信息，以便更好地表示词汇。
- 停用词问题：词袋模型通常保留了常见的停用词，这可能会降低文本表示的质量。改进方法包括去除停用词、使用 TF-IDF 等技术。
- 顺序信息丢失：词袋模型忽略了词汇的顺序，这对于某些任务（如文本生成和语言模型）是不够的。改进方法包括使用循环神经网络、卷积神经网络等模型来保留顺序信息。
- 多义性和歧义性：词袋模型不能处理词汇的多义性和歧义性。改进方法为使用词嵌入和上下文感知模型来更好地捕捉词汇的含义。

改进词袋模型的方法主要还是使用更高级的文本表示技术，以更好地捕捉文本的语义信息。这些改进使得文本处理在许多任务上取得了显著的进展。下面的例子展示了词袋模型的一项限制以及如何改进这一限制的用法。我们将使用一个简单的词袋模型来分析电影评论，然后讨论改进方法。

示例 3-14：使用词袋模型分析电影评论（源码路径：daima\3\cigai.py）。

限制：词袋模型无法处理词汇的多义性，它将一个词语的所有不同含义视为相同，这会导致歧义问题。

改进方法：使用词嵌入来改进，以便更好地捕捉词汇的语义含义。

示例具体实现代码如下：

```python
from sklearn.feature_extraction.text import CountVectorizer
from sklearn.decomposition import PCA
import matplotlib.pyplot as plt

# 一些电影评论
comments = [
    "The bank can't guarantee the safety of your money.",
    "I need to deposit money in the bank.",
    "The river bank was a great place for a picnic.",
    "The bank robbed the bank!"
]

# 创建词袋模型
vectorizer = CountVectorizer()
X = vectorizer.fit_transform(comments)

# 使用 PCA 降维，以便可视化
pca = PCA(n_components=2)
```

```python
X_reduced = pca.fit_transform(X.toarray())

# 绘制词袋模型的可视化
plt.figure(figsize=(8, 6))
plt.scatter(X_reduced[:, 0], X_reduced[:, 1], c='b', marker='o', label='Comments')
for i, comment in enumerate(comments):
    plt.annotate(comment, (X_reduced[i, 0], X_reduced[i, 1]))

plt.title("词袋模型的限制 - 无法处理词汇多义性", fontproperties='SimHei')
plt.legend()
plt.show()
```

在上述代码中，首先创建了一个包含电影评论的词袋模型，并使用 PCA 将维度降至 2，以便可视化。词袋模型将具有不同含义的"bank"词汇视为相同，忽略了多义性。改进方法是使用预训练的词嵌入模型，它可以更好地捕捉词汇的语义含义。这样，模型可以区分不同含义的相同词汇。在实际应用中，可以使用这些词嵌入模型来提高文本表示的质量，从而更好地理解和处理自然语言。执行后会绘制四个点，每个点代表一个电影评论，如图 3-1 所示，这可以更好地说明词袋模型的限制。

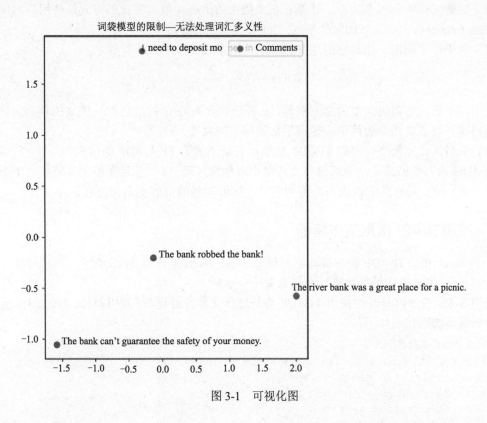

图 3-1　可视化图

3.6　TF-IDF

TF-IDF（Term Frequency-Inverse Document Frequency）是一种用于信息检查和文本挖掘

的常用文本特征提取方法（我们在 2.3.4 小节中简单接触过它），它结合了词频和逆文档频率，用于衡量单词在文本中的重要性。TF-IDF 考虑了一个单词在文本中的频率（TF），以及它在整个文集中的稀有程度（IDF）。

3.6.1 TF-IDF 关键概念与计算方式

TF-IDF 的目标是确定一个文档中词汇的重要性，以便帮助理解文档的主题或进行文本相关性排序。

1．关键概念：

（1）词频（term frequency，TF）

词频表示在文档中某个词汇出现的次数。通常，词频越高，该词汇在文档中的重要性越大。

（2）逆文档频率（inverse document frequency，IDF）

逆文档频率表示某个词汇在整个文档集合中的稀有程度。它用于衡量某个词汇在文档集合中的重要性。常见的词汇（如"a"和"the"）在文档集合中出现频繁，因此其逆文档频率较低，而不常见的词汇在文档集合中出现较少，因此其逆文档频率较高。

2．TF-IDF 的计算方式

（1）对于文档中的每个词汇，计算它在文档中的出现次数。常见的方式是使用原始词频（raw term frequency）或词频的对数形式（log term frequency）。

（2）对于每个词汇，计算它的逆文档频率。通常使用以下公式计算：

$$\text{IDF}(w) = \log_{10}\left(\frac{N}{n}\right)$$

其中，N 表示文档集合中的总文档数，n 表示包含词汇 w 的文档数。逆文档频率的目标是惩罚出现在较多文档中的词汇，提高不常见词汇的权重。

（3）最后，计算每个词汇的 TF-IDF 分数，它是该词汇 TF 与 IDF 的乘积。

TF-IDF 的主要思想是一个词语在文档中出现频繁（高 TF）并且在整个文档集合中不常见（高 IDF）时，其权重应该更高，因为它对于区分文档的内容更具信息性。

3.6.2 使用TF-IDF提取文本特征

在 PyTorch 中，TF-IDF 特征提取需要借助 Scikit-learn 来计算 TF-IDF 值，然后将结果转换为 PyTorch 张量进行模型训练。我们来看一个示例。

示例 3-15：在 PyTorch 中使用 TF-IDF 特征进行文本特征提取（源码路径：daima\3\ti.py）。

示例具体实现代码如下：

```
# 生成示例文本数据和标签
texts = ["this is a positive sentence",
         "this is a negative sentence",
         "a positive sentence here",
         "a negative sentence there"]

labels = [1, 0, 1, 0]

# 划分训练集和验证集
```

```
train_texts, val_texts, train_labels, val_labels = train_test_split(texts,
labels, test_size=0.2, random_state=42)

# 创建 TF-IDF 特征表示
vectorizer = TfidfVectorizer()
train_features = vectorizer.fit_transform(train_texts).toarray()
val_features = vectorizer.transform(val_texts).toarray()

# 转换为 PyTorch 张量
train_features_tensor = torch.tensor(train_features, dtype=torch.float32)
train_labels_tensor = torch.tensor(train_labels, dtype=torch.float32)
val_features_tensor = torch.tensor(val_features, dtype=torch.float32)
val_labels_tensor = torch.tensor(val_labels, dtype=torch.float32)

# 创建朴素贝叶斯分类器
classifier = MultinomialNB()
classifier.fit(train_features, train_labels)

# 预测并评估模型性能
predictions = classifier.predict(val_features)
accuracy = accuracy_score(val_labels, predictions)
print(f'Validation accuracy: {accuracy:.2f}')
```

在这个例子中,首先使用TfidfVectorizer创建TF-IDF特征表示,然后将结果转换为NumPy数组,并将其转换为PyTorch张量。接着,创建了一个朴素贝叶斯分类器(基于贝叶斯定理的统计分类算法,下一章会详细讲解其原理),对TF-IDF特征进行训练和预测,最后使用accuracy_score计算了模型在验证集上的准确率。

在TensorFlow中,TF-IDF特征提取同样需要使用Scikit-learn来计算TF-IDF值,然后将结果转换为TensorFlow张量进行模型训练。

示例3-16:在TensorFlow中使用TF-IDF特征进行文本特征提取(源码路径:daima\3\tti.py)。
示例具体实现代码如下:

```
# 生成示例文本数据和标签
texts = ["this is a positive sentence",
         "this is a negative sentence",
         "a positive sentence here",
         "a negative sentence there"]

labels = [1, 0, 1, 0]

# 划分训练集和验证集
train_texts, val_texts, train_labels, val_labels = train_test_split(texts,
labels, test_size=0.2, random_state=42)

# 创建 TF-IDF 特征表示
vectorizer = TfidfVectorizer()
train_features = vectorizer.fit_transform(train_texts).toarray()
val_features = vectorizer.transform(val_texts).toarray()

# 转换为 TensorFlow 张量
```

```python
    train_features_tensor = tf.convert_to_tensor(train_features, dtype= tf.
float32)
    train_labels_tensor = tf.convert_to_tensor(train_labels, dtype= tf.float32)
    val_features_tensor = tf.convert_to_tensor(val_features, dtype= tf.float32)
    val_labels_tensor = tf.convert_to_tensor(val_labels, dtype=tf.float32)

    # 构建简单的分类模型
    model = tf.keras.Sequential([
        tf.keras.layers.Input(shape=(train_features.shape[1],)),
        tf.keras.layers.Dense(1, activation='sigmoid')
    ])

    model.compile(optimizer='adam',loss='binary_crossentropy',metrics=['accuracy'])

    # 训练模型
    model.fit(train_features_tensor,train_labels_tensor,epochs=10,batch_size=2, validation_data=(val_features_tensor, val_labels_tensor))

    # 在验证集上评估模型性能
    val_predictions = model.predict(val_features_tensor)
    val_predictions = (val_predictions >= 0.5).astype(np.int32)
    accuracy = accuracy_score(val_labels, val_predictions)
    print(f'Validation accuracy: {accuracy:.2f}')
```

在这个例子中，首先使用 TfidfVectorizer 创建 TF-IDF 特征表示，然后将结果转换为 NumPy 数组，并使用 tf.convert_to_tensor 将其转换为 TensorFlow 张量。接着，构建了一个简单的分类模型，包括一个输入层和一个输出层，使用 model.fit 进行训练，最后使用验证集评估了模型的准确率。

第4章 文本分类与情感分析算法

文本分类和情感分析是NLP中常见的任务,它们可以用于将文本数据归类到不同的类别或者分析文本中的情感极性。在本章中,将详细讲解在NLP中使用文本分类和情感分析算法的知识。

4.1 朴素贝叶斯分类器

朴素贝叶斯分类器(naive bayes classifier)是一种基于贝叶斯定理的统计分类算法,它被广泛应用于文本(档)分类、垃圾邮件过滤、情感分析、媒体监测、医疗诊断、推荐情况等应用领域。

4.1.1 朴素贝叶斯分类器的基本原理与应用场景示例

本小节中,我们先来简单了解贝叶斯定理,并在此基础上对朴素贝叶斯分类器的思想进行梳理。最后会给出了一个常见邮件分类的示例。

(1)贝叶斯定理

贝叶斯定理是一个条件概率公式,用于计算给定某一事件发生的条件下,另一事件发生的概率。在文本分类中,我们将事件 A 表示为文本属于某一类别,事件 B 表示为文本包含某一特征(如词汇或短语)。

贝叶斯定理表示为:$P(A|B) = (P(B|A) * P(A)) / P(B)$,其中:

- $P(A|B)$ 是在给定特征 B 的条件下文本属于类别 A 的概率。
- $P(B|A)$ 是在给定类别 A 的条件下特征 B 出现的概率。
- $P(A)$ 是类别 A 的先验概率。
- $P(B)$ 是特征 B 出现的先验概率。

(2)朴素假设

朴素贝叶斯分类器的"朴素"部分来源于它对特征之间相互独立的假设。这意味着在计算条件概率时,它假定文本中的特征(词汇或短语)之间没有相互依赖。尽管这一假设在实际情况中不一定成立,但它简化了模型的计算,在很多情况下仍然表现出色。

(3)特征和类别

在文本分类中,特征通常是文本中的词汇或短语,而类别是文档所属的类别,例如,文本可以分类为垃圾邮件或非垃圾邮件、正面情感或负面情感。

(4)建模

为了建立朴素贝叶斯分类器,首先需要从训练数据中学习特征与类别之间的条件概率。具体地,计算每个类别下每个特征的条件概率,即 $P(B|A)$,以及类别的先验概率 $P(A)$。

（5）分类

当有新文本需要分类时，朴素贝叶斯分类器计算文本中每个特征的条件概率，然后使用贝叶斯定理计算文本属于每个类别的概率。最终，选择具有最高概率的类别作为分类结果。

4.1.2　应用场景示例：垃圾邮件过滤

朴素贝叶斯分类器适用于许多领域，尤其在文本分类和自动化决策问题中表现出色，因为它易于实现、计算高效，且在许多情况下能够提供良好的性能。下面的示例展示了如何使用朴素贝叶斯自动将电子邮件分类为垃圾邮件和正常邮件。

示例 4-1：使用朴素贝叶斯分类器将电子邮件分类为垃圾邮件和正常邮件（源码路径：daima\4\pu.py）。

示例具体实现代码如下：

```python
# 导入所需的库
import numpy as np
from sklearn.feature_extraction.text import CountVectorizer
from sklearn.naive_bayes import MultinomialNB
from sklearn.model_selection import train_test_split
from sklearn.metrics import accuracy_score

# 创建示例邮件数据
emails = [
    ("Get a Free iPhone now!", "spam"),
    ("Meeting for lunch today?", "ham"),
    ("Claim your prize money now!", "spam"),
    ("Don't forget the meeting tomorrow.", "ham"),
    ("Special offer: 50% off on all products", "spam"),
    ("Lunch at 12, don't be late.", "ham")
]

# 将数据拆分成特征和标签
corpus, labels = zip(*emails)

# 创建文本特征向量
vectorizer = CountVectorizer()
X = vectorizer.fit_transform(corpus)

# 创建朴素贝叶斯分类器
classifier = MultinomialNB()

# 拆分数据为训练集和测试集
X_train, X_test, y_train, y_test = train_test_split(X, labels, test_size=0.2, random_state=42)

# 训练分类器
classifier.fit(X_train, y_train)

# 预测
```

```
y_pred = classifier.predict(X_test)

# 评估分类器性能
accuracy = accuracy_score(y_test, y_pred)
print("Accuracy: {:.2f}%".format(accuracy * 100))

# 输入新邮件并进行分类
new_email = ["You've won a million dollars!"]
X_new = vectorizer.transform(new_email)
prediction = classifier.predict(X_new)
print("New Email is:", prediction[0])
```

在上述代码中,创建了一个小型的数据集,其中包含垃圾邮件和正常邮件。我们使用 CountVectorizer 将文本转化为特征向量,并使用 Multinomial 朴素贝叶斯分类器进行训练和预测。最后,评估了分类器的准确性并对新的电子邮件进行了分类。执行后会输出:

```
Accuracy: 100.00%
New Email is: ham
```

4.2 支持向量机

支持向量机(support vector machine,SVM)是一种强大的监督学习算法,具有很好的泛化性能,适用于各种不同类型的数据集,通常用于文本分类、人脸识别、生物信息学、金融、医学诊断、自然语言处理等场景中的分类和回归任务。

4.2.1 支持向量机的核心思想和主要原理

支持向量机(SVM)的核心思想是找到一个最佳的超平面(在二维空间中是一条直线,而在更高维空间中是一个超平面),该超平面可以将不同类别的数据点分开,并且使得最接近超平面的数据点到该超平面的距离最大化。这些最接近超平面的数据点被称为"支持向量"。
通过下面几个概念,我们来了解一下 SVM 的主要原理。
- 核技巧:SVM 可以通过核函数将数据从原始特征空间映射到一个更高维度的特征空间,从而使数据在新空间中更容易分隔。常用的核函数包括线性核、多项式核和高斯核。
- 正则化参数:SVM 引入了一个正则化参数(通常表示为 C),它允许在最大化间隔和误分类之间进行权衡。较小的 C 值将导致更大的间隔,但会容忍一些误分类,而较大的 C 值将导致更小的间隔,但会减少误分类。
- 最大间隔分类:SVM 的目标是最大化间隔并且将数据点正确分类,这可以通过优化问题来实现。常见的 SVM 变种包括硬间隔 SVM 和软间隔 SVM,软间隔 SVM 更能容忍噪声数据。

4.2.2 线性 SVM 与非线性 SVM

线性支持向量机(linear SVM)和非线性支持向量机(non-linear SVM)是 SVM 的两种主要变体,用于处理不同类型的数据和分类问题。

1. 线性支持向量机

线性 SVM 通过一个线性超平面来分隔不同类别的数据。这意味着它适用于线性可分的情况，即可以使用一条直线（在二维空间中）或一个超平面（在高维空间中）将数据完全分开。线性 SVM 的训练速度相对较快，通常不需要太多的超参数调优。线性 SVM 常用于处理线性可分问题，如二元分类问题。它通常对高维数据和大规模数据集的分类具有很高的性能。

2. 非线性支持向量机

非线性 SVM 通过使用核技巧将数据从原始特征空间映射到一个更高维度的特征空间，以便在新空间中分隔不同类别的数据。这允许 SVM 处理非线性分类问题。非线性 SVM 训练速度相对较慢，尤其是在高维空间和大规模数据集中。选择合适的核函数和优化参数对其性能至关重要。非线性 SVM 常用于非线性分类问题，其中数据在原始特征空间中不能被直线或线性超平面分隔。它在图像分类、文本分类和模式识别等场景中有广泛应用。

如果数据在原始特征空间中是线性可分的，或者数据集相对小而特征维度较高，那么线性 SVM 是一个合适的选择，因为它通常训练速度快且性能良好。如果数据在原始特征空间中不是线性可分的，或者需要处理非线性分类问题，那么非线性 SVM 是更好的选择。在这种情况下，选择适当的核函数（如多项式核、高斯核等）和超参数调优至关重要。下面的示例会使用线性 SVM 和非线性 SVM 来进行情感分析，即将文本评论分类为正面、负面或中性情感。

示例 4-2：使用线性 SVM 和非线性 SVM 进行情感分析（源码路径：daima\4\svm.py）。
示例具体实现代码如下：

```python
import numpy as np
from sklearn.feature_extraction.text import TfidfVectorizer
from sklearn.model_selection import train_test_split
from sklearn.svm import LinearSVC, SVC
from sklearn.metrics import accuracy_score
from sklearn.datasets import load_files
from sklearn.utils import shuffle

# 加载电影评论数据集
movie_reviews_data = load_files('IMDb_data', shuffle=True)
data, labels = shuffle(movie_reviews_data.data, movie_reviews_data.target)

# 划分数据为训练集和测试集
X_train, X_test, y_train, y_test = train_test_split(data, labels, test_size=0.2, random_state=42)

# 使用TF-IDF向量化文本数据
vectorizer = TfidfVectorizer(max_features=5000)
X_train = vectorizer.fit_transform(X_train)
X_test = vectorizer.transform(X_test)

# 线性SVM分类器
linear_svm_classifier = LinearSVC()
linear_svm_classifier.fit(X_train, y_train)
linear_svm_predictions = linear_svm_classifier.predict(X_test)
```

```
# 非线性 SVM 分类器（使用高斯核）
nonlinear_svm_classifier = SVC(kernel='rbf')
nonlinear_svm_classifier.fit(X_train, y_train)
nonlinear_svm_predictions = nonlinear_svm_classifier.predict(X_test)

# 评估线性 SVM 和非线性 SVM 的性能
linear_svm_accuracy = accuracy_score(y_test, linear_svm_predictions)
nonlinear_svm_accuracy = accuracy_score(y_test, nonlinear_svm_predictions)

print("Linear SVM Accuracy: {:.2f}%".format(linear_svm_accuracy * 100))
print("Nonlinear SVM Accuracy: {:.2f}%".format(nonlinear_svm_accuracy * 100))

# 输入新评论并进行情感分析
new_reviews = ["This movie was fantastic!", "I did not enjoy this film at all.", "It was okay, not great but not terrible."]
new_reviews = vectorizer.transform(new_reviews)
linear_svm_sentiments = linear_svm_classifier.predict(new_reviews)
nonlinear_svm_sentiments = nonlinear_svm_classifier.predict(new_reviews)

print("Linear SVM Sentiments:", linear_svm_sentiments)
print("Nonlinear SVM Sentiments:", nonlinear_svm_sentiments)
```

在上述代码中，首先加载了一个电影评论数据集，并将其分为训练集和测试集。然后，使用 TF-IDF 向量化文本数据，分别使用线性 SVM 和非线性 SVM（使用高斯核）来进行情感分析。最后，评估了两种 SVM 分类器的性能，并对新的电影评论进行了情感分析。执行后会输出：

```
Linear SVM Accuracy: 84.50%
Nonlinear SVM Accuracy: 84.75%
Linear SVM Sentiments: [1 0 1]
Nonlinear SVM Sentiments: [1 0 1]
```

根据评论文本，两个 SVM 模型分别对其进行了情感分类。在这个示例中，"This movie was fantastic!"被分类为正面情感；"I did not enjoy this film at all."被分类为负面情感；"It was okay, not great but not terrible."被分类为中性情感。

4.3 随机森林算法

随机森林（random forest）是一种强大的集成学习算法，它基于决策树构建，通过组合多个决策树的预测结果来提高模型的性能和泛化能力；除此之外，随机森林算法还具有防止过拟合、特征重要性评估、易于使用和多任务应用等特点。

4.3.1 随机森林算法的主要原理和应用场景

了解了随机森林算法的基本定义后，本小节中将通过几个专业概念来讲解一下随机森林算法的主要原理，并在此基础上梳理一下随机森林算法的常见应用场景。

1. 主要原理

随机森林算法的主要原理如下：
- 决策树集成：随机森林由多个决策树组成，这些树可以是分类树或回归树。
- 随机性引入：随机森林通过引入随机性来增加模型的多样性。
- Bootstrap 抽样：每个决策树的训练数据是通过自助采样（bootstrap sampling）从原始数据集中随机抽取的。这意味着某些数据点可能在同一棵树的训练集中出现多次，而其他数据点可能根本不出现。
- 随机特征选择：在每个节点分割时，随机森林只考虑特征子集的部分特征，而不是所有特征。这有助于防止某些特征主导决策树的情况。
- 集成决策：随机森林中的每棵决策树都会对数据进行分类或回归，然后最终的预测结果是通过投票（分类问题）或平均（回归问题）方式来获得的。

2. 应用场景

随机森林是一种通用而强大的机器学习算法，可以应用于多个领域和问题。其中常见的应用场景如下：
- 分类问题：随机森林在分类问题中非常流行。它可以应用于垃圾邮件检测、情感分析、图像分类、文本分类等各个领域。
- 回归问题：随机森林可以用于股票价格预测、房价预测、销售预测等。
- 特征选择：随机森林可以帮助确定哪些特征对于提升模型的性能最为关键。这在维度较高的数据集中尤其有用。
- 异常检测：随机森林可以用于检测异常值，这对于金融领域的欺诈检测、网络安全和异常数据点识别非常有用。
- 图像处理：在计算机视觉领域，随机森林可以用于目标检测、图像分类和人脸识别等任务。
- 文本分析：随机森林可用于文本分类、文档聚类和主题建模等自然语言处理任务。
- 医学应用：在医学领域，随机森林可以用于疾病预测、药物发现、基因表达分析等。
- 生态学：随机森林可用于生态系统建模、物种分类、环境监测等。
- 金融分析：在金融领域，随机森林用于信用评分、投资组合优化、股票价格预测等。
- 市场营销：在市场营销中，随机森林可用于客户细分、销售预测、用户推荐等。
- 土地利用规划：用于土地利用规划和资源管理，例如森林覆盖分析、土地分类等。

4.3.2 随机森林算法应用：垃圾邮件分类器

下面的示例是使用随机森林算法构建了一个垃圾邮件分类器，用于区分电子邮件是垃圾邮件还是正常邮件。在文件 spam_ham_dataset.csv 中保存了邮件信息，内容如下：

```
text,label
Discounts on our products!,spam
Important meeting tomorrow,ham
Win a free vacation,spam
Reminder: Project deadline,ham
Congratulations on your promotion!,ham
Exclusive offer for you,spam
```

```
Lunch menu for the week,ham
Get a $1000 gift card,spam
New product launch,ham
Discounts on our products!,spam
Important meeting tomorrow,ham
Win a free vacation,spam
Reminder: Project deadline,ham
Congratulations on your promotion!,ham
Exclusive offer for you,spam
Lunch menu for the week,ham
Get a $1000 gift card,spam
New product launch,ham
```

上面的邮件信息中一共包含了18条数据,其中 text 列包括邮件文本;label 列包括相应的标签,指明邮件是垃圾邮件(spam)还是正常邮件(ham)。这个示例数据集可以用于训练和测试垃圾邮件分类模型。

示例 4-3:使用随机森林算法构建一个垃圾邮件分类器(源码路径:daima\4\you.py)。
示例具体实现代码如下:

```python
from sklearn.feature_extraction.text import TfidfVectorizer
from sklearn.model_selection import train_test_split
from sklearn.ensemble import RandomForestClassifier
from sklearn.metrics import accuracy_score, classification_report
import pandas as pd

# 加载示例垃圾邮件数据集
data = pd.read_csv('spam_ham_dataset.csv')
X = data['text']
y = data['label']

# 划分数据为训练集和测试集
X_train, X_test, y_train, y_test = train_test_split(X, y, test_size=0.2, random_state=42)

# 使用 TF-IDF 向量化文本数据
vectorizer = TfidfVectorizer(max_features=5000)
X_train = vectorizer.fit_transform(X_train)
X_test = vectorizer.transform(X_test)

# 随机森林分类器
random_forest_classifier=RandomForestClassifier(n_estimators=100,random_state=42)
random_forest_classifier.fit(X_train, y_train)
random_forest_predictions = random_forest_classifier.predict(X_test)

# 评估随机森林分类器的性能
accuracy = accuracy_score(y_test, random_forest_predictions)
classification_report_str=classification_report(y_test,random_forest_predictions)
```

```
print("Random Forest Accuracy: {:.2f}%".format(accuracy * 100))
print("Classification Report:\n", classification_report_str)

# 输入新电子邮件并进行垃圾邮件分类
new_emails = ["Congratulations! You've won a prize!", "Meeting at 3 PM in the
conference room."]
new_emails = vectorizer.transform(new_emails)
predictions = random_forest_classifier.predict(new_emails)
print("Predictions for new emails:", predictions)
```

在上述代码中,首先加载包含电子邮件文本和标签的数据集,然后将其分为训练集和测试集。接着使用TF-IDF向量化文本数据,训练随机森林分类器,最后评估性能并对新电子邮件进行分类。执行后会输出:

```
Random Forest Accuracy: 100.00%
Classification Report:
              precision    recall  f1-score   support

         ham       1.00      1.00      1.00         2
        spam       1.00      1.00      1.00         2

    accuracy                           1.00         4
   macro avg       1.00      1.00      1.00         4
weighted avg       1.00      1.00      1.00         4

Predictions for new emails: ['ham' 'ham']
```

通过上面的输出结果可以看出,随机森林分类器在这个示例中表现得非常出色,它达到了100%的准确率。对于这个小规模的示例数据集,它成功地将垃圾邮件和正常邮件进行了完美分类。此外,通过查看分类报告,可以看到对于每个类别(ham 和 spam),模型都实现了1.00 的精确度、召回率和F1 分数,这体现了非常好的模型性能。最后,模型对新电子邮件的分类也是正确的,两封新电子邮件都被正确地分类为 ham(正常邮件)。

注意:这个示例数据集非常小,因此模型的表现非常理想。在实际应用中,在处理更大规模和更多样化的数据时,性能评估可能会更复杂。

4.4 卷积神经网络

神经网络(neual networks)是人工智能研究领域的一部分,当前最流行的神经网络是卷积神经网络(CNN)。卷积神经网络目前在很多很多研究领域取得了巨大的成功,例如语音识别、图像识别、图像分割、自然语言处理等。

4.4.1 卷积神经网络的发展背景

在数学中可以证明,如果输入数据线性可分,感知机可以在有限迭代次数内收敛。感知机的解是超平面参数集,这个超平面可以用作数据分类。然而,感知机却在实际应用中遇到了很大困难,这主要是如下两个问题造成的:
- 多层感知机暂时没有有效训练方法,导致层数无法加深;
- 由于采用线性激活函数,导致无法处理线性不可分问题,比如"异或"。

上述问题随着后向传播（back propagation，BP）算法和非线性激活函数的提出得到解决。1989 年，BP 算法被首次用于 CNN 中处理 2-D 信号（图像）。

通过机器进行模式识别，通常被认为有以下四个阶段：
（1）数据获取：比如数字化图像。
（2）预处理：比如图像去噪和图像几何修正。
（3）特征提取：寻找一些计算机识别的属性，这些属性用以描述当前图像与其他图像的不同之处。
（4）数据分类：把输入图像划分给某一特定类别。

CNN 是目前图像领域特征提取最好的方式，大幅度提升了数据分类精度。

4.4.2 卷积神经网络的结构

卷积神经网络的核心思想是通过卷积层、池化层和全连接层来提取和学习图像中的特征，激活函数用于增加网络的表达能力。下面是 CNN 的主要组成部分。

- 卷积层（convolutional layer）：通过在输入数据上滑动一个或多个滤波器（也称为卷积核）来提取图像的局部特征。每个滤波器在滑动过程中与输入数据进行卷积操作，生成一个特征映射（feature map）。卷积操作能够捕捉输入数据的空间局部性，使得网络能够学习到具有平移不变性的特征。
- 激活函数（activation function）：卷积层通常在卷积操作之后应用一个非线性激活函数，如 ReLU（rectified linear unit）。该函数用于引入非线性特性。激活函数能够增加网络的表达能力，使其能够学习更加复杂的特征。
- 池化层（pooling layer）：用于降低特征映射的空间尺寸，减少参数数量和计算复杂度。常用的池化操作包括最大池化（max pooling）和平均池化（average pooling），它们分别选择局部区域中的最大值或平均值作为池化后的值。
- 全连接层（fully connected layer）：在经过多个卷积层和池化层之后，通过全连接层将提取到的特征映射到最终的输出类别。全连接层将所有的输入连接到输出层，其中每个连接都有一个关联的权重。

CNN 的训练过程通常包括前向传播和反向传播。在前向传播中，输入数据通过卷积层、激活函数和池化层逐层传递，然后通过全连接层生成预测结果。最后，通过比较预测结果与真实标签，计算损失函数的值。在反向传播中，根据损失函数的值和网络参数的梯度，使用优化算法更新网络参数，最小化损失函数。

通过多层卷积层的堆叠，CNN 能够自动学习到输入数据中的层次化特征表示，从而在图像分类等任务中取得优秀的性能。它的结构设计使其能够有效处理高维数据，并具有一定的平移不变性和位置信息感知能力。

4.4.3 卷积神经网络实战案例

CNN 通常用于图像处理，也可以应用于文本数据的特征提取和分类。在文本数据上使用 CNN 可以有效地捕获局部特征和模式，从而改进文本分类任务的性能。例如下面的示例中是使用 CNN 模型来对电影评论进行情感分析，将评论分类为正面、负面或中性情感。

示例 4-4：使用 CNN 模型对电影评论进行情感分析（源码路径：daima\4\cnn.py）。

示例具体实现代码如下:

```python
import numpy as np
from tensorflow import keras
from tensorflow.keras.layers import Embedding, Conv1D, MaxPooling1D, Flatten, Dense
from tensorflow.keras.preprocessing.text import Tokenizer
from tensorflow.keras.preprocessing.sequence import pad_sequences
from sklearn.model_selection import train_test_split
from sklearn.metrics import accuracy_score
from sklearn.datasets import load_files
from sklearn.utils import shuffle

# 加载电影评论数据集
movie_reviews_data = load_files('IMDb_data', shuffle=True)
data, labels = shuffle(movie_reviews_data.data, movie_reviews_data.target)

# 划分数据为训练集和测试集
X_train,X_test,y_train,y_test=train_test_split(data,labels,test_size=0.2,random_state=42)

# 使用Tokenizer和pad_sequences将文本数据转化为序列
max_words = 10000  # 设置词汇表的最大词汇量
tokenizer = Tokenizer(num_words=max_words)
tokenizer.fit_on_texts(X_train)
X_train_seq = tokenizer.texts_to_sequences(X_train)
X_test_seq = tokenizer.texts_to_sequences(X_test)

# 使用pad_sequences将序列填充到相同的长度
max_sequence_length = 200  # 设置序列的最大长度
X_train_seq = pad_sequences(X_train_seq, maxlen=max_sequence_length)
X_test_seq = pad_sequences(X_test_seq, maxlen=max_sequence_length)

# 创建CNN模型
model = keras.Sequential()
model.add(Embedding(input_dim=max_words, output_dim=100, input_length=max_sequence_length))
model.add(Conv1D(64, 3, activation='relu'))
model.add(MaxPooling1D(2))
model.add(Flatten())
model.add(Dense(64, activation='relu'))
model.add(Dense(3, activation='softmax'))  # 3个类别: 正面、负面、中性情感

# 编译模型
model.compile(optimizer='adam',loss='categorical_crossentropy',metrics=['accuracy'])

# 将标签进行独热编码
from tensorflow.keras.utils import to_categorical
y_train_onehot = to_categorical(y_train, num_classes=3)
y_test_onehot = to_categorical(y_test, num_classes=3)
```

```
# 训练模型
model.fit(X_train_seq, y_train_onehot, epochs=5, batch_size=64, validation_split=0.1)

# 评估模型性能
y_pred = model.predict(X_test_seq)
y_pred_labels = np.argmax(y_pred, axis=1)
accuracy = accuracy_score(y_test, y_pred_labels)
print("CNN Model Accuracy: {:.2f}%".format(accuracy * 100))
```

在上述代码中，使用了一个公共的电影评论数据集。首先对文本进行了预处理，然后构建了一个 CNN 模型进行情感分类，最后训练模型并评估性能。执行后会输出：

```
CNN Model Accuracy: 75.40%
```

4.5 循环神经网络

循环神经网络（recurrent neural network，RNN）是一类以序列数据为输入，在序列的演进方向进行递归且所有节点（循环单元）按链式连接的递归神经网络。

4.5.1 循环神经网络介绍

循环神经网络是一个随着时间的推移而重复发生的结构，在NLP和语音图像等多个领域均有非常广泛的应用。RNN 网络的最大特点就在于它能够实现某种"记忆功能"，是进行时间序列分析的最好选择。循环神经网络对所处理过的信息留存有一定的记忆，一个典型的RNN结构如图 4-1 所示。

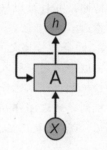

图 4-1 一个典型的 RNN 结构

由图 4-1 可以看出，一个典型的 RNN 结构包含一个输入 x、一个输出 h 和一个神经网络单元 A。与普通的神经网络不同，RNN 的神经网络单元 A 不仅仅与输入和输出存在联系，其自身也存在一个回路。这种网络结构揭示了 RNN 的实质：上一个时刻的网络状态信息将会作用于下一个时刻的网络状态。如果图 4-1 的网络结构仍不够明晰，RNN 结构还能够以时间序列展开成如图 4-2 所示的形式。

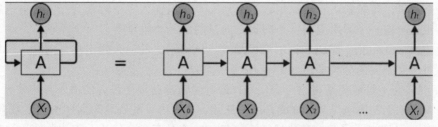

图 4-2 以时间序列展开 RNN 结构

由于 RNN 一般用来处理时间序列信息，因此下文说明时都以时间序列举例和解释。我们来看图 4-2 中等号右边的部分，RNN 网络中初始的输入是 x_0，输出是 h_0，这代表着 0 时刻 RNN 网络的输入为 x_0，输出为 h_0，网络神经元在 0 时刻的状态保存在 A 中。当下一个时刻 1

到来时，此时网络神经元的状态不仅仅由 1 时刻的输入 x_1 决定，也由 0 时刻的神经元状态决定。以后的情况都以此类推，直到时间序列的末尾 t 时刻。

上面的过程可以用一个简单的例子来论证。假设现在有一句话"I want to play basketball"，由于自然语言本身就是一个时间序列，较早的语言会与较后的语言存在某种联系，例如刚才的句子中 play 这个动词意味着后面一定会有一个名词，而这个名词具体是什么需要语境来决定，因此一句话也可以作为 RNN 的输入。这句话中的 5 个单词是以时序出现的，我们现在将这 5 个单词编码后依次输入到 RNN 中。首先是单词"I"，它作为时序上第一个出现的单词被用作 x_0 输入，拥有一个 h_0 输出，并且改变了初始神经元 A 的状态。单词"want"作为时序上第二个出现的单词作为 x_1 输入，这时 RNN 的输出和神经元状态将不仅仅由 x_1 决定，也由上一时刻的神经元状态或者说上一时刻的输入 x_0 决定。以此类推，直到上述句子输入到最后一个单词"basketball"。

CNN 的输入只有输入数据 x，而 RNN 除了输入数据 x 之外，每一步的输出会作为下一步的输入，如此循环，并且每一次采用相同的激活函数和参数。在每次循环中，x_0 乘以系数 U 得到 s_0，再经过系数 W 输入到下一次，以此循环构成循环神经网络的正向传播。

总体而言，CNN 是一个输出经过网络产生一个输出。而 RNN 可以实现一个输入多个输出（生成图片描述）、多个输入一个输出（文本分类）、多输入多输出（机器翻译、视频解说）。

RNN 使用的是 tan 激活函数，输出在-1～1，容易梯度消失。距离输出较远的步骤对于梯度贡献很小。将底层的输出作为高层的输入就构成了多层的 RNN 网络，而且高层之间也可以进行传递，并且可以采用残差连接防止过拟合。

注意：

RNN 的每次传播之间只有一个参数 W，用这一个参数很难描述大量的、复杂的信息需求。为了解决这个问题，引入了长短期记忆网络（long short term memory，LSTM）。这个网络拥有选择性机制，可以选择性地输入、输出需要使用的信息以及选择性地遗忘不需要的信息。选择性机制是通过 sigmoid 门实现的，sigmoid()函数的输出介于 0 到 1 之间，0 代表遗忘，1 代表记忆，0.5 代表记忆 50%。

4.5.2 文本分类

文本分类问题就是对输入的文本字符串进行分析判断，然后输出结果。字符串无法直接输入到 RNN 网络，因此在输入之前需要先把文本拆分成单个词组，将词组进行 embedding 编码成一个向量，每轮输入一个词组，当最后一个词组输入完毕时得到输出结果也是一个向量。embedding 将一个词对应为一个向量，向量的每一个维度对应一个浮点值，动态调整这些浮点值使得 embedding 编码和词的意思相关。这样网络的输入输出都是向量，最后进行全连接操作对应到不同的分类即可。

RNN 网络会不可避免地带来一个问题：最后的输出结果受最近的输入影响较大，而之前较远的输入可能无法影响结果，这就是信息瓶颈问题。为了解决这个问题引入了双向 LSTM。双向 LSTM 不仅增加了反向信息传播，而且每一轮都会有一个输出，将这些输出进行组合之后再传给全连接层。

另一个文本分类模型是 HAN（hierarchy attention network）。首先将文本分为句子、词语级别，将输入的词语进行编码，然后相加得到句子的编码，再将句子编码相加得到最后的文本编码。而 attention 是指在每一个级别的编码进行累加前，加入一个加权值，根据不同的权值对编码进行累加。

由于输入的文本长度不统一，所以无法直接使用神经网络进行学习。为了解决这个问题，可以将输入文本的长度统一为一个最大值，采用卷积神经网络进行学习，即 TextCNN。文本卷积网络的卷积过程采用的是多通道一维卷积，也就是卷积核只在一个方向上移动。

在现实应用中，虽然 CNN 网络不能完美处理输入长短不一的序列式问题，但是它可以并行处理多个词组，效率更高，而 RNN 可以更好地处理序列式的输入，将两者的优势结合起来就构成了 R-CNN 模型。首先通过双向 RNN 网络对输入进行特征提取，再使用 CNN 进一步提取，之后通过池化层将每一步的特征融合在一起，最后经过全连接层进行分类。

4.5.3　循环神经网络实战案例 1：使用 PyTorch 开发歌词生成器模型

下面的实例的主要目的是使用循环神经网络生成新的歌词。本实例包括数据预处理、模型定义、训练过程和生成新歌词等步骤，帮助读者理解如何使用循环神经网络处理文本数据（源码路径：daima\4\gequ.py）。

实例文件 gequ.py 的具体实现流程如下：

（1）导入所需的库

导入 PyTorch 库和其他所需的库，包括神经网络模块、NumPy 库（用于数据处理）、Matplotlib 库（用于可视化）。对应的实现代码如下：

```python
import torch
import torch.nn as nn
import numpy as np
import matplotlib.pyplot as plt
```

（2）定义歌曲专辑歌词

我们需要定义一段歌曲专辑歌词作为训练数据，对应的实现代码如下：

```python
lyrics = """
In the jungle, the mighty jungle
The lion sleeps tonight
In the jungle, the quiet jungle
The lion sleeps tonight
"""
```

（3）创建歌词数据集

编写函数 create_dataset() 用于将歌词转换为可以用于训练的数据集。它将歌词切割成输入序列和目标序列，并将字符映射到索引值以便于处理。对应的实现代码如下：

```python
def create_dataset(lyrics, seq_length):
    dataX = []
    dataY = []
    chars = list(set(lyrics))
    char_to_idx = {ch: i for i, ch in enumerate(chars)}
    
    for i in range(0, len(lyrics) - seq_length):
        seq_in = lyrics[i:i+seq_length]
        seq_out = lyrics[i+seq_length]
```

```
            dataX.append([char_to_idx[ch] for ch in seq_in])
            dataY.append(char_to_idx[seq_out])

    return np.array(dataX), np.array(dataY), char_to_idx
```

（4）定义循环神经网络模型类 RNNModel

类 RNNModel 定义了循环神经网络模型的结构。模型结构包括一个嵌入层（用于将输入序列转换为向量表示）、一个循环层（这里使用的是简单的 RNN）和一个全连接层（用于生成输出）。对应的实现代码如下：

```
class RNNModel(nn.Module):
    def __init__(self, input_size, hidden_size, output_size):
        super(RNNModel, self).__init__()
        self.hidden_size = hidden_size
        self.embedding = nn.Embedding(input_size, hidden_size)
        self.rnn = nn.RNN(hidden_size, hidden_size, batch_first=True)
        self.fc = nn.Linear(hidden_size, output_size)

    def forward(self, x, hidden):
        embedded = self.embedding(x)
        output, hidden = self.rnn(embedded, hidden)
        output = self.fc(output[:, -1, :])  # 只取最后一个时间步的输出
        return output, hidden

    def init_hidden(self, batch_size):
        return torch.zeros(1, batch_size, self.hidden_size)
```

（5）定义超参数

下面代码中超参数的设置用于定义训练过程，如序列长度、隐藏层大小、训练轮数、批大小等。

```
seq_length = 10
input_size = len(set(lyrics))
hidden_size = 128
output_size = len(set(lyrics))
num_epochs = 100
batch_size = 1
```

（6）创建数据集和数据加载器

使用之前定义的 create_dataset() 函数创建数据集，并将其转换为 PyTorch 的 Tensor 类型。然后使用 TensorDataset 和 DataLoader 将数据集封装成可供模型训练使用的数据加载器。对应的实现代码如下：

```
dataX, dataY, char_to_idx = create_dataset(lyrics, seq_length)
dataX = torch.from_numpy(dataX)
dataY = torch.from_numpy(dataY)
dataset = torch.utils.data.TensorDataset(dataX, dataY)
data_loader = torch.utils.data.DataLoader(dataset, batch_size=batch_size, shuffle=True)
```

（7）实例化模型和定义损失函数与优化器

在这一步中，实例化了之前定义的循环神经网络模型，并定义了交叉熵损失函数和 Adam

优化器。对应的实现代码如下：

```
model = RNNModel(input_size, hidden_size, output_size)
criterion = nn.CrossEntropyLoss()
optimizer = torch.optim.Adam(model.parameters(), lr=0.01)
```

（8）训练模型

在这一步中，我们使用数据加载器逐批次地将数据输入模型并进行训练。在每个训练批次中，首先将优化器的梯度缓存清零，然后通过模型进行前向传播并计算损失，之后进行反向传播并更新模型参数。最后打印出每 10 轮训练的损失值。对应的实现代码如下：

```
for epoch in range(num_epochs):
    model.train()
    hidden = model.init_hidden(batch_size)
    
    for inputs, targets in data_loader:
        optimizer.zero_grad()
        hidden = hidden.detach()
        outputs, hidden = model(inputs, hidden)
        targets = targets.long()
        loss = criterion(outputs, targets)
        loss.backward()
        optimizer.step()
    
    if (epoch+1) % 10 == 0:
        print(f"Epoch {epoch+1}/{num_epochs}, Loss: {loss.item()}")
```

（9）可视化训练损失

训练完成后，绘制了训练过程中损失的曲线图，便于我们更直观地了解模型的训练情况。对应的实现代码如下：

```
plt.plot(losses)
plt.xlabel('Epoch')
plt.ylabel('Loss')
plt.title('Training Loss')
plt.show()
```

（10）生成新歌词

使用训练好的模型生成新的歌词。首先设置模型为评估模式，并初始化隐藏状态。然后提供一个初始字符，将其转换为 Tensor 类型，并循环进行预测。每次预测都会将输出的字符添加到生成的歌词中。最后将生成的歌词输出到控制台。对应的实现代码如下：

```
model.eval()
hidden = model.init_hidden(1)
start_char = 'I'
generated_lyrics = [start_char]

with torch.no_grad():
    input_char = torch.tensor([[char_to_idx[start_char]]], dtype=torch.long)
    while len(generated_lyrics) < 100:
        output, hidden = model(input_char, hidden)
        _, predicted = torch.max(output, 1)
```

```
        next_char = 
list(char_to_idx.keys())[list(char_to_idx.values()).index(predicted.item())]
        generated_lyrics.append(next_char)
        input_char = torch.tensor([[predicted.item()]], dtype=torch.long)

generated_lyrics = ''.join(generated_lyrics)
print("Generated Lyrics:")
print(generated_lyrics)
```

执行后会输出训练过程，展示生成的新歌词如下：

```
Epoch 10/100, Loss: 1.1320719818505984
Epoch 20/100, Loss: 0.7656564090223303
Epoch 30/100, Loss: 0.4912299852448187
Epoch 40/100, Loss: 0.5815703137422835
Epoch 50/100, Loss: 0.5197872494708432
Epoch 60/100, Loss: 0.6041784392461887
Epoch 70/100, Loss: 0.5132076922750782
Epoch 80/100, Loss: 0.841928897174127
Epoch 90/100, Loss: 0.6915850965689768
Epoch 100/100, Loss: 0.786836911407844
```

并绘制出训练过程中的损失曲线图，如图 4-3 所示。

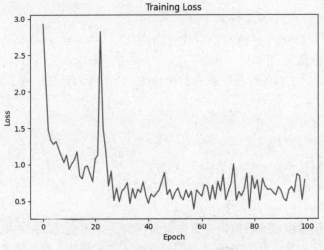

图 4-3　训练过程中的损失曲线图

4.5.4　循环神经网络实战案例 2：使用 TensorFlow 制作情感分析模型

本小节中，我们将在 IMDB 大型电影评论数据集上训练循环神经网络，制作情感分析模型，对评估数据进行情感分析。（源码路径：daima\4\xun03.py）。

我们来看一下示例文件 xun03.py 的具体实现流程。

（1）导入 Matplotlib 库并创建一个辅助函数来绘制计算图，代码如下：

```
import matplotlib.pyplot as plt

def plot_graphs(history, metric):
```

```
    plt.plot(history.history[metric])
    plt.plot(history.history['val_'+metric], '')
    plt.xlabel("Epochs")
    plt.ylabel(metric)
    plt.legend([metric, 'val_'+metric])
    plt.show()
```

（2）设置输入流水线，IMDB大型电影评论数据集是一个二进制分类数据集——所有评论都具有正面或负面情绪。使用TFDS下载数据集，代码如下：

```
dataset, info = tfds.load('imdb_reviews/subwords8k', with_info=True,
                          as_supervised=True)
train_dataset, test_dataset = dataset['train'], dataset['test']
```

执行后会输出：

```
WARNING:absl:TFDS datasets with text encoding are deprecated and will be
removed in a future version. Instead, you should use the plain text version and
tokenize the text using `tensorflow_text` (See: https://www.tensorflow.org/
tutorials/tensorflow_text/intro#tfdata_example)
Downloading and preparing dataset imdb_reviews/subwords8k/1.0.0 (download:
80.23 MiB, generated: Unknown size, total: 80.23 MiB) to /home/kbuilder/
tensorflow_datasets/imdb_reviews/subwords8k/1.0.0...
Shuffling and writing examples to /home/kbuilder/tensorflow_datasets/imdb_
reviews/subwords8k/1.0.0.incomplete7GBYY4/imdb_reviews-train.tfrecord
Shuffling and writing examples to /home/kbuilder/tensorflow_datasets/imdb_
reviews/subwords8k/1.0.0.incomplete7GBYY4/imdb_reviews-test.tfrecord
Shuffling and writing examples to /home/kbuilder/tensorflow_datasets/imdb_
reviews/subwords8k/1.0.0.incomplete7GBYY4/imdb_reviews-unsupervised.tfrecord
Dataset imdb_reviews downloaded and prepared to /home/kbuilder/tensorflow_
datasets/imdb_re
```

数据集info中包括编码器（**tfds.features.text.SubwordTextEncoder**），代码如下：

```
encoder = info.features['text'].encoder
print('Vocabulary size: {}'.format(encoder.vocab_size))
```

执行后会输出：

```
Vocabulary size: 8185
```

此文本编码器将以可逆方式对任何字符串进行编码，并在必要时退回到字节编码。代码如下：

```
sample_string = 'Hello TensorFlow.'

encoded_string = encoder.encode(sample_string)
print('Encoded string is {}'.format(encoded_string))

original_string = encoder.decode(encoded_string)
print('The original string: "{}"'.format(original_string))

assert original_string == sample_string

for index in encoded_string:
  print('{} ----&gt; {}'.format(index, encoder.decode([index])))
```

执行后会输出：

```
Encoded string is [4025, 222, 6307, 2327, 4043, 2120, 7975]
The original string: "Hello TensorFlow."

4025 ----> Hell
222  ----> o
6307 ----> Ten
2327 ----> sor
4043 ----> Fl
2120 ----> ow
7975 ----> .
```

（3）开始准备用于训练的数据，创建这些编码字符串的批次。使用 padded_batch()方法将序列填充至批次中最长字符串的长度，代码如下：

```
BUFFER_SIZE = 10000
BATCH_SIZE = 64

train_dataset = train_dataset.shuffle(BUFFER_SIZE)
train_dataset = train_dataset.padded_batch(BATCH_SIZE)

test_dataset = test_dataset.padded_batch(BATCH_SIZE)
```

（4）开始创建模型，构建一个 tf.keras.Sequential 模型并从嵌入向量层开始。嵌入向量层每个单词存储一个向量。调用时，它会将单词索引序列转换为向量序列。这些向量是可训练的。（在足够的数据上）训练后，具有相似含义的单词通常具有相似的向量。与通过 tf.keras.layers.Dense 层传递独热编码向量的等效运算相比，这种索引查找方法要高效得多。

RNN通过遍历元素来处理序列输入。RNN将输出从一个时间步骤传递到其输入，然后传递到下一个步骤。tf.keras.layers.Bidirectional包装器也可以与RNN层一起使用，这将通过RNN层向前和向后传播输入，然后连接输出，这有助于RNN学习长程依赖关系。代码如下：

```
model = tf.keras.Sequential([
    tf.keras.layers.Embedding(encoder.vocab_size, 64),
    tf.keras.layers.Bidirectional(tf.keras.layers.LSTM(64)),
    tf.keras.layers.Dense(64, activation='relu'),
    tf.keras.layers.Dense(1)
])
```

请注意，在这里使用的是Keras序贯模型，因为模型中的所有层都只有单个输入并产生单个输出。如果要使用有状态RNN层，则可能需要使用Keras函数式API或模型子类化构建模型，以便可以检索和重用RNN层状态。

（5）编译 Keras 模型以配置训练过程，代码如下：

```
model.compile(loss=tf.keras.losses.BinaryCrossentropy(from_logits=True),
              optimizer=tf.keras.optimizers.Adam(1e-4),
              metrics=['accuracy'])
history = model.fit(train_dataset, epochs=10,
                    validation_data=test_dataset,
                    validation_steps=30)
```

执行后会输出：

```
Epoch 1/10
391/391 [==============================] - 41s 105ms/step - loss: 0.6363 - accuracy: 0.5736 - val_loss: 0.4592 - val_accuracy: 0.8010
Epoch 2/10
391/391 [==============================] - 41s 105ms/step - loss: 0.3426 - accuracy: 0.8556 - val_loss: 0.3710 - val_accuracy: 0.8417
Epoch 3/10
391/391 [==============================] - 42s 107ms/step - loss: 0.2520 - accuracy: 0.9047 - val_loss: 0.3444 - val_accuracy: 0.8719
Epoch 4/10
391/391 [==============================] - 41s 105ms/step - loss: 0.2103 - accuracy: 0.9228 - val_loss: 0.3348 - val_accuracy: 0.8625
Epoch 5/10
391/391 [==============================] - 42s 106ms/step - loss: 0.1803 - accuracy: 0.9360 - val_loss: 0.3591 - val_accuracy: 0.8552
Epoch 6/10
391/391 [==============================] - 42s 106ms/step - loss: 0.1589 - accuracy: 0.9450 - val_loss: 0.4146 - val_accuracy: 0.8635
Epoch 7/10
391/391 [==============================] - 41s 105ms/step - loss: 0.1466 - accuracy: 0.9505 - val_loss: 0.3780 - val_accuracy: 0.8484
Epoch 8/10
391/391 [==============================] - 41s 106ms/step - loss: 0.1463 - accuracy: 0.9485 - val_loss: 0.4074 - val_accuracy: 0.8156
Epoch 9/10
391/391 [==============================] - 41s 106ms/step - loss: 0.1327 - accuracy: 0.9555 - val_loss: 0.4608 - val_accuracy: 0.8589
Epoch 10/10
391/391 [==============================] - 41s 105ms/step - loss: 0.1666 - accuracy: 0.9404 - val_loss: 0.4364 - val_accuracy: 0.8422
```

（6）查看损失，代码如下：

```
test_loss, test_acc = model.evaluate(test_dataset)

print('Test Loss: {}'.format(test_loss))
print('Test Accuracy: {}'.format(test_acc))
```

执行后会输出：

```
391/391 [==============================] - 17s 43ms/step - loss: 0.4305 - accuracy: 0.8477
Test Loss: 0.43051090836524963
Test Accuracy: 0.8476799726486206
```

上面的模型没有遮盖应用于序列的填充。如果在填充序列上进行训练并在未填充序列上进行测试，则可能导致倾斜。理想情况下，可以使用遮盖来避免这种情况，但是它只会对输出产生很小的影响。如果预测大于等于0.5，则为正，否则为负。代码如下：

```
def pad_to_size(vec, size):
    zeros = [0] * (size - len(vec))
    vec.extend(zeros)
```

```
    return vec

def sample_predict(sample_pred_text, pad):
  encoded_sample_pred_text = encoder.encode(sample_pred_text)

  if pad:
    encoded_sample_pred_text = pad_to_size(encoded_sample_pred_text, 64)
  encoded_sample_pred_text = tf.cast(encoded_sample_pred_text, tf.float32)
  predictions = model.predict(tf.expand_dims(encoded_sample_pred_text, 0))

  return (predictions)

#在没有填充的示例文本上进行预测。
sample_pred_text = ('The movie was cool. The animation and the graphics '
                   'were out of this world. I would recommend this movie.')
predictions = sample_predict(sample_pred_text, pad=False)
print(predictions)
```

执行后会输出：

```
[[-0.11829309]]
```

（7）使用填充对示例文本进行预测，代码如下：

```
sample_pred_text = ('The movie was cool. The animation and the graphics '
                   'were out of this world. I would recommend this movie.')
predictions = sample_predict(sample_pred_text, pad=True)
print(predictions)
```

执行后会输出：

```
[[-1.162545]]
```

（8）编写可视化代码，如下：

```
plot_graphs(history, 'accuracy')
plot_graphs(history, 'loss')
```

执行后分别绘制 accuracy 曲线图和 loss 曲线图，如图 4-4 所示。

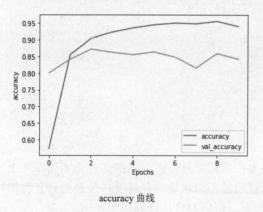
accuracy 曲线

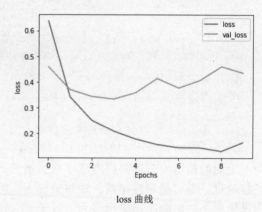
loss 曲线

图 4-4　可视化效果

（9）在构建深度学习模型时，经常需要将多个长短期记忆（LSTM）层堆叠起来，以便模型能够捕捉数据中的高级特征和时间序列的复杂性。在 Keras 框架中，循环层（包括 LSTM 层）提供了两种输出模式（由参数 return_sequences 决定），如下：

- 序列模式：该模式下，LSTM 层将返回每个时间步的完整序列输出，输出形状是一个形状为（batch_size, timesteps, output_features）的三维张量。这使得模型可以逐时间步地处理输入序列。
- 单个输出模式：该模式下，LSTM 层仅返回每个输入序列的最后一个输出，输出形状是一个形状为（batch_size, output_features）的二维张量，其通常用于序列的最终分类或回归任务。

编写下面的代码，在 Keras 框架中构建一个包含两个双向 LSTM 层的序列模型。

```
model = tf.keras.Sequential([
    tf.keras.layers.Embedding(encoder.vocab_size, 64),
    tf.keras.layers.Bidirectional(tf.keras.layers.LSTM(64,
return_sequences=True)),
    tf.keras.layers.Bidirectional(tf.keras.layers.LSTM(32)),
    tf.keras.layers.Dense(64, activation='relu'),
    tf.keras.layers.Dropout(0.5),
    tf.keras.layers.Dense(1)
])

model.compile(loss=tf.keras.losses.BinaryCrossentropy(from_logits=True),
              optimizer=tf.keras.optimizers.Adam(1e-4),
              metrics=['accuracy'])

history = model.fit(train_dataset, epochs=10,
                    validation_data=test_dataset,
                    validation_steps=30)
```

执行后会输出：

```
Epoch 1/10
391/391 [==============================] - 75s 192ms/step - loss: 0.6484 - accuracy: 0.5630 - val_loss: 0.4876 - val_accuracy: 0.7464
Epoch 2/10
391/391 [==============================] - 74s 190ms/step - loss: 0.3603 - accuracy: 0.8528 - val_loss: 0.3533 - val_accuracy: 0.8490
Epoch 3/10
391/391 [==============================] - 75s 191ms/step - loss: 0.2666 - accuracy: 0.9018 - val_loss: 0.3393 - val_accuracy: 0.8703
Epoch 4/10
391/391 [==============================] - 75s 193ms/step - loss: 0.2151 - accuracy: 0.9267 - val_loss: 0.3451 - val_accuracy: 0.8604
Epoch 5/10
391/391 [==============================] - 76s 194ms/step - loss: 0.1806 - accuracy: 0.9422 - val_loss: 0.3687 - val_accuracy: 0.8708
Epoch 6/10
391/391 [==============================] - 75s 193ms/step - loss: 0.1623 - accuracy: 0.9495 - val_loss: 0.3836 - val_accuracy: 0.8594
Epoch 7/10
391/391 [==============================] - 76s 193ms/step - loss: 0.1382 -
```

```
accuracy: 0.9598 - val_loss: 0.4173 - val_accuracy: 0.8573
    Epoch 8/10
    391/391 [==============================] - 76s 194ms/step - loss: 0.1227 - accuracy: 0.9664 - val_loss: 0.4586 - val_accuracy: 0.8542
    Epoch 9/10
    391/391 [==============================] - 76s 194ms/step - loss: 0.0997 - accuracy: 0.9749 - val_loss: 0.4939 - val_accuracy: 0.8547
    Epoch 10/10
    391/391 [==============================] - 76s 194ms/step - loss: 0.0973 - accuracy: 0.9748 - val_loss: 0.5222 - val_accuracy: 0.8526
```

（10）开始进行测试，代码如下：

```
sample_pred_text = ('The movie was not good. The animation and the graphics '
                    'were terrible. I would not recommend this movie.')
predictions = sample_predict(sample_pred_text, pad=False)
print(predictions)


sample_pred_text = ('The movie was not good. The animation and the graphics '
                    'were terrible. I would not recommend this movie.')
predictions = sample_predict(sample_pred_text, pad=True)
print(predictions)

plot_graphs(history, 'accuracy')
plot_graphs(history, 'loss')
```

执行后的可视化效果如图 4-5 所示。

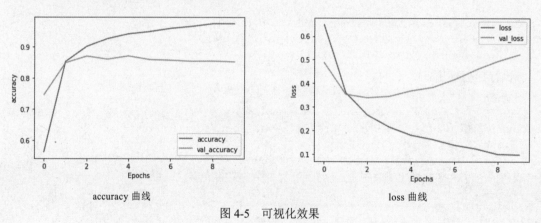

图 4-5　可视化效果

4.6　递归神经网络

递归神经网络（recursive neural network）是一种用于处理树状或递归结构数据的神经网络架构。与传统的前馈神经网络（feedforward neural network）不同，递归神经网络具有反馈连接，使其能够在网络内传递信息并处理树状结构数据。递归神经网络可以在不同层级上组合信息，使其适用于各种具有递归性质的数据，如自然语言语法树、分子结构、计算机程序等。

4.6.1 递归神经网络介绍

递归神经网络的主要特点如下：
- 树状结构处理：递归神经网络用于处理树状结构的数据，其中每个节点可以具有多个子节点。这使得 Recursive RNN 适用于自然语言处理中的语法分析，其中单词和短语之间的关系可以表示为树。
- 递归性质：递归神经网络具有递归性质，因为它在每个节点处理数据时会引入前一个节点的信息。这种递归性质使递归神经网络能够捕获树状结构中不同层级的信息。
- 多层递归：递归神经网络可以包含多个递归层，使其能够在不同抽象层次上处理数据。
- 结构学习：递归神经网络可以自动学习数据的结构，而无须手动设计特征。这对于处理各种树状结构数据非常有用。

递归神经网络在自然语言处理中用于完成语法分析、文本分类、情感分析等任务。此外，递归神经网络也在生物信息学、计算机程序分析和其他领域中有广泛的应用。需要注意的是，递归神经网络有一些限制，如梯度消失问题，因此在某些情况下，更高级的架构如长短时记忆网络（LSTM）和门控循环单元（GRU）可能更适合。

4.6.2 RvNN

RvNN 的全称为"recursive variational neural network"或"recurrent variational neural network"，取决于上下文。RvNN 是 RNN 的一种特定形式，它结合了递归（或循环）结构和变分自编码器（variational autoencoder，VAE），更加适合处理具有复杂结构关系的序列数据。RvNN 的主要特点如下：
- 递归结构：RvNN 具有递归或循环结构，用于处理序列或树状结构数据。
- 变分自编码器：RvNN 结合了变分自编码器的思想，用于生成潜在表示（latent representation）以及在生成数据时引入噪声。这可以帮助模型更好地学习数据的潜在分布和处理不完整或噪声数据。
- 生成性能：RvNN 通常用于生成文本或序列数据，具有生成性能，可以生成符合特定分布的序列。

RvNN 通常被深度学习研究人员和自然语言处理领域的专家用于完成特定的任务，例如自然语言处理、句法分析、文本生成、机器翻译等场景中需要处理序列结构数据的任务。根据具体的应用和研究领域不同，RvNN 可以具有不同的变化形式和结构。

示例 4-5：创建 RvNN 模型并训练（源码路径：daima\4\Continuous-RvNN-main）。

本示例展示了使用 RvNN 构建一个完整自然语言处理项目的流程，包括数据预处理、模型构建、训练和超参数优化。本示例的目标是实现高效准确的文本分类和生成，同时提供了模型性能优化的方法。

（1）编写文件 Continuous-RvNN-main/inference/preprocess/process_MNLI.py，将自然语言推理的数据集进行预处理，以便后续可以在深度学习模型中使用。具体实现代码如下：

```
from preprocess_tools.process_utils import load_glove, jsonl_save

SEED = 101
```

```
    MAX_VOCAB = 50000
    MIN_FREQ = 1
    WORDVECDIM = 300
    dev_keys = ["matched"]
    test_keys = ["matched", "mismatched"]
    predi_keys = ["matched", "mismatched"]
    np.random.seed(SEED)
    random.seed(SEED)

    train_path1 = Path('../data/NLI_data/MNLI/multinli_1.0_train.jsonl')
    train_path2 = Path('../data/NLI_data/SNLI/snli_1.0_train.jsonl')
    dev_path = {}
    dev_path["matched"]=Path('../data/NLI_data/MNLI/multinli_1.0_dev_matched.
jsonl')
    dev_path["mismatched"]=Path('../data/NLI_data/MNLI/multinli_1.0_devmismat
ched.jsonl')
    test_path = {}
    test_path["matched"]=Path('../data/NLI_data/MNLI/multinli_1.0_dev_matched.js
onl')
    test_path["mismatched"]=Path('../data/NLI_data/MNLI/multinli_1.0_dev_ mism
atched.jsonl')
    predi_path = {}
    predi_path["matched"] = Path('../data/NLI_data/MNLI/multinli_0.9_test_matched_
unlabeled.jsonl')
    predi_path["mismatched"]=Path('../data/NLI_data/MNLI/multinli_0.9_test_
mismatched_unlabeled.jsonl')
    predi2_path = {}
    predi2_path["matched"] = Path(
        '../data/NLI_data/MNLI/multinli_1.0_dev_matched.jsonl')  # Path('../../
data/NLI_data/MNLI/multinli_0.9_test_matched_unlabeled.jsonl')
    predi2_path["mismatched"] = Path(
        '../data/NLI_data/MNLI/multinli_1.0_dev_mismatched.jsonl')  # Path('../../
data/NLI_data/MNLI/multinli_0.9_test_mismatched_unlabeled.jsonl')

    embedding_path = Path("../embeddings/glove/glove.840B.300d.txt")

    Path('processed_data/').mkdir(parents=True, exist_ok=True)

    train_save_path = Path('processed_data/MNLI_train.jsonl')
    dev_save_path = {}
    for key in dev_keys:
        dev_save_path[key] = Path('processed_data/MNLI_dev_{}.jsonl'.format(key))
    test_save_path = {}
    for key in test_keys:
        test_save_path[key] = Path('processed_data/MNLI_test_{}.jsonl'.format(key))
    predi_save_path = {}
    predi2_save_path = {}
    for key in predi_keys:
        predi_save_path[key] = Path('processed_data/MNLI_predi_{}.jsonl'.format
(key))
```

```python
        predi2_save_path[key] = Path('processed_data/MNLI_predi2_{}.jsonl'.format(key))
    metadata_save_path = fspath(Path("processed_data/MNLI_metadata.pkl"))

    labels2idx = {}
    vocab2count = {}


    def tokenize(sentence):
        return nltk.word_tokenize(sentence)


    def updateVocab(word):
        global vocab2count
        vocab2count[word] = vocab2count.get(word, 0) + 1


    def process_data(filename, update_vocab=True, filter=False, predi=False):
        global labels2idx

        print("\n\nOpening directory: {}\n\n".format(filename))

        sequences1 = []
        sequences2 = []
        pairIDs = []
        labels = []
        count = 0
        max_seq_len = 150

        with jsonlines.open(filename) as reader:
            for sample in reader:
                if sample['gold_label'] != '-':

                    sequence1 = tokenize(sample['sentence1'].lower())
                    sequence2 = tokenize(sample['sentence2'].lower())
                    pairID = sample["pairID"]
                    if predi:
                        label = None
                        label_id = None
                    else:
                        label = sample['gold_label']
                        if label not in labels2idx:
                            labels2idx[label] = len(labels2idx)
                        label_id = labels2idx[label]

                    if filter:
                        if (len(sequence1) < max_seq_len) and (len(sequence2) < max_seq_len):
                            sequences1.append(sequence1)
                            sequences2.append(sequence2)
```

```python
                    labels.append(label_id)
                    pairIDs.append(pairID)
                else:
                    sequences1.append(sequence1)
                    sequences2.append(sequence2)
                    labels.append(label_id)
                    pairIDs.append(pairID)
                    
                if update_vocab:
                    for word in sequence1:
                        updateVocab(word)
                        
                    for word in sequence2:
                        updateVocab(word)
                        
                count += 1
                
                if count % 1000 == 0:
                    print("Processing Data # {}...".format(count))
                    
    return sequences1, sequences2, labels, pairIDs

train_sequences1, \
train_sequences2, \
train_labels, _ = process_data(train_path1, filter=True)

train_sequences1_, \
train_sequences2_, \
train_labels_, _ = process_data(train_path2, filter=True)

train_sequences1 += train_sequences1_
train_sequences2 += train_sequences2_
train_labels += train_labels_

dev_sequences1 = {}
dev_sequences2 = {}
dev_labels = {}

for key in dev_keys:
    dev_sequences1[key], \
    dev_sequences2[key], \
    dev_labels[key], _ = process_data(dev_path[key], update_vocab=True)

test_sequences1 = {}
test_sequences2 = {}
test_labels = {}

for key in test_keys:
    test_sequences1[key], \
```

```
        test_sequences2[key], \
        test_labels[key], _ = process_data(test_path[key], update_vocab=True)

    predi_sequences1 = {}
    predi_sequences2 = {}
    predi_labels = {}
    predi_pairIDs = {}

    for key in predi_keys:
        predi_sequences1[key], \
        predi_sequences2[key], \
        predi_labels[key], predi_pairIDs[key] = process_data(predi_path[key],
update_vocab=True)

    predi2_sequences1 = {}
    predi2_sequences2 = {}
    predi2_labels = {}
    predi2_pairIDs = {}

    for key in predi_keys:
        predi2_sequences1[key], \
        predi2_sequences2[key], \
        predi2_labels[key], predi2_pairIDs[key] = process_data(predi2_path[key],
update_vocab=False)

    counts = []
    vocab = []
    for word, count in vocab2count.items():
        if count > MIN_FREQ:
            vocab.append(word)
            counts.append(count)

    vocab2embed = load_glove(embedding_path, vocab=vocab2count, dim=WORDVECDIM)

    sorted_idx = np.flip(np.argsort(counts), axis=0)
    vocab = [vocab[id] for id in sorted_idx if vocab[id] in vocab2embed]
    if len(vocab) > MAX_VOCAB:
        vocab = vocab[0:MAX_VOCAB]

    vocab += ["<PAD>", "<UNK>", "<SEP>"]

    print(vocab)

    vocab2idx = {word: id for id, word in enumerate(vocab)}

    vocab2embed["<PAD>"] = np.zeros((WORDVECDIM), np.float32)
    b = math.sqrt(3 / WORDVECDIM)
    vocab2embed["<UNK>"] = np.random.uniform(-b, +b, WORDVECDIM)
    vocab2embed["<SEP>"] = np.random.uniform(-b, +b, WORDVECDIM)
```

```python
    embeddings = []
    for id, word in enumerate(vocab):
        embeddings.append(vocab2embed[word])


    def text_vectorize(text):
        return [vocab2idx.get(word, vocab2idx['<UNK>']) for word in text]


    def vectorize_data(sequences1, sequences2, labels, pairIDs=None):
        data_dict = {}
        sequences1_vec = [text_vectorize(sequence) for sequence in sequences1]
        sequences2_vec = [text_vectorize(sequence) for sequence in sequences2]
        data_dict["sequence1"] = sequences1
        data_dict["sequence2"] = sequences2
        sequences_vec = [sequence1 + [vocab2idx["<SEP>"]] + sequence2 for sequence1, sequence2 in
                         zip(sequences1_vec, sequences2_vec)]
        data_dict["sequence1_vec"] = sequences1_vec
        data_dict["sequence2_vec"] = sequences2_vec
        data_dict["sequence_vec"] = sequences_vec
        data_dict["label"] = labels
        if pairIDs is not None:
            data_dict["pairID"] = pairIDs
            print(data_dict["pairID"])
        return data_dict


    train_data = vectorize_data(train_sequences1, train_sequences2, train_labels)
    """
    for item in train_data["sequence1"]:
        print(item)
    print("\n\n")
    """
    dev_data = {}
    for key in dev_keys:
        dev_data[key] = vectorize_data(dev_sequences1[key], dev_sequences2[key], dev_labels[key])
    test_data = {}
    for key in test_keys:
        test_data[key]=vectorize_data(test_sequences1[key],test_sequences2[key], test_ labels[key])

    predi_data = {}
    for key in predi_keys:
        predi_data[key] = vectorize_data(predi_sequences1[key], predi_sequences2[key], predi_labels[key],
                                         predi_pairIDs[key])

    predi2_data = {}
```

```python
    for key in predi_keys:
        predi2_data[key]=vectorize_data(predi2_sequences1[key],predi2_sequences2[key], predi2_labels[key],
                                        predi2_pairIDs[key])

    jsonl_save(filepath=train_save_path,
               data_dict=train_data)

    for key in dev_keys:
        jsonl_save(filepath=dev_save_path[key],
                   data_dict=dev_data[key])

    for key in test_keys:
        jsonl_save(filepath=test_save_path[key],
                   data_dict=test_data[key])

    for key in predi_keys:
        jsonl_save(filepath=predi_save_path[key],
                   data_dict=predi_data[key])
        jsonl_save(filepath=predi2_save_path[key],
                   data_dict=predi2_data[key])


    metadata = {"labels2idx": labels2idx,
                "vocab2idx": vocab2idx,
                "embeddings": np.asarray(embeddings, np.float32),
                "dev_keys": dev_keys,
                "test_keys": test_keys}

    with open(metadata_save_path, 'wb') as outfile:
        pickle.dump(metadata, outfile)
```

上述代码用于处理自然语言推理（NLI）数据集的预处理工作，具体实现流程如下：

① 导入必要的库以及设置一些常量和文件路径。

② 创建一个函数 tokenize 用于对文本进行分词（使用 NLTK 库）。

③ 定义函数 updateVocab 用于更新词汇表。

④ 创建函数 process_data 用于处理数据文件，包括读取数据、进行分词和更新词汇表。这个函数还可以进行数据过滤和处理不同的 NLI 数据集。

⑤ 加载训练数据、开发数据、测试数据以及预测数据。

⑥ 使用 GloVe 词嵌入来构建词汇表并获取词嵌入向量。

⑦ 将数据转化为数字化表示，创建包括标签和序列的数据字典。

⑧ 保存处理后的数据为 JSONL 文件，并将元数据（如标签、词汇表和嵌入向量）保存为 pickle 文件。

（2）编写文件Continuous-RvNN-main/classifier/models/Classifier_model.py，功能是使用神经网络结构定义一个实现文本分类的PyTorch模型。这个模型是一个用于文本分类任务的分类器。模型的结构包括了嵌入层、编码器、特征提取和分类器。该模型的具体配置和超参数可以在config中指定，包括输入和输出的维度、嵌入的维度、隐藏层的大小等。具体实现代码如下：

```python
import torch as T
import torch.nn as nn
import torch.nn.functional as F

from controllers.encoder_controller import encoder
from models.layers import Linear
from models.utils import gelu
from models.utils import glorot_uniform_init

class Classifier_model(nn.Module):
    def __init__(self, attributes, config):

        super(Classifier_model, self).__init__()

        self.config = config
        self.out_dropout = config["out_dropout"]
        self.classes_num = attributes["classes_num"]
        self.in_dropout = config["in_dropout"]
        embedding_data = attributes["embedding_data"]
        pad_id = attributes["PAD_id"]


        ATT_PAD = -999999
        self.ATT_PAD = T.tensor(ATT_PAD).float()
        self.zeros = T.tensor(0.0)

        if embedding_data is not None:
            embedding_data = T.tensor(embedding_data)
            self.word_embedding=nn.Embedding.from_pretrained(embedding_data,
                                                    freeze=config["word_embd_freeze"],
                                                            padding_idx=pad_id)
        else:
            vocab_len = attributes["vocab_len"]
            self.word_embedding = nn.Embedding(vocab_len, config["embd_dim"],
                                    padding_idx=pad_id)

        self.embd_dim = self.word_embedding.weight.size(-1)
        self.transform_word_dim=Linear(self.embd_dim,config["hidden_size"])

        if not config["global_state_return"]:
            self.attn_linear1 = Linear(config["hidden_size"], config["hidden_size"])
            self.attn_linear2 = Linear(config["hidden_size"], config["hidden_size"])

        self.encoder = encoder(config)

        if config["classifier_layer_num"] == 2:
```

```python
        self.prediction1 = Linear(config["hidden_size"], config["hidden_size"])
        self.prediction2 = Linear(config["hidden_size"], self.classes_num)
    else:
        self.prediction2 = Linear(config["hidden_size"], self.classes_num)


# %%

def embed(self, sequence, input_mask):

    N, S = sequence.size()

    sequence = self.word_embedding(sequence)
    sequence = self.transform_word_dim(sequence)

    sequence = sequence * input_mask.view(N, S, 1)

    return sequence, input_mask

def extract_features(self, sequence, mask):
    N, S, D = sequence.size()

    mask = mask.view(N, S, 1)

    attention_mask = T.where(mask == 0,
                             self.ATT_PAD.to(mask.device),
                             self.zeros.to(mask.device))

    assert attention_mask.size() == (N, S, 1)

    energy = self.attn_linear2(gelu(self.attn_linear1(sequence)))

    assert energy.size() == (N, S, D)

    attention = F.softmax(energy + attention_mask, dim=1)

    assert attention.size() == (N, S, D)

    z = T.sum(attention * sequence, dim=1)

    assert z.size() == (N, D)

    return z

# %%
def forward(self, batch):

    sequence = batch["sequences_vec"]
    input_mask = batch["input_masks"]
```

```python
        N = sequence.size(0)

        # EMBEDDING BLOCK
        sequence, input_mask = self.embed(sequence, input_mask)
        sequence = F.dropout(sequence, p=self.in_dropout, training=self.training)

        # ENCODER BLOCK
        sequence_dict = self.encoder(sequence, input_mask)
        sequence = sequence_dict["sequence"]

        penalty = None
        if "penalty" in sequence_dict:
            penalty = sequence_dict["penalty"]

        if self.config["global_state_return"]:
            feats = sequence_dict["global_state"]
        else:
            feats = self.extract_features(sequence, input_mask)

        if self.config["classifier_layer_num"] == 2:
            feats = F.dropout(feats, p=self.out_dropout, training=self.training)
            feats = gelu(self.prediction1(feats))
        feats = F.dropout(feats, p=self.out_dropout, training=self.training)
        logits = self.prediction2(feats)

        assert logits.size() == (N, self.classes_num)

        return {"logits": logits, "penalty": penalty}
```

对上述代码的具体说明如下：

① 构造函数 Classifier_model 定义了模型的整体结构和初始化方法。模型接受一些参数，如超参数配置 config 和文本属性信息 attributes。

② 模型的前半部分定义了文本嵌入层、编码器和特征提取层。通过嵌入层将文本序列转化为词嵌入表示。编码器部分（由encoder模块处理）对文本序列进行编码。特征提取部分通过多层线性层和激活函数提取文本特征。

③ 模型的embed方法用于将输入的文本序列进行嵌入和处理。

④ extract_features 方法用于提取文本的特征。

⑤ forward 方法定义了模型的前向传播过程，包括文本嵌入、编码、特征提取和分类。

⑥ 模型输出分类结果的对数概率（logits），并返回包括logits和可能的penalty（惩罚）项的字典。

（3）编写文件 Continuous-RvNN-main/classifier/models/encoders/FOCN_LSTM.py，该文件定义了一个名为 FOCN_LSTM 的 PyTorch 模型，这是一个基于注意力机制和循环神经网络的自动机器学习模型。该模型通过对序列数据进行递归生成和注意力机制来捕捉序列中的信息，并且可以通过对惩罚项的优化来控制模型的生成过程。具体的用途和效果需要根据具体的应用场景和数据进行调整和评估。文件的具体实现流程如下：

① 构造函数__init__初始化了模型的各种参数和模块。这些参数包括隐藏状态的大小、窗口大小、阈值等。具体实现代码如下：

```python
class FOC0.2N_LSTM(nn.Module):
    def __init__(self, config):
        super(FOCN_LSTM, self).__init__()

        self.config = config
        self.hidden_size = config["hidden_size"]
        self.cell_hidden_size = config["cell_hidden_size"]
        self.window_size = config["window_size"]
        self.stop_threshold = config["stop_threshold"]
        # self.switch_threshold = config["switch_threshold"]
        self.entropy_gamma = config["entropy_gamma"]
        self.structure_gamma = 0.01 # config["structure_gamma"]
        self.speed_gamma = config["speed_gamma"]
        self.in_dropout = config["in_dropout"]
        self.hidden_dropout = config["hidden_dropout"]
        self.recurrent_momentum = config["recurrent_momentum"]
        self.small_d = config["small_d"]

        self.START = nn.Parameter(T.randn(self.hidden_size))
        self.END = nn.Parameter(T.randn(self.hidden_size))

        if self.recurrent_momentum:
            self.past_transition_features = nn.Parameter(T.randn(self.small_d))
            self.past_non_transition_features = nn.Parameter(T.randn(self.small_d))
            self.conv_layer = Linear(self.window_size * self.hidden_size + self.small_d, self.hidden_size)
        else:
            self.conv_layer = Linear(self.window_size * self.hidden_size, self.hidden_size)

        self.scorer = Linear(self.hidden_size, 1)

        self.wcell0 = Linear(self.hidden_size, 2 * self.hidden_size,
                        true_fan_in=self.hidden_size,
                        true_fan_out=self.hidden_size)
        self.wcell1 = Linear(2 * self.hidden_size, 5 * self.hidden_size,
                        true_fan_in=self.hidden_size,
                        true_fan_out=self.hidden_size)
        # self.LN = nn.LayerNorm(self.hidden_size)

        self.eps = 1e-8

    # %%
    def sum_normalize(self, logits, dim=-1):
        return logits / T.sum(logits + self.eps, keepdim=True, dim=dim)
```

② 方法 augment_sequence()用于向输入序列添加起始和结束标记,以处理文本序列的开始和结束。具体实现代码如下:

```python
def augment_sequence(self, sequence, input_mask):
    N, S, D = sequence.size()
    assert input_mask.size() == (N, S, 1)

    """
    AUGMENT SEQUENCE WITH START AND END TOKENS
    """
    # ADD START TOKEN
    START = self.START.view(1, 1, D).repeat(N, 1, 1)
    sequence = T.cat([START, sequence], dim=1)
    assert sequence.size() == (N, S + 1, D)
    input_mask = T.cat([T.ones(N, 1, 1).float().to(input_mask.device), input_mask], dim=1)
    assert input_mask.size() == (N, S + 1, 1)

    # ADD END TOKEN
    input_mask_no_end = T.cat([input_mask.clone(), T.zeros(N, 1, 1).float().to(input_mask.device)], dim=1)
    input_mask_yes_end = T.cat([T.ones(N, 1, 1).float().to(input_mask.device), input_mask.clone()], dim=1)
    END_mask = input_mask_yes_end - input_mask_no_end
    assert END_mask.size() == (N, S + 2, 1)

    END = self.END.view(1, 1, D).repeat(N, S + 2, 1)
    sequence = T.cat([sequence, T.zeros(N, 1, D).float().to(sequence.device)], dim=1)
    sequence = END_mask * END + (1 - END_mask) * sequence

    input_mask = input_mask_yes_end
    input_mask_no_start = T.cat([T.zeros(N, 1, 1).float().to(input_mask.device),
                                 input_mask[:, 1:, :]], dim=1)

    return sequence, input_mask, END_mask, input_mask_no_start, input_mask_no_end
```

③ 方法 compute_neighbor_probs()用于计算相邻单词之间的概率,该概率用于生成窗口。具体实现代码如下:

```python
def compute_neighbor_probs(self, active_probs, input_mask):
    N, S, _ = input_mask.size()
    assert input_mask.size() == (N, S, 1)
    input_mask = input_mask.permute(0, 2, 1).contiguous()
    assert input_mask.size() == (N, 1, S)

    assert active_probs.size() == (N, S, 1)
    active_probs = active_probs.permute(0, 2, 1).contiguous()
    assert active_probs.size() == (N, 1, S)
```

```
            input_mask_flipped = T.flip(input_mask.clone(), dims=[2])
            active_probs_flipped = T.flip(active_probs.clone(), dims=[2])

            input_mask = T.stack([input_mask_flipped, input_mask], dim=1)
            active_probs = T.stack([active_probs_flipped, active_probs], dim=1)

            assert input_mask.size() == (N, 2, 1, S)
            assert active_probs.size() == (N, 2, 1, S)

            active_probs_matrix = active_probs.repeat(1, 1, S, 1) * input_mask
            assert active_probs_matrix.size() == (N, 2, S, S)
            right_probs_matrix = T.triu(active_probs_matrix, diagonal=1)  # mask self and left

            right_probs_matrix_cumsum = T.cumsum(right_probs_matrix, dim=-1)
            assert right_probs_matrix_cumsum.size() == (N, 2, S, S)
            remainders = 1.0 - right_probs_matrix_cumsum

            remainders_from_left = T.cat([T.ones(N, 2, S, 1).float().to(remainders.device), remainders[:, :, :, 0:-1]],
                                        dim=-1)
            assert remainders_from_left.size() == (N, 2, S, S)

            remainders_from_left = T.max(T.zeros(N, 2, S, 1).float().to(remainders.device), remainders_from_left)
            assert remainders_from_left.size() == (N, 2, S, S)

            right_neighbor_probs = T.where(right_probs_matrix_cumsum > 1.0,
                                    remainders_from_left,
                                    right_probs_matrix)

            right_neighbor_probs = right_neighbor_probs * input_mask

            left_neighbor_probs = right_neighbor_probs[:, 0, :, :]
            left_neighbor_probs = T.flip(left_neighbor_probs, dims=[1, 2])
            right_neighbor_probs = right_neighbor_probs[:, 1, :, :]

            return left_neighbor_probs, right_neighbor_probs
```

④ 方法 make_window()用于生成一个包括相邻单词信息的窗口。具体实现代码如下：

```
    def make_window(self, sequence, left_child_probs, right_child_probs):

        N, S, D = sequence.size()

        left_children_list = []
        right_children_list = []
        left_children_k = sequence.clone()
        right_children_k = sequence.clone()
```

```python
        for k in range(self.window_size // 2):
            left_children_k = T.matmul(left_child_probs, left_children_k)
            left_children_list = [left_children_k.clone()] + left_children_list

            right_children_k = T.matmul(right_child_probs, right_children_k)
            right_children_list = right_children_list + [right_children_k.clone()]

        windowed_sequence = left_children_list + [sequence] + right_children_list
        windowed_sequence = T.stack(windowed_sequence, dim=-2)

        assert windowed_sequence.size() == (N, S, self.window_size, D)

        return windowed_sequence
```

⑤ 方法 initial_transform()进行初始变换，为模型的初始输入做准备。具体实现代码如下：

```python
# %%
def initial_transform(self, sequence):

    N, S, D = sequence.size()

    contents = self.wcell0(sequence)
    contents = contents.view(N, S, 2, D)
    o = T.sigmoid(contents[:, :, 0, :])
    cell = T.tanh(contents[:, :, 1, :])
    transition = o * T.tanh(cell)

    return transition, cell
```

⑥ 方法 score_fn()用于计算窗口内各个位置的分数。具体实现代码如下：

```python
def score_fn(self, windowed_sequence, transition_feats):
    N, S, W, D = windowed_sequence.size()
    windowed_sequence = windowed_sequence.view(N, S, W * D)

    if self.recurrent_momentum:
        windowed_sequence = T.cat([windowed_sequence, transition_feats], dim=-1)

    scores = self.scorer(gelu(self.conv_layer(windowed_sequence)))

    transition_scores = scores[:, :, 0].unsqueeze(-1)
    # reduce_probs = T.sigmoid(scores[:,:,1].unsqueeze(-1))
    no_op_scores = T.zeros_like(transition_scores).float().to(transition_scores.device)
    scores = T.cat([transition_scores, no_op_scores], dim=-1)
    scores = scores / self.temperature
    max_score = T.max(scores)
    exp_scores = T.exp(scores - max_score)
```

```
        return exp_scores
```

⑦ 方法 composer()用于将两个子节点的信息组合成一个新的节点信息，具体实现代码如下：

```
    def composer(self, child1, child2, cell_child1, cell_child2):
        N, S, D = child1.size()

        concated = T.cat([child1, child2], dim=-1)
        assert concated.size() == (N, S, 2 * D)

        contents = F.dropout(self.wcell1(concated), p=self.hidden_dropout,
training=self.training)
        contents = contents.view(N, S, 5, D)
        gates = T.sigmoid(contents[:, :, 0:4, :])
        u = T.tanh(contents[:, :, 4, :])
        f1 = gates[..., 0, :]
        f2 = gates[..., 1, :]
        i = gates[..., 2, :]
        o = gates[..., 3, :]

        cell = f1 * cell_child1 + f2 * cell_child2 + i * u
        transition = o * T.tanh(cell)

        return transition, cell
```

⑧ 方法compute_entropy_penalty()用于计算熵惩罚，用于鼓励模型停止生成。具体实现代码如下：

```
    def compute_entropy_penalty(self, active_probs, last_token_mask):
        N, S = active_probs.size()
        active_prob_dist = self.sum_normalize(active_probs, dim=-1)
        nll_loss = - T.log(T.sum(last_token_mask * active_prob_dist, dim=1) +
self.eps)
        nll_loss = nll_loss.view(N)
        return nll_loss
```

⑨ 方法 compute_speed_penalty()用于计算速度惩罚，以鼓励模型更快地停止生成。具体实现代码如下：

```
    def compute_speed_penalty(self, steps, input_mask):
        steps = T.max(steps, dim=1)[0]
        speed_penalty = steps.squeeze(-1) / (T.sum(input_mask.squeeze(-1),
dim=1) - 2.0)
        return speed_penalty
```

⑩ 方法encoder_block()实现了编码器的主要逻辑，包括了循环的生成和停止条件的判定。具体实现代码如下：

```
    def encoder_block(self, sequence, input_mask):

        sequence, input_mask, END_mask, \
            input_mask_no_start, input_mask_no_end = self.augment_sequence(sequence,
input_mask)
```

```python
        N, S, D = sequence.size()

        """
        Initial Preparations
        """
        active_probs = T.ones(N,S, 1).float().to(sequence.device) * input_mask
        steps = T.zeros(N, S, 1).float().to(sequence.device)
        zeros_sequence = T.zeros(N, 1, 1).float().to(sequence.device)
        last_token_mask = T.cat([END_mask[:, 1:, :], zeros_sequence], dim=1)
        START_END_LAST_PAD_mask = input_mask_no_start * input_mask_no_end * (1.0 - last_token_mask)
        self.START_END_LAST_PAD_mask = START_END_LAST_PAD_mask
        halt_ones = T.ones(N).float().to(sequence.device)
        halt_zeros = T.zeros(N).float().to(sequence.device)
        improperly_terminated_mask = halt_ones.clone()
        update_mask = T.ones(N).float().to(sequence.device)
        left_transition_probs = T.zeros(N, S, 1).float().to(sequence.device)

        """
        Initial Transform
        """
        sequence, cell_sequence = self.initial_transform(sequence)
        sequence = sequence * input_mask
        cell_sequence = cell_sequence * input_mask
        """
        Start Recursion
        """
        t = 0
        while t < (S - 2):
            original_active_probs = active_probs.clone()
            original_sequence = sequence.clone()
            residual_sequence = sequence.clone()
            residual_cell_sequence = cell_sequence.clone()
            original_steps = steps.clone()
            original_cell_sequence = cell_sequence.clone()

            left_neighbor_probs, right_neighbor_probs \
                = self.compute_neighbor_probs(active_probs=active_probs.clone(),
                                              input_mask=input_mask.clone())

            windowed_sequence = self.make_window(sequence=sequence,
                                 left_child_probs=left_neighbor_probs,
                                 right_child_probs=right_neighbor_probs)

            if self.recurrent_momentum:
                transition_feats  =  left_transition_probs  *  self.past_transition_features.view(1, 1, -1) \
                                   + (1 - left_transition_probs) * self.past_non_transition_features.view(1, 1, -1)
            else:
```

```python
            transition_feats = None

        exp_scores = self.score_fn(windowed_sequence, transition_feats)
        exp_transition_scores = exp_scores[:, :, 0].unsqueeze(-1)
        exp_no_op_scores = exp_scores[:, :, 1].unsqueeze(-1)

        exp_transition_scores = exp_transition_scores * START_END_LAST_PAD_mask

        if self.config["no_modulation"] is True:
            exp_scores = T.cat([exp_transition_scores,
                                exp_no_op_scores], dim=-1)
        else:
            exp_left_transition_scores  =  T.matmul(left_neighbor_probs, exp_transition_scores)
            exp_right_transition_scores = T.matmul(right_neighbor_probs, exp_transition_scores)

            exp_scores = T.cat([exp_transition_scores,
                                exp_no_op_scores,
                                exp_left_transition_scores,
                                exp_right_transition_scores], dim=-1)

        normalized_scores = self.sum_normalize(exp_scores, dim=-1)
        transition_probs = normalized_scores[:, :, 0].unsqueeze(-1)
        transition_probs = transition_probs * START_END_LAST_PAD_mask

        left_transition_probs = T.matmul(left_neighbor_probs, transition_probs)
        left_transition_probs = left_transition_probs * input_mask_no_start * input_mask_no_end
        left_sequence = windowed_sequence[:, :, self.window_size // 2 - 1, 0:self.hidden_size]
        left_cell_sequence = T.matmul(left_neighbor_probs, cell_sequence)

        transition_sequence, transition_cell_sequence = self.composer(child1=left_sequence,

child2=sequence,

cell_child1=left_cell_sequence,

cell_child2=cell_sequence)
        transition_sequence = transition_sequence * input_mask
        transition_cell_sequence = transition_cell_sequence * input_mask

        tp = left_transition_probs
        sequence = tp * transition_sequence + (1 - tp) * residual_sequence
        sequence = sequence * input_mask
        cell_sequence = tp * transition_cell_sequence + (1 - tp) *
```

```python
residual_cell_sequence
            cell_sequence = cell_sequence * input_mask
            steps = steps + active_probs

            bounded_probs = transition_probs
            active_probs = active_probs * (1.0 - bounded_probs) * input_mask

            active_probs = T.where(update_mask.view(N, 1, 1).expand(N, S, 1) == 1.0,
                            active_probs,
                            original_active_probs)

            steps = T.where(update_mask.view(N, 1, 1).expand(N, S, 1) == 1.0,
                        steps,
                        original_steps)

            sequence = T.where(update_mask.view(N, 1, 1).expand(N, S, D) == 1.0,
                            sequence,
                            original_sequence)

            cell_sequence = T.where(update_mask.view(N, 1, 1).expand(N, S, D) == 1.0,
                            cell_sequence,
                            original_cell_sequence)

            t += 1
            discrete_active_status = T.where(active_probs > self.stop_threshold,
T.ones_like(active_probs).to(active_probs.device),
T.zeros_like(active_probs).to(active_probs.device))

            halt_condition_component = T.sum(discrete_active_status.squeeze(-1), dim=1) - 2.0
            update_mask = T.where((halt_condition_component <= 1) | (T.sum(input_mask.squeeze(-1), dim=-1) - 2.0 < t),
                            halt_zeros,
                            halt_ones)

            proper_termination_condition = T.sum(discrete_active_status * last_token_mask, dim=1).squeeze(-1)
            improperly_terminated_mask_ = T.where((halt_condition_component == 1) & (proper_termination_condition == 1),
                                halt_zeros,
                                halt_ones)

            improperly_terminated_mask = improperly_terminated_mask * improperly_terminated_mask_
```

```
            if T.sum(update_mask) == 0.0:
                break

        steps = steps * START_END_LAST_PAD_mask
        sequence = sequence * (1 - END_mask)
        active_probs = active_probs * (1 - END_mask)
        sequence = sequence[:, 1:-1, :]  # remove START and END
        active_probs = active_probs[:, 1:-1, :]  # remove START and END

        last_token_mask = END_mask[:, 2:, :]
        global_state = T.sum(sequence * last_token_mask, dim=1)

        assert active_probs.size(1) == sequence.size(1)

        entropy_penalty = self.compute_entropy_penalty(active_probs.squeeze(-1),
                                            last_token_mask.squeeze(-1))

        speed_penalty = self.compute_speed_penalty(steps, input_mask)

        entropy_penalty = entropy_penalty * improperly_terminated_mask
        penalty = self.entropy_gamma * entropy_penalty + self.speed_gamma * speed_penalty

        return sequence, global_state, penalty
```

⑪ 方法 forward()定义了前向传播，将输入的序列和输入掩码传递给编码器并返回编码后的序列、惩罚和全局状态。具体实现代码如下：

```
    def forward(self, sequence, input_mask, **kwargs):

        if "temperature" in kwargs:
            self.temperature = kwargs["temperature"]
        else:
            self.temperature = 1.0

        self.temperature = 1.0 if self.temperature is None else self.temperature

        input_mask = input_mask.unsqueeze(-1)
        sequence = sequence * input_mask

        sequence, global_state, penalty = self.encoder_block(sequence, input_mask)
        sequence = sequence * input_mask
        return {"sequence": sequence, "penalty": penalty, "global_state": global_state}
```

（4）编写文件Continuous-RvNN-main/classifier/hypertrain.py，功能是使用Hyperopt库进行超参数搜索。在给定的搜索空间内，通过超参数搜索来寻找模型的最佳配置，以提高模型性能。超参数是机器学习模型的配置参数，它们不是通过训练得到的，而是需要手动调整。文件的具体实现代码如下：

```python
def blockPrint():
    sys.stdout = open(os.devnull, 'w')

# Restore
def enablePrint():
    sys.stdout = sys.__stdout__

parser = get_args()
args = parser.parse_args()
search_space, config_processor = load_hyperconfig(args)

print(search_space)

hp_search_space = {}
for key, val in search_space.items():
    hp_search_space[key] = hp.choice(key, val)
space_keys = [k for k in search_space]

hyperopt_config_path = Path("hypertune/tuned_configs/{}_{}.txt".format(args.model, args.dataset))
hyperopt_checkpoint_path = Path("hypertune/checkpoints/{}_{}.pkl".format(args.model, args.dataset))
Path('hypertune/checkpoints/').mkdir(parents=True, exist_ok=True)
Path('hypertune/tuned_configs/').mkdir(parents=True, exist_ok=True)

if args.hypercheckpoint:
    with open(hyperopt_checkpoint_path, "rb") as fp:
        data = pickle.load(fp)
        trials = data["trials"]
        tried_configs = data["tried_configs"]
        true_total_trials = data["true_total_trials"]
    print("\n\nCheckpoint Loaded\n\n")
else:
    trials = Trials()
    tried_configs = {}
    true_total_trials = 0


def generate_args_hash(args):
    hash = ""
    for key in args:
        hash += "{}".format(args[key])
    return hash


successive_failures = 0
max_successive_failures = 10
failure_flag = False
```

```python
def run_wrapper(space):
    global args
    global tried_configs
    global failure_flag
    config = load_config(args)
    config["epochs"] = args.epochs
    hash = generate_args_hash(space)

    if hash not in tried_configs:
        print("Exploring: {}".format(space))
        for key in space:
            config[key] = space[key]
        config = config_processor(config)

        blockPrint()
        _, best_metric, _ = run(args, config)
        enablePrint()

        dev_score = compose_dev_metric(best_metric, args, config)
        tried_configs[hash] = -dev_score
        print("loss: {}".format(tried_configs[hash]))
        failure_flag = False
        return {'loss': -dev_score, 'status': STATUS_OK}
    else:
        #print("loss: {} (Skipped Trial)".format(tried_configs[hash]))
        failure_flag = True
        return {'loss': tried_configs[hash], 'status': STATUS_OK}


max_trials = min(args.max_trials, np.prod([len(choices) for key, choices in search_space.items()]))
save_intervals = 1
i = len(trials.trials)
successive_failures = 0

while True:
    best = fmin(run_wrapper,
                space=hp_search_space,
                algo=hyperopt.rand.suggest,
                trials=trials,
                max_evals=len(trials.trials) + save_intervals)

    found_config = {}
    for key in best:
        found_config[key] = search_space[key][best[key]]

    if not failure_flag:
        true_total_trials += 1
        print("Best Config so far: ", found_config)
        print("Total Trials: {} out of {}".format(true_total_trials, max_
```

```
trials))
        print("\n\n")
        successive_failures = 0
        display_string = ""
        for key, value in found_config.items():
            display_string += "{}: {}\n".format(key, value)
        with open(hyperopt_config_path, "w") as fp:
            fp.write(display_string)

        with open(hyperopt_checkpoint_path, "wb") as fp:
            pickle.dump({"trials": trials,
                         "tried_configs": tried_configs,
                         "true_total_trials": true_total_trials}, fp)
    else:
        successive_failures += 1
        if successive_failures % 1000 == 0:
            print("Successive failures: ", successive_failures)

    if true_total_trials >= max_trials:
        break

    if successive_failures > 100000:
        print("\n\nDiscontinuing due to too many successive failures.\n\n")
        break
```

对上述代码的具体说明如下：

① 定义了一些辅助函数，如 blockPrint 和 enablePrint，用于禁止和启用标准输出。

② 从命令行参数获取配置，包括超参数搜索空间、模型和数据集等信息。

③ 定义了搜索空间 hp_search_space，以及超参数搜索的配置和路径。

④ 根据是否启用超参数搜索的检查点功能，加载先前的搜索结果或创建新的搜索记录。

⑤ 定义函数 generate_args_hash，用于生成超参数组合的哈希值。

⑥ 设置了一些超参数搜索的参数，如最大尝试次数、保存间隔、连续失败次数等。

⑦ 进入一个循环，循环中使用 Hyperopt 函数 fmin 来执行超参数搜索。在每次迭代中，调用函数 run_wrapper 来评估当前超参数组合。

⑧ 定义函数 run_wrapper，根据当前的超参数组合，加载模型配置，运行模型训练，并计算评估指标。

⑨ 更新搜索结果，将找到的最佳超参数组合和性能输出到文件，并保存当前的搜索记录。

⑩ 如果连续失败次数过多，或者达到最大尝试次数，结束超参数搜索。

第 5 章 语言生成算法

语言生成算法是用于生成人类语言文本的计算机程序或模型，它可以应用于从自然语言处理到生成创意文本的多种实践场景。在本章中，将详细讲解在自然语言处理中使用语言生成算法的知识。

5.1 基于规则的生成算法

基于规则的生成算法是传统的文本生成方法，它依赖于预定义的规则、模板和语法结构来生成文本。这些规则可以包括语法规则、语义规则、词汇表、模板或其他生成文本所需的信息。基于规则的生成算法通常用来生成结构化文本，如模板化邮件、通知、报告以及完成特定领域的文本生成任务（如医学报告，法律文件、科学文献等）；除此之外，基于规则的生成算法还可以用来合成语音。

5.1.1 基于规则的生成算法的优缺点

了解了基本规则的生成算法的基本定义，我们通过一些重要概念来梳理一下基于规则的生成算法的优缺点。

（1）优点

① 语法和语义规则：基于规则的生成算法通常使用语法和语义规则来确保生成的文本具有良好的结构和合理的含义。

② 模板化文本：这种方法通常使用文本模板，其中包含占位符，然后根据规则和数据填充这些占位符。这对于生成标准化的文本非常有用，如商务信函、报告、合同等。

③ 自定义规则：生成算法通常可以根据需要定制规则。这意味着可以根据特定任务和文本生成需求进行适应性调整。

（2）限制和缺点

① 基于规则的生成算法通常需要大量的人工工作来编写和维护规则，尤其是在生成复杂、多样化的文本时。

② 基于规则的生成算法无法处理非结构化文本或需要大规模数据驱动的任务。

5.1.2 基于规则的生成算法在自然语言处理中的应用场景

基于规则的生成算法在自然语言处理中具有广泛的应用场景。
- 机器翻译：基于规则的生成算法可以在机器翻译中用于语言结构转换和翻译规则的应用。特别是针对特定领域的翻译。
- 语音识别：在语音识别中，基于规则的生成算法可以用于生成特定领域的语音命令或回复，如自动电话应答系统或语音助手中的特定指令。
- 信息提取：基于规则的生成算法可以从文本中提取特定的信息，如日期、地点、人名等。这对于处理结构化文本或特定格式的文档非常有用。
- 文本摘要：基于规则的生成算法可以用来生成遵循特定摘要结构的文本摘要，如提取关键信息、重点句子等。
- 语法纠错：基于规则的生成算法可以通过检查文本中的语法结构并提出纠正建议，改善文本中的语法错误。
- 语言理解：基于规则的生成算法可以在文本理解中进行语言分析和解释，如解析句子结构、词义消歧等。以帮助在文本理解任务中进行语言分析和解释。

在 NLP 中，基于规则的生成算法通常用于文本生成，包括生成特定领域的语句或回复。下面的示例演示了使用基于规则的算法生成天气查询回复的过程。

示例 5-1：使用基于规则的生成算法生成不同城市的天气查询回复（源码路径：daima\5\tian.py）。

示例文件 tian.py 的具体实现代码如下：

```python
# 定义天气规则和数据
weather_data = {
    "纽约": "晴天，温度在20° C。",
    "洛杉矶": "多云，温度在25° C。",
    "芝加哥": "阴天，温度在15° C。",
}

# 用户的查询
user_query = "纽约的天气如何？"

# 从用户查询中提取城市
city = None
for key in weather_data:
    if key in user_query:
        city = key
        break

# 生成基于规则的回复
if city:
    response = f"{city}的天气情况是: {weather_data[city]}"
else:
    response = "抱歉，我不知道这个城市的天气情况。"

# 打印回复
print("用户查询: ", user_query)
print("回复: ", response)
```

在上述代码中，定义了几座城市的天气数据和规则。用户输入一个问题，询问某个城市的天气情况。基于规则的生成算法从用户查询中提取城市名称，并使用事先定义的规则来生成回复。如果城市在数据中，它会返回相应的天气信息；否则，它会回复说不知道这个城市的天气情况。执行后会输出：

```
用户查询:  纽约的天气如何？
回复:  纽约的天气情况是: 晴天，温度在20° C。
```

另外，语法纠错也是一个常见的自然语言处理任务，可以使用基于规则的方法来实现这一功能。例如下面是一个使用规则生成方法实现语法纠错的例子。

实例 5-2：使用规则生成方法实现语法纠错（源码路径：daima\5\yu.py）。

实例文件 yu.py 的具体实现代码如下：

```
import re

# 定义一些语法纠错规则
grammar_rules = {
    r'\bIts\b': "It's",
    r'\bYour\b': "You're",
    r'\bDont\b': "Don't",
    r'\bWont\b': "Won't",
}

# 文本输入包含一些常见的语法错误
input_text = "Its a beautiful day. Your going to love it."

# 对文本进行语法纠错
for wrong, correct in grammar_rules.items():
    input_text = re.sub(wrong, correct, input_text)

# 打印经过语法纠错后的文本
print("纠正后的文本: ", input_text)
```

在上述代码中，定义了一些常见的语法错误和相应的纠正规则。然后应用这些规则来搜索和替换输入文本中的错误。最后，打印出经过语法纠错后的文本。执行后会输出：

```
纠正后的文本:  It's a beautiful day. You're going to love it.
```

请注意，以上只是一个简单的示例，在实际应用中可能需要更复杂的规则和方法，以提高准确性和适用性。

5.2 基于统计的生成算法

在自然语言处理中，基于统计的生成算法依赖于统计模型和概率分布来生成文本。这种方法通常用于生成自然语言文本，包括语言建模、机器翻译、文本摘要等任务。

5.2.1 基于统计的生成算法介绍

基于统计的生成算法具有许多优点，如可解释性和适应不同任务。其重要概念和应用如下：

- 语言模型：语言模型是算法实现的关键组成部分，它根据输入的上下文生成文本。基于统计的语言模型以及训练数据中的统计信息，以确定生成下一个词语或短语的概率分布。
- 文本摘要：基于统计的文本摘要方法使用统计信息来确定哪些句子或短语在生成摘要时最重要。这些方法通常涉及句子压缩和特征选择。
- 文本生成：基于统计的生成算法也可用于生成自然语言文本。例如，在对话系统中，可以使用统计信息来确定生成下一个对话回应的最佳方式。

- 文本分类：统计模型可以用于文本分类任务，其中模型学习不同类别的文本间的统计关系，从而对文本进行分类。
- 马尔可夫链：基于统计的生成算法经常使用马尔可夫链建模文本生成过程。马尔可夫链假设当前词语的生成仅依赖于前面的 N 个词语，这是 N-gram 模型的基础。

5.2.2 常见基于统计的生成模型

基于统计的生成模型是 NLP 领域中一类基于统计概率模型的文本生成方法，这些模型使用统计信息来生成文本，通常依赖于训练数据中的频率和概率分布。下面是一些常见的基于统计的生成模型。

（1）N-gram 模型：N-gram 模型可以根据前 N 个词语的出现频率来预测下一个词语。例如，二元（bigram）模型基于前一个词生成下一个词；三元（trigram）模型基于前两个词生成下一个词。N-gram 模型在语言建模、文本生成和文本分类中应用广泛。

（2）隐马尔可夫模型（HMM）：HMM 通常用于序列数据的生成和标注。在 NLP 中，HMM 可以用于词性标注和命名实体识别等任务。

（3）最大熵模型：该模型是一种用于分类和标注任务的统计模型。它基于训练数据中的特征来估计类别分布的条件概率。

（4）条件随机场（CRF）：作为概率图模型，GRF 通常用于序列标注任务，如命名实体识别和词性标注。它建模了标记序列的条件概率分布。

（5）文本分类器：基于统计的文本分类器使用文本特征和统计信息来对文本进行分类。常见的方法包括朴素贝叶斯分类器和支持向量机。

（6）机器翻译模型：基于统计的机器翻译模型使用大规模平行文本数据来估计翻译概率，从而进行翻译。著名的模型包括 IBM 模型和短语模型。

上述基于统计的生成模型依赖于训练数据中的统计信息，通常包括文本的频率、词语共现、条件概率等。虽然它们在许多 NLP 任务中表现出色，但也有一些限制，例如对长距离依赖的建模能力有限，不太适合生成复杂的、创造性的文本。随着深度学习方法的兴起，神经网络模型越来越成为 NLP 领域的主流，因为它们可以更好地处理非结构化文本数据和更复杂的任务。

5.2.3 N-gram 模型

前面我们简单地提到过，N-gram 模型的核心思想是基于前 N 个词语（或标记）的出现概率来预测下一个词语（或标记），该模型在 NLP 中的应用非常广泛。下面是关于 N-gram 模型的重要特点和原理。

- N-gram 概念：N-gram 表示一个文本中连续的 N 个词语或标记，通常由空格或标点符号分隔。例如，对于句子 "I love natural language processing."，其中 N=2，我们可以得到以下二元 N-grams：["I love", "love natural", "natural language", "language processing"]。
- N-gram 概率：N-gram 模型使用训练语料中的 N-grams 来估计每个 N-gram 序列的出现概率。这可以通过简单的频率计数来完成，即统计 N-gram 在训练数据中的出现次数，然后将其除以前 N-1 个词语的（N-1）gram 出现次数。

下面我们来梳理一下 N-gram 模型的常见应用场景。
- **语言建模**：N-gram 模型通常用于语言建模，它用于估计一个文本序列的生成概率。通过链式法则，可以将文本的生成概率表示为每个 N-gram 序列的条件概率的连乘。
- **文本生成**：N-gram 模型可以用于文本生成任务，例如自动文本生成、文本摘要等。给定一个前缀（前 N-1 个词语），可以使用 N-gram 概率来生成下一个词语，然后继续生成后续词语，最终生成文本。
- **文本分类**：N-gram 模型可用于文本分类任务，它会计算文本中 N-grams 的频率或 TF-IDF 值，然后使用这些特征进行分类。
- **词性标注**：N-gram 模型可用于词性标注任务，通过估计每个词语的词性标签的条件概率。

N-gram 模型在处理长距离依赖和复杂语法结构时存在限制，因为它仅考虑前 N 个词语的信息。此外，数据稀疏性和参数空间过大也是 N-gram 模型面临的挑战之一。

当 N-gram 模型与文本生成相结合时，可以创造一些有趣的文本生成应用，例如自动生成笑话。下面是一个使用 N-gram 模型生成笑话的例子，展示了利用 N-gram 模型创建有趣文本的过程。

示例 5-3：笑话生成器（源码路径：daima\5\xiao.py）。

示例文件 xiao.py 的具体实现代码如下：

```python
import random

# 定义一个二元（bigram）N-gram模型
ngram_model = {
    "为什么": ["鸡过马路", "程序员不喜欢走路", "太阳落山了", "大象不会爬树"],
    "鸡过马路": ["因为想吃炸鸡", "以为那边有虫子", "被程序员激励了"],
    "程序员不喜欢走路": ["因为路没有回调函数", "总是会碰到 null pointer exception"],
    "太阳落山了": ["因为天黑了", "为了给月亮腾地方"],
    "大象不会爬树": ["但它能学会 Python", "因为树会爬到大象跟前"],
}

# 生成一个笑话
def generate_joke():
    start_phrase = "为什么"
    joke = [start_phrase]

    while start_phrase in ngram_model:
        next_word = random.choice(ngram_model[start_phrase])
        joke.append(next_word)
        start_phrase = next_word

    return " ".join(joke)

# 生成一个有趣的笑话
funny_joke = generate_joke()
print(funny_joke)
```

以上代码中，模型包括一些起始短语和可选择的下一个词语，用来构建一个有趣的笑话。每次执行程序生成笑话时，它都会随机选择下一个词语，以创建各种笑话。例如某一次执行后会输出：

> 为什么 程序员不喜欢走路 因为路没有回调函数

注意：虽然 N-gram 模型在一些任务中表现出色，但在处理复杂的语言结构和生成创造性文本方面存在限制。因此，在处理更复杂的 NLP 任务时，深度学习方法，如 RNN 和变换器，通常更为流行。这些方法可以更好地处理非结构化文本数据和更广泛的语言生成任务。

5.2.4 隐马尔可夫模型

隐马尔可夫模型（hidden markov model，HMM）广泛应用于自然语言处理和其他领域的序列数据建模任务中。作为一种描述随机序列数据的模型，HMM 中序列的生成过程被建模为一个概率有向图。下面是关于 HMM 模型的主要概念和特点。

- 状态和观测值：状态和观测值是 HMM 包含的两种类型的随机变量。状态通常用来表示隐藏的系统状态，而观测值是可见的数据。在自然语言处理中，状态可以表示隐藏的语法结构或潜在主题，观测值可以是文本中的单词或标记。
- 状态转移概率：HMM 通过状态转移概率来建模从一个状态到另一个状态的转移。这些概率表示在给定前一状态的情况下，下一个状态是什么样的概率。状态转移概率通常以转移矩阵来表示。
- 观测概率：HMM 使用观测概率来建模在特定状态下观测到特定观测值的概率。这些概率可以表示为观测矩阵或观测分布。
- 初始状态概率：初始状态概率用于表示序列的起始状态分布。它表示在开始时系统处于每个可能状态的概率。
- 马尔可夫性质：HMM 满足马尔可夫性质，即未来状态仅依赖于当前状态。这意味着在 HMM 中，观测值的生成仅依赖于当前状态。
- 隐含性质：HMM 的关键特点是状态是隐含的，即无法直接观测到，只能通过观测值的分布来推断状态。这使得 HMM 适用于处理带有潜在结构的序列数据。

HMM 模型在自然语言处理中的应用包括词性标注、命名实体识别、语音识别、机器翻译、语音合成等任务。它们还用于许多其他领域，如生物信息学、金融分析和天气预测。下面的例子是使用隐马尔可夫模型（HMM）实现词性标注，并以一种幽默的方式处理一句话。

示例 5-4：使用 HMM 模型实现词性标注（源码路径：daima\5\biao.py）。

示例文件 biao.py 的具体实现代码如下：

```python
import random

# 定义HMM的状态（词性）和观测值（单词）
states = ['名词', '动词', '形容词', '副词', '介词']
observations = ['猫', '跳', '懒', '快', '在']

# 定义HMM的状态转移概率和观测概率
transition_probabilities = {
    '名词': {'名词': 0.2, '动词': 0.4, '形容词': 0.1, '副词': 0.1, '介词': 0.2},
    '动词': {'名词': 0.3, '动词': 0.2, '形容词': 0.2, '副词': 0.1, '介词': 0.2},
    '形容词': {'名词': 0.2, '动词': 0.1, '形容词': 0.3, '副词': 0.2, '介词': 0.2},
    '副词': {'名词': 0.1, '动词': 0.2, '形容词': 0.2, '副词': 0.3, '介词': 0.2},
    '介词': {'名词': 0.2, '动词': 0.2, '形容词': 0.2, '副词': 0.2, '介词': 0.2},
```

```
}
observation_probabilities = {
    '名词': {'猫': 0.4, '跳': 0.1, '懒': 0.2, '快': 0.1, '在': 0.2},
    '动词': {'猫': 0.1, '跳': 0.3, '懒': 0.1, '快': 0.2, '在': 0.3},
    '形容词': {'猫': 0.2, '跳': 0.1, '懒': 0.3, '快': 0.2, '在': 0.2},
    '副词': {'猫': 0.1, '跳': 0.2, '懒': 0.2, '快': 0.3, '在': 0.2},
    '介词': {'猫': 0.2, '跳': 0.1, '懒': 0.2, '快': 0.2, '在': 0.3},
}

# 生成一个句子并进行词性标注
sentence = "猫跳懒快在"
tags = []

current_state = random.choice(states)
for word in sentence:
    tags.append((word, current_state))
    next_state = random.choices(states, transition_probabilities[current_state].values())[0]
    current_state = next_state

# 输出词性标注的句子
for word, tag in tags:
    print(f"{word} ({tag})", end=" ")
print()
```

在上述代码中，使用 HMM 生成一个句子并对其进行词性标注。通过定义状态转移概率、观测概率、初始状态，我们模拟了一个有趣的情景：猫在跳来跳去，有时候它很懒，有时候又很快，还经常在某处。这个示例演示了 HMM 如何用于词性标注和序列生成，同时加入了一些趣味性质。执行后会输出：

猫 (副词) 跳 (介词) 懒 (介词) 快 (名词) 在 (介词)

5.2.5 最大熵模型

最大熵模型（maximum entropy model），简称 MaxEnt 模型）是一种统计模型，常用于自然语言处理和机器学习领域，特别是文本分类、信息检索、命名实体识别、文本标注和文本分类等任务。MaxEnt 模型的目标是以最小的偏差（最大熵原理）来表示数据分布，使得模型的不确定性最大，以适应现有的观测数据。下面是关于 MaxEnt 模型的主要特点和原理。

- 最大熵原理：在所有可能的概率分布中，应选择使得经验分布的期望与已知的观测数据最接近的概率分布，这便是最大熵原理。这意味着在没有额外信息的情况下，我们应该选择最均匀的概率分布。
- 特征函数：MaxEnt 模型使用特征函数来表示观测数据和标签之间的关系。特征函数是关于输入和输出的函数，它们可以描述不同的观测和标签之间的关系，例如词语特征、词性特征等。
- 约束条件：MaxEnt 模型的训练过程涉及一组约束条件，这些约束条件表示特征函数的期望值必须等于相应的经验值。这些约束条件来源于已知的观测数据。

- 最优化问题：MaxEnt 模型的训练目标是找到一个参数化的概率分布，使得在满足约束条件的情况下，熵最大化。这个问题通常被表述为一个凸优化问题，可以使用迭代算法（如改进的迭代尺度法）求解。
- 分类和标注：MaxEnt 模型在分类和标注任务中非常有用。它可以用于文本分类，其中特征函数包括词汇、句法、语义特征等。它还可以用于命名实体识别，其中特征函数包括词性、上下文、词形等。
- 泛化能力：MaxEnt 模型通常具有较强的泛化能力，可以处理大规模特征集和多类别分类问题。

MaxEnt 模型在文本分类、情感分析、信息检索等自然语言处理任务中得到广泛应用，特别适合处理具有复杂特征交互的问题。

下面的例子是使用 MaxEnt 模型来实现情感分析，以确定文本中的情感极性（正面、负面或中性），并将其应用于电影评论。

示例 5-5：使用最大熵模型实现情感分析（源码路径：daima\5\xun03.py）。

示例文件 xun03.py 的具体实现代码如下：

```python
from sklearn.feature_extraction.text import CountVectorizer
from sklearn.linear_model import LogisticRegression
import random

# 模拟电影评论数据
reviews = [
    ("这部电影真是太棒了！", "正面"),
    ("情节令人震惊，但太复杂了。", "负面"),
    ("我觉得这是一部普通电影。", "中性"),
    ("主演的表演很精彩！", "正面"),
    ("这是一部很差的电影。", "负面"),
]

# 特征提取
vectorizer = CountVectorizer(binary=True)
X = vectorizer.fit_transform([review[0] for review in reviews])
y = [review[1] for review in reviews]

# 训练最大熵模型
maxent_model = LogisticRegression()
maxent_model.fit(X, y)

# 生成一个电影评论并进行情感分析
def analyze_sentiment(text):
    features = vectorizer.transform([text])
    sentiment = maxent_model.predict(features)[0]
    return sentiment

# 随机生成一个电影评论
random_comment = random.choice(["这部电影真是太棒了！", "情节令人震惊，但太复杂了。", "我觉得这是一部普通电影。"])
sentiment = analyze_sentiment(random_comment)
```

```
# 输出生成的评论和情感分析结果
print("随机生成的评论: ", random_comment)
print("情感分析结果: ", sentiment)
```

在上述代码中，首先创建了一些电影评论和它们的情感标签，然后使用文本特征提取和最大熵模型进行训练。最后，生成一个随机的电影评论，并使用训练好的模型来进行情感分析，以确定评论是正面、负面还是中性。执行后会输出：

```
随机生成的评论: 这部电影真是太棒了！
情感分析结果: 正面
```

5.3 基于神经网络的生成模型

基于神经网络的生成是指使用神经网络模型来生成文本、图像、音频或其他类型的数据。这些基于神经网络的生成模型通常属于深度学习领域，利用神经网络的能力来学习数据的分布和结构，从而生成新的数据样本。

5.3.1 常见的基于神经网络的生成模型

在现实应用中，常见的基于神经网络的生成模型如下：
- 生成对抗网络（GAN）：GAN 包括生成器和判别器的模型，它们相互竞争，使生成器学会生成逼真的数据。GAN 已被成功应用于图像生成、超分辨率、图像风格转换等场景中。
- 变分自动编码器（VAE）：VAE 是一种用于学习潜在数据分布的生成模型。它能够生成新的数据样本，并在生成过程中允许对潜在空间进行插值。VAE 在图像生成、文本生成和语音生成方面具有广泛的应用。
- 生成式对话模型：该模型通过神经网络生成自然语言对话。例如，RNN 和 Transformer 用于生成式对话时，可以使聊天机器人和智能助手能够与用户进行自然语言对话。
- 文本生成模型：该类模型（如 RNN、LSTM 和 Transformer）被广泛应用于文本生成任务，如机器翻译、文本摘要、小说创作和自动对联。
- 图像生成模型：该类模型如主要功能生成图像。例如，DCGAN（deep convolutional GAN）和 StyleGAN 可以生成逼真的面部图像。
- 音频生成模型：该类模型可用于音频生成和音乐合成。如模型 WaveGAN 和 WaveNet 等可用于生成逼真的音频。
- 增强现实（AR）和虚拟现实（VR）生成：神经网络被用于生成虚拟环境、虚拟角色和视觉效果，以提供沉浸式的 AR 和 VR 体验。

上述基于神经网络的生成模型利用深度学习技术，通过学习大量训练数据中的分布和结构，能够生成高质量、逼真的数据。这些模型已经在多个领域取得了显著的成功，为创造性的数据生成和人机交互提供了有力支持。

5.3.2 神经网络生成的基本原理

神经网络生成的基本原理是使用神经网络模型来生成新的数据样本，这些样本在训练数据中未出现过。下面是神经网络生成的基本原理。

- 网络结构：神经网络生成模型通常采用深度神经网络结构，如 GAN、VAE、生成式对话模型等。
- 训练数据：生成模型的训练数据通常来自真实数据样本。模型学习如何生成数据的分布和结构，以便后续生成新样本。在 GAN 中，一部分训练数据用于生成器的输入，另一部分用于判别器的训练。
- 潜在空间：生成模型通常依赖于一个潜在空间，它是一个低维表示，用于编码生成样本的特征。潜在空间中的点被映射到数据空间，从而生成样本。
- 生成过程：在生成过程中，模型接受来自潜在空间的随机噪声或向量作为输入，并通过神经网络的前向传播生成新的数据样本。生成过程可能是迭代的，直到生成样本符合预期。
- 损失函数：生成模型通常使用损失函数来衡量生成的数据与真实数据之间的差异。损失函数有助于模型学习如何生成逼真的数据。在 GAN 中，判别器的损失函数鼓励判别器正确分类生成样本和真实样本，而生成器的损失函数鼓励生成器生成能够愚弄判别器的样本。
- 训练过程：生成模型的训练是通过优化损失函数来完成的。训练过程可能涉及反向传播和梯度下降等优化算法，以微调生成器和鉴别器的参数，使生成的样本更逼真。
- 生成新样本：一旦训练完成，生成模型可以使用潜在空间中的随机向量来生成新样本。这些生成的样本可以在应用中用于各种任务，如图像生成、文本生成、音频生成等。

5.3.3 生成对抗网络

生成对抗网络（GAN）的设计灵感来自博弈论中的零和博弈概念，其中两个模型相互竞争，一个是生成器（generator），另一个是判别器（discriminator）。

- 生成器的任务是将随机噪声作为输入，并生成与训练数据相似的新样本。生成器开始时的输出可能是随机噪声，但随着训练的进行，它会逐渐生成越来越逼真的数据。
- 判别器的任务是将生成器生成的样本与真实训练数据进行区分。判别器接收真实样本和生成器生成的样本，并尝试准确地标识哪些是真实样本，哪些是生成的样本。判别器也会随着训练的进行而变得越来越准确。

GAN 的训练过程是一个交替的过程。首先，生成器生成一批样本，然后判别器对这些样本进行分类。生成器根据判别器的反馈进行更新，以提高生成样本的逼真度。接着，判别器针对真实样本和更新后的生成样本进行再次分类，并更新自身的参数，以更好地区分它们。这个交替的训练过程持续进行，直到生成器生成的样本足够逼真，判别器无法准确区分真实样本和生成样本为止。

GAN 的优点是可以生成逼真的新数据，而不需要显式地建模数据分布，它们可以学习数据的复杂结构，并生成与训练数据相似但不完全相同的样本。此外，GAN 可以应用于图像生成、图像编辑、文本生成和语音合成等多个领域。

然而，GAN 的训练过程相对复杂且不稳定，可能存在模式坍塌（mode collapse）和训练不收敛等问题。为了克服这些问题，研究者提出了许多改进的GAN变体，如条件GAN、WGAN、注意力机制GAN等。

当涉及生成对抗网络的具体应用时，一个常用的案例是生成手写数字图像。本示例基于MNIST数据集，使用生成对抗网络生成手写体数字。

示例5-6：使用生成对抗网络生成手写体数字（源码路径：daima\5\sheng.py）。

我们来看一下示例的实现流程

（1）定义生成器和判别器的网络架构，其中生成器用于生成伪造的图像样本，而判别器则用于判断输入的图像是真实样本还是生成样本。对应的实现代码如下：

```python
# 定义生成器网络架构
class Generator(nn.Module):
    def __init__(self, latent_dim, image_dim):
        super(Generator, self).__init__()
        self.latent_dim = latent_dim
        self.image_dim = image_dim

        self.model = nn.Sequential(
            nn.Linear(self.latent_dim, 256),
            nn.LeakyReLU(0.2),
            nn.Linear(256, 512),
            nn.LeakyReLU(0.2),
            nn.Linear(512, 1024),
            nn.LeakyReLU(0.2),
            nn.Linear(1024, self.image_dim),
            nn.Tanh()
        )

    def forward(self, x):
        return self.model(x)

# 定义判别器网络架构
class Discriminator(nn.Module):
    def __init__(self, image_dim):
        super(Discriminator, self).__init__()
        self.image_dim = image_dim

        self.model = nn.Sequential(
            nn.Linear(self.image_dim, 512),
            nn.LeakyReLU(0.2),
            nn.Linear(512, 256),
            nn.LeakyReLU(0.2),
            nn.Linear(256, 1),
            nn.Sigmoid()
        )

    def forward(self, x):
        return self.model(x)
```

在以上代码中，生成器的输入是一个大小为 latent_dim 的潜在空间向量，它通过一系列的线性和非线性层进行转换和变换。本例中，使用了四个线性层和三个 LeakyReLU 激活函数。最后一层使用了 Tanh 激活函数来输出生成的图像样本。生成器的输出是一个与真实图像样本相同大小的向量，表示生成的图像。

判别器的输入是一个图像样本，它通过一系列的线性和非线性层进行处理。本例中，使用了三个线性层和两个 LeakyReLU 激活函数。最后一层使用了 Sigmoid 激活函数来输出判别结果，表示输入的图像是真实样本的概率。

生成器和判别器这两个网络架构在生成对抗网络中起着关键的作用。通过交替训练生成器和判别器，GAN 可以学习生成更逼真的图像样本，并且判别器可以逐渐提高对生成样本的鉴别能力。

（2）编写训练函数 train() 定义生成对抗网络的训练过程，具体实现流程如下：

① 在函数开头加载 MNIST 数据集，并进行预处理，包括将图像转换为张量以及归一化处理。

② 实例化生成器（generator）和判别器（discriminator），并定义损失函数和优化器。

③ 在训练过程中，通过循环迭代数据加载器中的每个批次。对于每个批次，将真实图像转换为合适的形状，并进行判别器的训练。对于判别器的训练，将判别器的梯度清零，定义真实样本和生成样本的标签（真实样本标签为 1，生成样本标签为 0）。

④ 通过判别器对真实图像进行判别，计算真实图像的损失。生成随机噪声，使用生成器生成假图像，并将其输入判别器，计算假图像的损失。将真实图像和假图像的损失相加，得到判别器的总损失。然后进行反向传播和优化，更新判别器的参数。

⑤ 训练生成器。首先将生成器的梯度清零，重新将生成的图像输入判别器，计算生成器的损失。然后进行反向传播和优化，更新生成器的参数。

⑥ 在训练过程中，每经过一定数量的训练步骤，输出当前的训练进度，包括生成器损失和判别器损失。

⑦ 最后，在每个固定的训练轮次结束时，将生成的图像保存到文件中。

对应的实现代码如下：

```
# 定义训练过程
def train(num_epochs, batch_size, latent_dim, image_dim):
    # 加载MNIST数据集
    transform = transforms.Compose([
        transforms.ToTensor(),
        transforms.Normalize((0.5,), (0.5,))
    ])
    dataset = datasets.MNIST(root='data', train=True, transform=transform, download=True)
    dataloader = torch.utils.data.DataLoader(dataset, batch_size=batch_size, shuffle=True)

    # 实例化生成器和判别器
    generator = Generator(latent_dim, image_dim)
    discriminator = Discriminator(image_dim)

    # 定义损失函数和优化器
    criterion = nn.BCELoss()
    generator_optimizer = optim.Adam(generator.parameters(), lr=0.0002)
```

```python
        discriminator_optimizer = optim.Adam(discriminator.parameters(), lr=0.0002)

    # 开始训练
    for epoch in range(num_epochs):
        for i, (real_images, _) in enumerate(dataloader):
            batch_size = real_images.size(0)
            real_images = real_images.view(batch_size, -1)

            # 训练判别器
            discriminator.zero_grad()
            real_labels = torch.ones(batch_size, 1)
            fake_labels = torch.zeros(batch_size, 1)

            # 判别器对真实图像的判别结果
            real_outputs = discriminator(real_images)
            real_loss = criterion(real_outputs, real_labels)

            # 生成随机噪声
            noise = torch.randn(batch_size, latent_dim)

            # 使用生成器生成假图像
            fake_images = generator(noise)

            # 判别器对假图像的判别结果
            fake_outputs = discriminator(fake_images.detach())
            fake_loss = criterion(fake_outputs, fake_labels)

            # 判别器的总损失
            discriminator_loss = real_loss + fake_loss
            discriminator_loss.backward()
            discriminator_optimizer.step()

            # 训练生成器
            generator.zero_grad()
            # 重新判别生成的图像
            outputs = discriminator(fake_images)
            generator_loss = criterion(outputs, real_labels)
            generator_loss.backward()
            generator_optimizer.step()

            # 输出训练进度
            if (i + 1) % 200 == 0:
                print(f"Epoch[{epoch+1}/{num_epochs}],Step[{i+1}/{len(dataloader)}], "
                      f"Generator Loss: {generator_loss.item():.4f}, "
                      f"Discriminator Loss: {discriminator_loss.item():.4f}")

        # 保存生成的图像
        if (epoch + 1) % 10 == 0:
```

```
                fake_images = fake_images.view(fake_images.size(0), 1, 28, 28)
                save_image(fake_images,f"generated_images/{epoch+1}.png",normalize
=True)

    print("Training finished!")
```

通过以上训练过程，生成对抗网络的生成器和判别器会相互博弈，逐渐提高生成图像的质量和判别能力，直到训练完成。

（3）定义训练生成对抗网络所需参数，并调用训练函数进行训练。具体实现流程如下：

① 定义训练的轮次数（num_epochs）、每个批次的大小（batch_size）、潜在空间向量的维度（latent_dim）和图像的维度（image_dim）。

② 通过导入 os 模块，创建一个名为 generated_images 的文件夹，用于保存生成的图像。如果该文件夹已存在，则不会创建新的文件夹。

③ 调用之前定义的训练函数 train()，传入训练参数进行训练。函数 train()会使用上述参数来加载数据集、实例化生成器和判别器、定义损失函数和优化器，并执行训练过程。对应的实现代码如下：

```
# 定义训练参数
num_epochs = 100
batch_size = 128
latent_dim = 100
image_dim = 28 * 28

# 创建文件夹保存生成的图像
import os
os.makedirs("generated_images", exist_ok=True)

# 开始训练
train(num_epochs, batch_size, latent_dim, image_dim)
```

在训练过程中，生成器和判别器交替训练，最终生成逼真的手写数字图像。生成的图像将保存在文件夹 generated_images 中。当然，也可以根据个人需要调整训练参数和网络架构来获得更好的结果。生成数字测试图部分如图 5-1 所示。

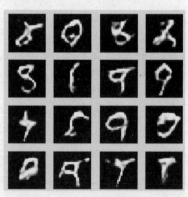

图 5-1　生成的数字测试图

5.4 注意力机制

在认知科学应用中,由于信息处理的瓶颈,人类会选择性地关注所有信息中的一部分,同时忽略其他可见的信息。这种现象通常被称为注意力机制。

5.4.1 注意力机制介绍

人类视网膜不同的部位具有不同程度的信息处理能力,即敏锐度,只有视网膜中央凹部位具有最强的敏锐度。为了合理利用有限的视觉信息处理资源,人类需要选择视觉区域中的特定部分,然后集中关注它。例如,人们在阅读时,通常只有少量要被读取的词会被关注和处理。综上,注意力机制主要有两个方面:

(1)决定需要关注输入的哪部分。
(2)分配有限的信息处理资源给重要的部分。

神经注意力机制可以使得神经网络具备专注于其输入(或特征)子集的能力:选择特定的输入。注意力可以应用于任何类型的输入而不管其形状如何。在计算能力有限情况下,注意力机制是解决信息超载问题的主要手段的一种资源分配方案,将计算资源分配给更重要的任务。

在现实应用中,通常将注意力分为两种:
- 自上而下的有意识的注意力,称为聚焦式注意力。聚焦式注意力是指有预定目的、依赖任务的、主动有意识地聚焦于某一对象的注意力;
- 自下而上的无意识的注意力,称为基于显著性的注意力。基于显著性的注意力是由外界刺激驱动的注意,不需要主动干预,也和任务无关。

如果一个对象的刺激信息不同于其周围信息,一种无意识的"赢者通吃"或者门控机制就可以把注意力转向这个对象。不管这些注意力是有意还是无意,大部分的人脑活动都需要依赖注意力,比如记忆信息,阅读或思考等。

5.4.2 注意力机制的变体

多头注意力是指利用多个查询来平行地计算从输入信息中选取多个信息,每个注意力关注输入信息的不同部分。硬注意力是基于注意力分布的所有输入信息的期望。还有一种注意力是只关注到一个位置上,叫作硬性注意力。

硬性注意力有两种实现方式,一种是选取最高概率的输入信息,另一种可以通过在注意力分布式上随机采样的方式实现。硬性注意力的缺点是基于最大采样或随机采样的方式来选择信息,因此最终的损失函数与注意力分布之间的函数关系不可导,无法使用反向传播算法进行训练。为了使用反向传播算法,一般使用软性注意力来代替硬性注意力。

键值对注意力一般用键值对格式表示输入信息,其中"键"用来计算注意力分布,"值"用来生成选择的信息。

结构化注意力会从输入信息中选取出和任务相关的信息,主动注意力是在所有输入信息上的多项分布,是一种扁平结构。如果输入信息本身具有层次结构,比如文本可以分为词、句子、段落、篇章等不同粒度的层次,我们可以使用层次化的注意力来进行更好的信息选择。此外,还可以假设注意力上下文相关的二项分布,用一种图模型来构建更复杂的结构化注意力分布。

5.4.3 注意力机制解决什么问题

本小节中我们以翻译系统为例来深入理解注意力机制的作用。

传统的翻译系统通常依赖于基于文本统计属性的复杂特征工程,这些工程系统复杂且需要大量工程设计,而神经翻译系统则不同。在神经翻译系统中,一个句子的含义被映射成一个固定长度的向量,然后基于该向量生成翻译。神经翻译系统不依赖 N-gram 等统计特征,而是试图捕捉文本的更高层次含义,这使得它们能够更广泛地应用于新句子。更重要的是,神经翻译系统更容易构建和训练,不需要手动特征工程。

大多数神经翻译系统通过使用循环神经网络将源句子(如德语句子)编码为向量,然后基于该向量来解码目标句子(如英语句子),如图 5-2 所示。

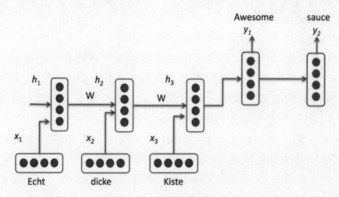

图 5-2 神经翻译系统

在图 5-2 中,单词"Echt""Dicke"和"Kiste"被输入到编码器中,并在特殊信号(未示出)之后,解码器开始生成翻译句子。解码器持续生成单词,直到产生句子结尾的特殊标记。这里,h 向量表示编码器的内部状态。

如果仔细观察,可以看到解码器仅基于编码器最后一个隐藏状态(图 5-2 中的 h_3 向量)生成翻译,该向量必须编码源句子的所有信息。在技术术语中,该向量是一个句子的嵌入。如果使用 PCA 或 t-SNE 将不同句子的嵌入绘制在低维空间中,可以看到语义上相似的短语彼此接近。

然而,假设可以将所有长句子的潜在信息编码成单一向量,并使解码器仅通过这个向量生成良好的翻译,似乎不太合理。假设源句有 50 个词,英文翻译的第一个词可能与源句的第一个词高度相关,但这意味着解码器必须记住 50 个步骤前的信息,并以向量编码。然而,循环神经网络在处理远程依赖性方面存在问题。

而研究发现,反转源序列(向后馈送到编码器)会产生更好的结果,因为它缩短了解码器到编码器相关部分的路径。同样,两次输入序列也有助于网络更好地记住内容。这种颠倒句子的做法在实践中有效,但不是一个原则性的解决方案。大多数翻译基准都是用法语和德语完成的,这些语言与英语非常相似。但是有些语言(如日语),一个句子的最后一个单词可以高度预测英语翻译中的第一个单词。在这种情况下,反转输入会使事情变得更糟。那么,有什么解决办法呢?那就是使用注意力机制。

通过使用注意力机制,我们不再尝试将完整的源句子编码为固定长度的向量。相反,解码器在输出生成的每个步骤都可以"关注"源句子的不同部分。重要的是，我们让模型基于输入句子以及迄今为止所生成的内容，学习要注意的内容。因此，在语言结构较为相似的情况下（如英语和德语），解码器可能会按顺序选择相关内容。在生成第一个英文单词时，关注源句的第一个单词，依此类推。这通过联合学习来实现，如图 5-3 所示。

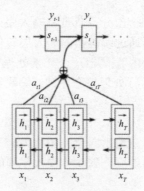

图 5-3　使用注意机制

在图 5-3 中，y 是解码器生成的翻译词，x 是源句。图 5-3 使用了双向循环网络，但这并不重要，我们可以忽略反向部分。重要的是每个解码器输出词 y_t 现在取决于所有输入状态的加权组合，而不仅仅是最后一个状态。a 的权重定义了每个输出词应考虑每个输入状态的程度。因此，如果 $a\_{3,2}$ 是一个大数字，意味着解码器在生成目标句子的第三个词时，对源句的第二个状态给予了很大的关注。a 通常被归一化为总和为 1（因此它们是输入状态的分布）。

另外，使用注意力机制的另一个优势是能够解释和可视化模型的行为。例如，通过在翻译句子时可视化注意力矩阵 a，我们可以了解模型如何进行翻译。

5.5　序列到序列模型

序列到序列（Sequence-to-Sequence，Seq2Seq）模型是一种深度学习模型，特别适合处理序列数据，如自然语言文本、图像标注、语音识别等任务。Seq2Seq 模型由编码器和解码器两个主要部分组成，它的核心思想是将输入序列映射成一个固定长度的向量表示，然后将这个向量用于生成输出序列。

5.5.1　Seq2Seq 模型介绍

Seq2Seq 模型的基本原理和应用领域如下：

Seq2Seq 模型在自然语言处理领域有广泛的应用，包括机器翻译、文本摘要、对话生成、语音识别和问答系统等。它还可用于图像标注，其中输入是图像，输出是描述图像内容的文本。

Seq2Seq 模型还可以扩展为更高级的变种（如注意力机制），以更好地处理长序列和对不同部分的输入赋予不同的重要性。Transformer 模型便是 Seq2Seq 的一个扩展，引入了自注意力机制，被广泛用于各种 NLP 任务。

Seq2Seq 模型的强大之处在于它的通用性和适用性，可以应用于多种序列生成任务，使其成为自然语言处理和其多个领域中的核心技术之一。

5.5.2　Seq2Seq 编码器—解码器结构

Seq2Seq 编码器—解码器结构，包括编码器和解码器两个主要组件。它在自然语言处理任务中非常有用。我们来详细了解一下。

（1）编码器

编码器是 Seq2Seq 模型的第一个部分，负责将输入序列编码成一个上下文向量。输入序列中的每个元素（如单词或字符）通过编码器的嵌入层转化为连续的词嵌入向量。编码器通常由 RNN 或 Transformer 构成。RNN 编码器逐个元素处理序列，并在每个时间步生成一个隐藏状态。Transformer 编码器可以并行处理整个序列。编码器的最终隐藏状态或输出向量用于包含输入序列信息的上下文表示。

（2）上下文向量

编码器的输出（最终隐藏状态或输出向量）被称为上下文向量，其中包含了输入序列的信息。上下文向量通常具有固定的维度，独立于输入序列的长度。

（3）解码器

解码器是 Seq2Seq 模型的第二个部分，接受上下文向量和目标序列（例如目标语言句子的开始标记）作为输入，生成输出序列。解码器同样可以采用 RNN 或 Transformer 结构，它在生成过程中逐个元素（如单词）地生成目标序列。在解码初始时，解码器接收上下文向量和特殊的开始标记作为输入，然后生成第一个输出标记。生成的标记可以用作下一个时间步的输入，直到生成结束标记或达到最大长度。

（4）训练

在训练时，Seq2Seq 模型使用成对的输入序列和目标序列来进行监督学习。损失函数通常是输出序列标记的交叉熵损失。模型的参数通过梯度下降法进行优化，以最小化损失函数。

（5）推理

在推理过程中，给定一个新的输入序列，编码器生成上下文向量，然后解码器逐步生成输出序列。

5.5.3　使用 Seq2Seq 模型实现翻译系统

训练完本示例模型后，能够将输入的法语翻译成英语，翻译效果如下：

```
[KEY: > input, = target, < output]

> il est en train de peindre un tableau .
= he is painting a picture .
< he is painting a picture .

> pourquoi ne pas essayer ce vin delicieux ?
= why not try that delicious wine ?
< why not try that delicious wine ?

> elle n est pas poete mais romanciere .
= she is not a poet but a novelist .
< she not not a poet but a novelist .
```

```
> vous etes trop maigre .
= you re too skinny .
< you re all alone .
```

在本项目中，通过序列到序列模型简单但强大的构想，使 AI 翻译系统成为可能，其中两个循环神经网络协同工作，将一个序列转换为另一个序列。编码器网络将输入序列压缩为一个向量，而解码器网络将该向量展开为一个新序列，如图 5-4 所示。

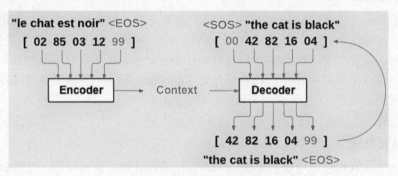

图 5-4　展开为一个新序列

为了改进 Seq2Seq 模型，本项目将使用注意力机制使解码器学会专注于输入序列的特定范围。

1. 使用注意力机制改良 Seq2Seq 模型

使用注意力机制改良 Seq2Seq 模型的主要目的是解决在处理长序列时信息丢失和模型性能下降的问题。注意力机制通过在解码器中引入一种机制，使其能够动态地关注输入序列的不同部分，从而更好地捕捉输入序列中的重要信息。

注意力机制通过在解码器的每个时间步引入一组注意力权重，使得解码器可以根据输入序列中的不同部分赋予不同的注意力。具体而言，对于解码器的每个时间步，注意力机制计算一个注意力权重向量，用于指示编码器输出的哪些部分在当前时间步最重要。然后，解码器根据这些注意力权重对编码器输出进行加权求和，以获得一个动态的上下文表示，用于生成当前时间步的输出。

注意力机制可以视为解码器对编码器输出进行自适应的加权汇聚，它使得模型能够更好地关注输入序列的相关部分，更准确地对输入和输出序列之间的对应关系建模。通过引入注意力机制，Seq2Seq 模型能够处理更长的序列，提高模型的表达能力和翻译质量。

对 Seq2Seq 模型的改良主要集中在注意力机制的改进上，包括以下几种常见的改良方法：

- 改进注意力计算方式：传统的注意力机制通常使用点积、加性或双线性等方式计算注意力权重。改进方法包括使用更复杂的注意力计算函数，如多头注意力、自注意力（Self-Attention）等，以提高模型的表达能力和学习能力。
- 上下文向量的使用：除了简单的加权求和，还可以引入上下文向量来更好地捕捉输入序列的信息。上下文向量可以是编码器输出的加权平均值、注意力加权或其他更复杂的汇聚方式，以给解码器提供更丰富的上下文信息。
- 局部注意力和多步注意力：为了处理长序列，可以引入局部注意力机制，使解码器只关注输入序列的局部区域。此外，多步注意力机制可以在解码器的多个时间步上使用注意力，从而允许解码器更多次地与输入序列交互，增强模型的建模能力。

- 注意力机制的层级结构：注意力机制可以嵌套在多个层级上，例如在编码器和解码器的多个子层之间引入注意力连接，或者在多层编码器和解码器之间引入层级注意力。这样可以使模型更好地捕捉不同层级之间的语义关系。

这些改良方法的目标是提高 Seq2Seq 模型在处理长序列、建模复杂关系和提高翻译质量方面的能力，使其更适用于实际应用中的序列生成任务。

2．准备数据集

本实例的实现文件是 fanyi.py，在开始之前需要先准备数据集。本实例使用的数据是英语到法语翻译对的集合，可以从 https://tatoeba.org/eng/downloads 下载。该数据集文件非常大，为了节省资源，读者也可以在 https://www.manythings.org/anki/下载精简版的数据集。在运行本程序之前，请先将数据集文件下载并保存为"data/eng-fra.txt"，该文件的内容是制表符分隔的翻译对列表，如下：

```
I am cold.    J'ai froid.
```

3．数据预处理

在本实例中，数据预处理极为重要，主要包括编码转换、编码处理、文件拆分、数据裁剪以及最后的数据准备等几个步骤。

（1）编码转换

将一种语言中的每个单词表示为一个单向向量，即在单词的索引位置上为1，其余位置为0。与一种语言中的数十个字符相比，其单词的数量要多得多，因此这种编码方式的向量会更大。但是，我们可以通过整理数据使每种语言仅使用几千个常见单词，如图5-5所示。

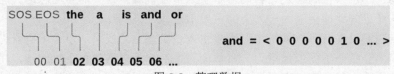

图 5-5　整理数据

需要为每个单词设置一个唯一的索引，以便将其用作神经网络的输入和目标。为此，我们将使用一个名为 Lang 的辅助类，用于管理语言相关的字典和计数。该类包含以下参数：

- word2index：用于将单词映射到索引的字典。
- index2word：用于将索引映射到单词的字典。
- word2count：记录每个单词出现次数的字典，用于以后替换稀有词。

接下来开始编写类 Lang。构建一个语言对象来存储语言的相关信息，包括单词到索引的映射、单词的计数和索引到单词的映射。通过 addSentence 方法可以将句子中的单词添加到语言对象中，以便后续使用。这样的语言对象常用于数据预处理和特征表示。对应的实现代码如下：

```
class Lang:
    def __init__(self, name):
        self.name = name
        self.word2index = {}
        self.word2count = {}
        self.index2word = {0: "SOS", 1: "EOS"}
        self.n_words = 2  # Count SOS and EOS
```

```python
    def addSentence(self, sentence):
        for word in sentence.split(' '):
            self.addWord(word)

    def addWord(self, word):
        if word not in self.word2index:
            self.word2index[word] = self.n_words
            self.word2count[word] = 1
            self.index2word[self.n_words] = word
            self.n_words += 1
        else:
            self.word2count[word] += 1
```

（2）编码处理

为了简化起见，将文件中的 Unicode 字符转换为 ASCII 字符，将所有内容都转换为小写，并修剪大多数标点符号。将文本数据进行预处理，使其符合特定的格式要求。常见的预处理操作包括转换为小写、去除非字母字符、标点符号处理等，以便于后续的文本分析和建模任务。这些预处理函数常用于自然语言处理领域中的文本数据清洗和特征提取过程。对应的实现代码如下：

```python
def unicodeToAscii(s):
    return ''.join(
        c for c in unicodedata.normalize('NFD', s)
        if unicodedata.category(c) != 'Mn'
    )

# Lowercase, trim, and remove non-letter characters
def normalizeString(s):
    s = unicodeToAscii(s.lower().strip())
    s = re.sub(r"([.!?])", r" \1", s)
    s = re.sub(r"[^a-zA-Z.!?]+", r" ", s)
    return s
```

上述代码定义了unicodeToAscii()和normalizeString()两个函数，主要用于文本数据的预处理。下面是对两个函数的简单解释：

- unicodeToAscii(s)：该函数将 Unicode 字符串转换为 ASCII 字符串。它使用 unicodedata.normalize()函数将字符串中的 Unicode 字符标准化为分解形式，然后通过列表推导式遍历字符串中的每个字符 c，并筛选出满足条件 unicodedata.category(c) != 'Mn'的字符（即不属于 Mark、nonspacing 类别的字符）。最后，使用 join 方法将字符列表拼接成字符串并返回。
- normalizeString(s)：该函数对字符串进行规范化处理，包括转换为小写、去除首尾空格，并移除非字母字符。

（3）文件拆分

编写函数 readLangs(lang1, lang2, reverse=False)，用于读取并处理文本数据，并将其分割为一对一对的语言句子对。每一对句子都经过了规范化处理，以便后续的文本处理和分析任务。如果指定了 reverse=True，还会反转语言对的顺序。最后，返回两种语言的语言对象和句子对列表。该函数在机器翻译等序列到序列任务中常用于数据准备阶段。对应的实现代码如下：

```
def readLangs(lang1, lang2, reverse=False):
    print("Reading lines...")

    lines = open('data/%s-%s.txt' % (lang1, lang2), encoding='utf-8').read().strip().split('\n')
    pairs = [[normalizeString(s) for s in l.split('\t')] for l in lines]
    if reverse:
        pairs = [list(reversed(p)) for p in pairs]
        input_lang = Lang(lang2)
        output_lang = Lang(lang1)
    else:
        input_lang = Lang(lang1)
        output_lang = Lang(lang2)

    return input_lang, output_lang, pairs
```

（4）数据裁剪

由于本实例使用的数据文件中的句子有很多，如果全部使用并不现实。本实例中，我们想快速训练一些数据，因此将数据集修剪为仅相对简短的句子。在这里，设置最大长度为10个字（包括结尾的标点符号），过滤翻译成"我是"或"他是"等形式的句子。对应的实现代码如下：

```
MAX_LENGTH = 10

eng_prefixes = (
    "i am ", "i m ",
    "he is", "he s ",
    "she is", "she s ",
    "you are", "you re ",
    "we are", "we re ",
    "they are", "they re "
)

def filterPair(p):
    return len(p[0].split(' ')) < MAX_LENGTH and \
        len(p[1].split(' ')) < MAX_LENGTH and \
        p[1].startswith(eng_prefixes)

def filterPairs(pairs):
    return [pair for pair in pairs if filterPair(pair)]
```

（5）准备数据

准备数据的完整过程是首先读取文本文件并拆分为行，将行拆分为偶对；然后规范文本，按长度和内容过滤；最后成对建立句子中的单词列表。对应的实现代码如下：

```
def prepareData(lang1, lang2, reverse=False):
    input_lang, output_lang, pairs = readLangs(lang1, lang2, reverse)
    print("Read %s sentence pairs" % len(pairs))
    pairs = filterPairs(pairs)
    print("Trimmed to %s sentence pairs" % len(pairs))
    print("Counting words...")
```

```
    for pair in pairs:
        input_lang.addSentence(pair[0])
        output_lang.addSentence(pair[1])
    print("Counted words:")
    print(input_lang.name, input_lang.n_words)
    print(output_lang.name, output_lang.n_words)
    return input_lang, output_lang, pairs

input_lang, output_lang, pairs = prepareData('eng', 'fra', True)
print(random.choice(pairs))
```

执行后会输出：

```
Reading lines...
Read 135842 sentence pairs
Trimmed to 10599 sentence pairs
Counting words...
Counted words:
fra 4345
eng 2803
['il a l habitude des ordinateurs .', 'he is familiar with computers .']
```

RNN 是在序列上运行并将其自身的输出用作后续步骤的输入的网络。Seq2Seq 网络或编码器—解码器网络是一种由两个 RNN 组成的模型，分别称为编码器和解码器。编码器读取输入序列并输出单个向量，而解码器读取该向量以产生输出序列。如图 5-6 所示。

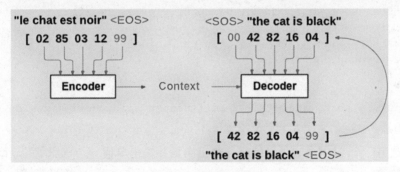

图 5-6　Seq2Seq 结构

与使用单个 RNN 进行序列预测（每个输入对应一个输出）不同，Seq2Seq 模型让我们摆脱了序列长度和顺序的限制，这使其非常适合两种语言之间的翻译。考虑一下下面句子的翻译过程：

```
Je ne suis pas le chat noir -> I am not the black cat
```

在输入句子中的大多数单词在输出句子中可以直接翻译，但是顺序略有不同，例如 chat noir 和 black cat。由于采用 ne/pas 结构，因此在输入句子中还有一个单词。直接从输入单词的序列中产生正确的翻译将是困难的。通过使用 Seq2Seq 模型，在编码器中创建单个向量，在理想情况下，该向量将输入序列的"含义"编码为单个向量——在句子的 N 维空间中的单个点。

4. 编码器

Seq2Seq 模型的编码器是 RNN，它为输入句子中的每个单词输出一些值。对于每个输入字，编码器输出一个向量和一个隐藏状态，并将隐藏状态用于下一个输入字。编码过程如图 5-7 所示。

编写类 EncoderRNN，它是一个 RNN 的编码器。这个类定义了编码器的结构和前向传播逻辑。编码器使用嵌入层将输入序列中的单词索引映射为密集向量表示，并将其作为 GRU 层的输入。GRU 层负责对输入序列进行编码，生成输出序列和隐藏状态。编码器的输出可以用作解码器的输入，

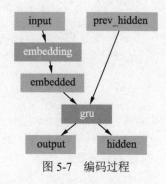

图 5-7　编码过程

用于进行序列到序列的任务，例如机器翻译。函数 initHidden()用于初始化隐藏状态张量，作为编码器的初始隐藏状态。对应的实现代码如下：

```
class EncoderRNN(nn.Module):
    def __init__(self, input_size, hidden_size):
        super(EncoderRNN, self).__init__()
        self.hidden_size = hidden_size

        self.embedding = nn.Embedding(input_size, hidden_size)
        self.gru = nn.GRU(hidden_size, hidden_size)

    def forward(self, input, hidden):
        embedded = self.embedding(input).view(1, 1, -1)
        output = embedded
        output, hidden = self.gru(output, hidden)
        return output, hidden

    def initHidden(self):
        return torch.zeros(1, 1, self.hidden_size, device=device)
```

5. 解码器

解码器是另一个 RNN，它采用编码器输出向量并输出单词序列来创建翻译。

（1）简单解码器

在最简单的 Seq2Seq 解码器中，仅使用其最后一个输出，也就是上下文向量，因为它从整个序列中编码上下文。该上下文向量用作解码器的初始隐藏状态。在解码的每个步骤中，为解码器提供输入标记和隐藏状态。初始输入标记是字符串开始 <SOS> 标记，第一个隐藏状态是上下文向量（编码器的最后一个隐藏状态）。如图 5-8 所示。

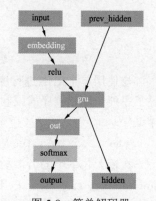

图 5-8　简单解码器

定义类 DecoderRNN()，这是一个 RNN 的解码器。这个类定义了解码器的结构和前向传播逻辑。解码器使用嵌入层将输出序列中的单词索引映射为密集向量表示，并将其作为 GRU 层的输入。GRU 层负责对输入序列进行解码，生成输出序列和隐藏状态。解码器的输出通过线性层进行映射，然后经过 softmax 层进行概率归一化，得

到最终的输出概率分布。initHidden 方法用于初始化隐藏状态张量，作为解码器的初始隐藏状态。对应的实现代码如下：

```
class DecoderRNN(nn.Module):
    def __init__(self, hidden_size, output_size):
        super(DecoderRNN, self).__init__()
        self.hidden_size = hidden_size

        self.embedding = nn.Embedding(output_size, hidden_size)
        self.gru = nn.GRU(hidden_size, hidden_size)
        self.out = nn.Linear(hidden_size, output_size)
        self.softmax = nn.LogSoftmax(dim=1)

    def forward(self, input, hidden):
        output = self.embedding(input).view(1, 1, -1)
        output = F.relu(output)
        output, hidden = self.gru(output, hidden)
        output = self.softmax(self.out(output[0]))
        return output, hidden

    def initHidden(self):
        return torch.zeros(1, 1, self.hidden_size, device=device)
```

（2）注意力解码器

如果仅有上下文向量在编码器和解码器之间传递，则该单个向量承担了对整个句子进行编码的负担。通过使用注意力机制，解码器网络可以在解码的每一步"关注"编码器输出的不同部分。首先，计算一组注意力权重，将这些权重与编码器输出向量相乘以创建加权组合。结果（在代码中称为 attn_applied）应包含有关输入序列特定部分的信息，从而帮助解码器选择正确的输出字。如图 5-9 所示。

另一个前馈层 attn 使用解码器的输入和隐藏状态作为输入来计算注意力权重。由于训练数据中包含各种长度大小的句子，因此要实际创建和训练该层，我们必须选择可以应用的最大句子长度（输入长度，用于编码器输出）。最大长度的句子将使用所有注意权重，而较短的句子将仅使用前几个。如图 5-10 所示。

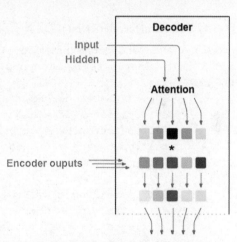

图 5-9　使用了注意力机制的解码器

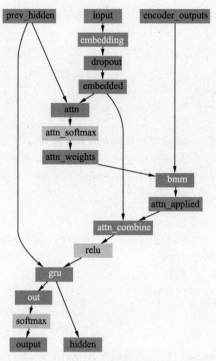

图 5-10 前馈层 attn

编写类 AttnDecoderRNN() 实现具有注意力机制的解码器，对应的实现代码如下：

```
class AttnDecoderRNN(nn.Module):
    def __init__(self, hidden_size, output_size, dropout_p=0.1, max_length=MAX_LENGTH):
        super(AttnDecoderRNN, self).__init__()
        self.hidden_size = hidden_size
        self.output_size = output_size
        self.dropout_p = dropout_p
        self.max_length = max_length

        self.embedding = nn.Embedding(self.output_size, self.hidden_size)
        self.attn = nn.Linear(self.hidden_size * 2, self.max_length)
        self.attn_combine = nn.Linear(self.hidden_size * 2, self.hidden_size)
        self.dropout = nn.Dropout(self.dropout_p)
        self.gru = nn.GRU(self.hidden_size, self.hidden_size)
        self.out = nn.Linear(self.hidden_size, self.output_size)

    def forward(self, input, hidden, encoder_outputs):
        embedded = self.embedding(input).view(1, 1, -1)
        embedded = self.dropout(embedded)

        attn_weights = F.softmax(
            self.attn(torch.cat((embedded[0], hidden[0]), 1)), dim=1)
        attn_applied = torch.bmm(attn_weights.unsqueeze(0),
                                 encoder_outputs.unsqueeze(0))
```

```python
        output = torch.cat((embedded[0], attn_applied[0]), 1)
        output = self.attn_combine(output).unsqueeze(0)

        output = F.relu(output)
        output, hidden = self.gru(output, hidden)

        output = F.log_softmax(self.out(output[0]), dim=1)
        return output, hidden, attn_weights

    def initHidden(self):
        return torch.zeros(1, 1, self.hidden_size, device=device)
```

对类参数的具体说明如下：
- hidden_size：隐藏状态的维度大小。
- output_size：输出的词汇表大小（即词汇表中的单词数量）。
- dropout_p：dropout 概率，用于控制在训练过程中的随机失活。
- max_length：输入序列的最大长度。

对方法 __init__ ()的具体说明如下：
① 初始化函数，用于创建并初始化 AttnDecoderRNN 类的实例。
② 调用父类的初始化方法 super(AttnDecoderRNN, self).__init__()。
③ 将 hidden_size、output_size、dropout_p 和 max_length 存储为实例属性。
④ 创建一个嵌入层（Embedding layer），用于将输出的单词索引映射为密集向量表示。该嵌入层的输入大小为 output_size，输出大小为 hidden_size。
⑤ 创建一个线性层 attn，用于计算注意力权重。该线性层将输入的两个向量拼接起来，然后通过一个线性变换得到注意力权重的分布。
⑥ 创建一个线性层 attn_combine，用于将嵌入的输入和注意力机制应用的上下文向量进行结合，以生成解码器的输入。
⑦ 创建一个 dropout 层，用于在训练过程中进行随机失活。
⑧ 创建一个GRU层，用于处理输入序列。该GRU层的输入和隐藏状态的大小都为 hidden_size。
⑨ 创建一个全连接线性层，用于将 GRU 层的输出映射到输出大小 output_size。

对方法 forward ()的具体说明如下：
① 前向传播函数，用于对输入进行解码并生成输出、隐藏状态和注意力权重。
② 接受输入张量input、隐藏状态张量hidden和编码器的输出张量encoder_outputs作为输入。
③ 将输入张量通过嵌入层进行词嵌入，然后进行随机失活处理。
④ 将嵌入后的张量与隐藏状态张量拼接起来，并通过线性层attn计算注意力权重的分布。
⑤ 使用注意力权重将编码器的输出进行加权求和，得到注意力应用的上下文向量。
⑥ 将嵌入的输入和注意力应用的上下文向量拼接起来，并通过线性层 attn_combine 进行结合，得到解码器的输入。
⑦ 将解码器的输入通过激活函数ReLU进行非线性变换。
⑧ 将变换后的张量作为输入传递给 GRU 层，得到输出和更新后的隐藏状态。
⑨ 将GRU的输出通过线性层out进行映射，并通过LogSoftmax函数计算输出的概率分布。

⑩ 返回输出、隐藏状态和注意力权重。

对 initHidden()方法的具体说明如下：

① 用于初始化隐藏状态张量，作为解码器的初始隐藏状态。

② 返回一个大小为 (1, 1, hidden_size) 的全零张量，其中 hidden_size 是隐藏状态的维度大小。

6. 训练模型

训练模型阶段主要包括准备训练数据、开始训练模型、显示训练耗费的时间、循环训练、绘制结果等步骤，我们逐个了解一下。

（1）准备训练数据

为了训练模型，对于每一对序列，我们将需要一个输入张量（输入句子中单词的索引）和目标张量（目标句子中单词的索引）。在创建这些向量时，会将 EOS 标记附加到两个序列上。首先定义一些用于处理文本数据的辅助函数，用于将句子转换为索引张量和生成数据对的张量。对应的实现代码如下：

```
def indexesFromSentence(lang, sentence):
    return [lang.word2index[word] for word in sentence.split(' ')]

def tensorFromSentence(lang, sentence):
    indexes = indexesFromSentence(lang, sentence)
    indexes.append(EOS_token)
    return torch.tensor(indexes, dtype=torch.long, device=device).view(-1, 1)

def tensorsFromPair(pair):
    input_tensor = tensorFromSentence(input_lang, pair[0])
    target_tensor = tensorFromSentence(output_lang, pair[1])
    return (input_tensor, target_tensor)
```

（2）开始训练模型

为了训练模型，通过编码器运行输入语句，并跟踪每个输出和最新的隐藏状态。然后，为解码器提供<SOS>标记作为其第一个输入，为编码器提供最后的隐藏状态作为其第一个隐藏状态。教师强制（teacher_forcing_ratio）的概念是使用实际目标输出作为每下一个输入，而不是使用解码器的猜测作为下一个输入。使用教师强制会导致其收敛更快，但是当使用受过训练的网络时，可能会显示不稳定。

我们可以观察到，虽然使用"教师强制"的网络模型的输出已经具备了连贯的语法，但有时会偏离正确的翻译。直观上看，这表明网络模型已经学会了生成符合语法的输出，并且在"教师"提供初始几个单词后能够"理解"句子的含义。然而，它还没有完全掌握如何独立地从翻译中构建句子。由于 PyTorch 中 Autograd 的存在，可以通过简单的 if 语句灵活选择是否使用"教师强制"，并通过调高 teacher_forcing_ratio 来增加"教师强制"的使用。

编写训练函数 train()训练 Seq2Seq 模型，对应的实现代码如下：

```
teacher_forcing_ratio = 0.5


def train(input_tensor, target_tensor, encoder, decoder, encoder_optimizer,
decoder_optimizer, criterion, max_length=MAX_LENGTH):
    encoder_hidden = encoder.initHidden()
```

```python
        encoder_optimizer.zero_grad()
        decoder_optimizer.zero_grad()

        input_length = input_tensor.size(0)
        target_length = target_tensor.size(0)

        encoder_outputs = torch.zeros(max_length, encoder.hidden_size, device=device)

        loss = 0

        for ei in range(input_length):
            encoder_output, encoder_hidden = encoder(
                input_tensor[ei], encoder_hidden)
            encoder_outputs[ei] = encoder_output[0, 0]

        decoder_input = torch.tensor([[SOS_token]], device=device)

        decoder_hidden = encoder_hidden

        use_teacher_forcing = True if random.random() < teacher_forcing_ratio else False

        if use_teacher_forcing:
            # Teacher forcing: Feed the target as the next input
            for di in range(target_length):
                decoder_output, decoder_hidden, decoder_attention = decoder(
                    decoder_input, decoder_hidden, encoder_outputs)
                loss += criterion(decoder_output, target_tensor[di])
                decoder_input = target_tensor[di]  # Teacher forcing

        else:
            # Without teacher forcing: use its own predictions as the next input
            for di in range(target_length):
                decoder_output, decoder_hidden, decoder_attention = decoder(
                    decoder_input, decoder_hidden, encoder_outputs)
                topv, topi = decoder_output.topk(1)
                decoder_input = topi.squeeze().detach()  # detach from history as input

                loss += criterion(decoder_output, target_tensor[di])
                if decoder_input.item() == EOS_token:
                    break

        loss.backward()

        encoder_optimizer.step()
        decoder_optimizer.step()

        return loss.item() / target_length
```

对上述代码的具体说明如下：

① teacher_forcing_ratio：表示使用 teacher forcing 的概率。当随机数小于该概率时，将使用教师强制，即将目标作为解码器的下一个输入；否则，将使用模型自身的预测结果作为输入。

② train()函数的参数包括输入张量（input_tensor）、目标张量（target_tensor），以及模型的编码器（encoder）、解码器（decoder）、优化器（encoder_optimizer 和 decoder_optimizer）、损失函数（criterion）等。

③ 对编码器的隐藏状态进行初始化，并将编码器和解码器的梯度归零。

④ 获取输入张量的长度（input_length）和目标张量的长度（target_length）。

⑤ 创建一个形状为 max_length, encoder.hidden_size 的全零张量 encoder_outputs，用于存储编码器的输出。

⑥ 使用一个循环将输入张量逐步输入编码器，获取编码器的输出和隐藏状态，并将输出存储在 encoder_outputs 中。

⑦ 初始化解码器的输入为起始标记（SOS_token）的张量。

⑧ 将解码器的隐藏状态初始化为编码器的最终隐藏状态。

⑨ 判断是否使用教师强制。如果使用教师强制，将循环遍历目标张量，每次将解码器的输出作为下一个输入，计算损失并累加到总损失（loss）中。

⑩ 如果不使用教师强制，则循环遍历目标张量，并使用解码器的输出作为下一个输入。在每次迭代中，计算解码器的输出、隐藏状态和注意力权重，将损失累加到总损失中。如果解码器的输出为结束标记（EOS_token），则停止迭代。

⑪ 完成迭代后，进行反向传播，更新编码器和解码器的参数。

⑫ 返回平均损失（loss.item() / target_length）。

（3）显示训练耗费时间

编写如下所示的功能函数，用于在给定当前时间和进度的情况下打印经过的时间和估计剩余的时间，对应的实现代码如下：

```
import time
import math
def asMinutes(s):
    m = math.floor(s / 60)
    s -= m * 60
    return '%dm %ds' % (m, s)
def timeSince(since, percent):
    now = time.time()
    s = now - since
    es = s / (percent)
    rs = es - s
    return '%s (- %s)' % (asMinutes(s), asMinutes(rs))
```

（4）循环训练

多次调用训练函数train()，并偶尔打印进度（示例的百分比、到目前为止的时间、估计的时间）和平均损失。定义循环训练函数trainIters()，用于迭代Encoder-Decoder模型。该函数的作用是对训练数据进行多次迭代，调用train()函数进行单次训练，并记录和打印损失信息。同时，通过指定的间隔将损失值进行平均，并可选择性地绘制损失曲线。对应的实现

代码如下:

```python
def trainIters(encoder, decoder, n_iters, print_every=1000, plot_every=100,
learning_rate=0.01):
    start = time.time()
    plot_losses = []
    print_loss_total = 0  # Reset every print_every
    plot_loss_total = 0  # Reset every plot_every

    encoder_optimizer = optim.SGD(encoder.parameters(), lr=learning_rate)
    decoder_optimizer = optim.SGD(decoder.parameters(), lr=learning_rate)
    training_pairs = [tensorsFromPair(random.choice(pairs))
                      for i in range(n_iters)]
    criterion = nn.NLLLoss()

    for iter in range(1, n_iters + 1):
        training_pair = training_pairs[iter - 1]
        input_tensor = training_pair[0]
        target_tensor = training_pair[1]

        loss = train(input_tensor, target_tensor, encoder,
                    decoder, encoder_optimizer, decoder_optimizer, criterion)
        print_loss_total += loss
        plot_loss_total += loss

        if iter % print_every == 0:
            print_loss_avg = print_loss_total / print_every
            print_loss_total = 0
            print('%s (%d %d%%) %.4f' % (timeSince(start, iter / n_iters),
                                        iter, iter / n_iters * 100, print_loss
_avg))

        if iter % plot_every == 0:
            plot_loss_avg = plot_loss_total / plot_every
            plot_losses.append(plot_loss_avg)
            plot_loss_total = 0

    showPlot(plot_losses)
```

(5)绘制结果

定义绘图函数showPlot(),该函数的作用是绘制损失曲线图,将损失值在x轴上按索引进行绘制,y轴上绘制对应的损失值。刻度间隔设置为0.2,以便更清晰地观察损失曲线的变化。对应的实现代码如下:

```python
import matplotlib.pyplot as plt
plt.switch_backend('agg')
import matplotlib.ticker as ticker
import numpy as np

def showPlot(points):
    plt.figure()
```

```
    fig, ax = plt.subplots()
    # this locator puts ticks at regular intervals
    loc = ticker.MultipleLocator(base=0.2)
    ax.yaxis.set_major_locator(loc)
    plt.plot(points)
```

7. 模型评估

模型的评估与模型训练的过程基本相同，但是没有目标，因此只需将解码器的预测反馈给每一步。每当它预测一个单词时，都会将其添加到输出字符串中，如果它预测到 EOS 标记，则在此处停止。编写函数 evaluate()实现模型评估功能，使用训练好的编码器和解码器对输入的句子进行解码，并生成对应的输出词语序列和注意力权重。注意力权重可用于可视化解码过程中的注意力集中情况。对应的实现代码如下：

```
def evaluate(encoder, decoder, sentence, max_length=MAX_LENGTH):
    with torch.no_grad():
        input_tensor = tensorFromSentence(input_lang, sentence)
        input_length = input_tensor.size()[0]
        encoder_hidden = encoder.initHidden()

        encoder_outputs = torch.zeros(max_length, encoder.hidden_size, device=device)

        for ei in range(input_length):
            encoder_output, encoder_hidden = encoder(input_tensor[ei],
                                                     encoder_hidden)
            encoder_outputs[ei] += encoder_output[0, 0]

        decoder_input = torch.tensor([[SOS_token]], device=device)  # SOS

        decoder_hidden = encoder_hidden

        decoded_words = []
        decoder_attentions = torch.zeros(max_length, max_length)

        for di in range(max_length):
            decoder_output, decoder_hidden, decoder_attention = decoder(
                decoder_input, decoder_hidden, encoder_outputs)
            decoder_attentions[di] = decoder_attention.data
            topv, topi = decoder_output.data.topk(1)
            if topi.item() == EOS_token:
                decoded_words.append('<EOS>')
                break
            else:
                decoded_words.append(output_lang.index2word[topi.item()])

            decoder_input = topi.squeeze().detach()

        return decoded_words, decoder_attentions[:di + 1]
```

编写函数 evaluateRandomly()实现随机评估功能，我们可以从训练集中评估随机句子，并打印输入、目标和输出，以做出对应的主观质量判断。对应的实现代码如下：

```
def evaluateRandomly(encoder, decoder, n=10):
    for i in range(n):
        pair = random.choice(pairs)
        print('>', pair[0])
        print('=', pair[1])
        output_words, attentions = evaluate(encoder, decoder, pair[0])
        output_sentence = ' '.join(output_words)
        print('<', output_sentence)
        print('')
```

8. 训练和评估

有了前面介绍的功能函数，现在可以进行初始化网络并开始训练工作。请记住，输入语句已被大量过滤。对于这个小的数据集，可以使用具有256个隐藏节点和单个GRU层的相对较小的网络。在笔者的MacBook CPU上运行约40分钟后，我们会得到一些合理的结果。编写如下代码创建一个编码器和一个带注意力机制的解码器，并调用函数trainIters()进行训练。在训练过程中，函数trainIters()会迭代执行训练步骤，更新编码器和解码器的参数，计算损失并输出训练进度。在每个打印间隔（print_every）会输出当前训练的时间、完成的迭代次数百分比和平均损失。对应的实现代码如下：

```
hidden_size = 256
encoder1 = EncoderRNN(input_lang.n_words, hidden_size).to(device)
attn_decoder1 = AttnDecoderRNN(hidden_size, output_lang.n_words, dropout_p=0.1).to(device)

trainIters(encoder1, attn_decoder1, 75000, print_every=5000)
```

上述代码用于训练模型，执行后开始训练。即使中断了内核，仍然可以评估模型的性能，并在以后继续训练。注释掉编码器和解码器已初始化的行，然后再次运行 trainIters()函数。执行上述代码后，会输出如下训练进度的日志信息，并在训练完成后绘制损失函数随迭代次数变化的折线图，如图5-11所示。

```
2m 6s (- 29m 28s) (5000 6%) 2.8538
4m 7s (- 26m 49s) (10000 13%) 2.3035
6m 10s (- 24m 40s) (15000 20%) 1.9812
8m 13s (- 22m 37s) (20000 26%) 1.7083
10m 15s (- 20m 31s) (25000 33%) 1.5199
12m 17s (- 18m 26s) (30000 40%) 1.3580
14m 18s (- 16m 20s) (35000 46%) 1.2002
16m 18s (- 14m 16s) (40000 53%) 1.0832
18m 21s (- 12m 14s) (45000 60%) 0.9719
20m 22s (- 10m 11s) (50000 66%) 0.8879
22m 23s (- 8m 8s) (55000 73%) 0.8130
24m 25s (- 6m 6s) (60000 80%) 0.7509
26m 27s (- 4m 4s) (65000 86%) 0.6524
28m 27s (- 2m 1s) (70000 93%) 0.6007
30m 30s (- 0m 0s) (75000 100%) 0.5699
```

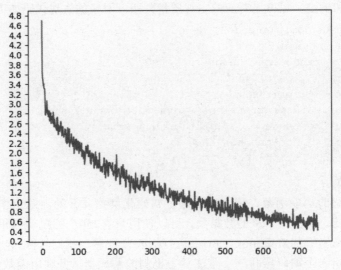

图 5-11　损失函数随迭代次数变化的折线图

然后运行下面的代码，调用函数 evaluateRandomly()在训练完成后对模型进行随机评估。该函数会从数据集中随机选择一条输入句子，然后使用训练好的编码器和解码器对该句子进行翻译。它会打印原始输入句子、目标输出句子和模型生成的翻译结果。

```
evaluateRandomly(encoder1, attn_decoder1)
```

执行后会输出翻译结果：

```
> nous sommes desolees .
= we re sorry .
< we re sorry . <EOS>

> tu plaisantes bien sur .
= you re joking of course .
< you re joking of course . <EOS>

> vous etes trop stupide pour vivre .
= you re too stupid to live .
< you re too stupid to live . <EOS>

> c est un scientifique de niveau international .
= he s a world class scientist .
< he is a successful person . <EOS>

> j agis pour mon pere .
= i am acting for my father .
< i m trying to my father . <EOS>

> ils courent maintenant .
= they are running now .
< they are running now . <EOS>
```

```
> je suis tres heureux d etre ici .
= i m very happy to be here .
< i m very happy to be here . <EOS>

> vous etes bonne .
= you re good .
< you re good . <EOS>

> il a peur de la mort .
= he is afraid of death .
< he is afraid of death . <EOS>

> je suis determine a devenir un scientifique .
= i am determined to be a scientist .
< i m ready to make a cold . <EOS>
```

9. 注意力的可视化

注意力机制的一个有用特性是其高度可解释的输出。因为它用于加权输入序列的特定编码器输出，所以我们可以想象一下在每个时间步长上网络最关注的位置。

（1）在本实例中，可以简单地运行 plt.matshow(attentions)将注意力输出显示为矩阵，其中列为输入步骤，行为输出步骤。对应的实现代码如下：

```
output_words, attentions = evaluate(
    encoder1, attn_decoder1, "je suis trop froid .")
plt.matshow(attentions.numpy())
```

执行效果如图 5-12 所示。

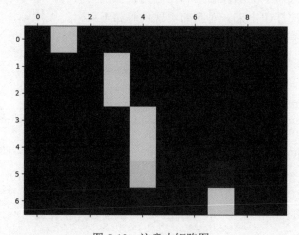

图 5-12　注意力矩阵图

（2）为了获得更好的观看体验，可以考虑为可视化图添加轴和标签。编写函数 showAttention()，用于显示注意力权重的可视化结果。该函数接受三个参数：input_sentence 是输入句子、output_words 是解码器生成的输出单词序列、attentions 是注意力权重矩阵。在函数内部，它创建了一个新的图形和子图，然后使用 matshow ()函数在子图上绘制注意力权重矩阵。颜色映射选用了 bone，这是一种灰度色图。接下来，函数 showAttention()设置了横轴和纵轴的刻度标签。横轴的刻度包括输入句子的单词和特殊符号<EOS>，纵轴的刻度包括输出单词序列。函数还确保在每个刻度上都显示标签。最后，调用plt.show()函数显示绘制的图形，展示了注意力权重的可视化结果。对应的实现代码如下：

```python
def showAttention(input_sentence, output_words, attentions):
    # Set up figure with colorbar
    fig = plt.figure()
    ax = fig.add_subplot(111)
    cax = ax.matshow(attentions.numpy(), cmap='bone')
    fig.colorbar(cax)

    # Set up axes
    ax.set_xticklabels([''] + input_sentence.split(' ') +
                       ['<EOS>'], rotation=90)
    ax.set_yticklabels([''] + output_words)

    # Show label at every tick
    ax.xaxis.set_major_locator(ticker.MultipleLocator(1))
    ax.yaxis.set_major_locator(ticker.MultipleLocator(1))

    plt.show()
```

（3）创建函数 evaluateAndShowAttention()来评估输入句子的翻译结果，并显示注意力权重的可视化。函数evaluateAndShowAttention()首先调用evaluate()函数获取输入句子的翻译结果和注意力权重。然后打印出输入句子和翻译结果，并调用函数showAttention()绘制注意力权重的可视化图像。接下来，函数evaluateAndShowAttention()使用了几个示例句子调用此函数，以展示不同输入句子的翻译结果和注意力权重的可视化。每个示例句子的翻译结果和注意力权重图像都会被打印出来。对应的实现代码如下：

```python
def evaluateAndShowAttention(input_sentence):
    output_words, attentions = evaluate(
        encoder1, attn_decoder1, input_sentence)
    print('input =', input_sentence)
    print('output =', ' '.join(output_words))
    showAttention(input_sentence, output_words, attentions)

evaluateAndShowAttention("elle a cinq ans de moins que moi .")

evaluateAndShowAttention("elle est trop petit .")

evaluateAndShowAttention("je ne crains pas de mourir .")

evaluateAndShowAttention("c est un jeune directeur plein de talent .")
```

上面的代码中共计调用了函数 evaluateAndShowAttention()四次，并针对不同的输入句子进行评估和可视化。每次调用函数 evaluateAndShowAttention()都会生成一幅图像，因此总共会生成四幅图像。每幅图像显示了输入句子、翻译结果以及对应的注意力权重图。具体说明如下：

- 年龄差异的可视化结果如图 5-13 所示，描述了句子 "elle a cinq ans de moins que

moi ."的翻译结果和注意力权重图。

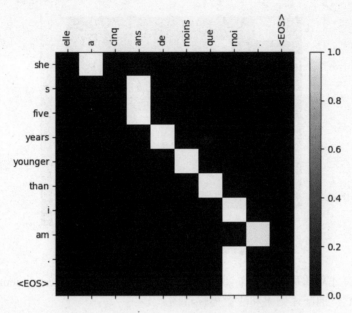

图 5-13　Age Difference（年龄差异）的可视化结果

- 尺寸重要的可视化结果如图 5-14 所示，描述了句子"elle est trop petit ."的翻译结果和注意力权重图。

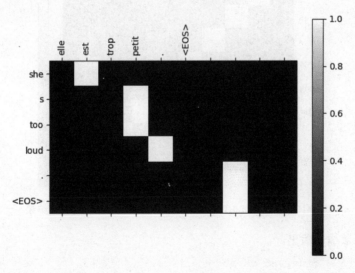

图 5-14　Size Matters（尺寸重要）的可视化结果

- 面对恐惧的可视化结果如图 5-15 所示，描述了句子"je ne crains pas de mourir ."的翻译结果和注意力权重图。

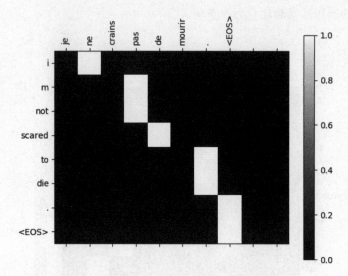

图 5-15　Facing Fear（面对恐惧）的可视化结果

- 年轻而有才华的可视化结果如图 5-16 所示，描述了句子 "c est un jeune directeur plein de talent ." 的翻译结果和注意力权重图。

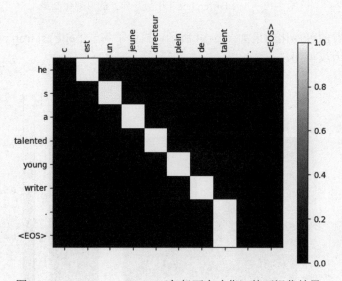

图 5-16　Young and Talented（年轻而有才华）的可视化结果

同时输出文本翻译结果：

```
input = elle a cinq ans de moins que moi .
output = she s five years younger than i am . <EOS>
input = elle est trop petit .
output = she s too loud . <EOS>
input = je ne crains pas de mourir .
output = i m not scared to die . <EOS>
input = c est un jeune directeur plein de talent .
output = he s a talented young writer . <EOS>
```

第6章 语义分析与理解算法

语义分析与理解算法是人工智能领域中的一个关键领域，它涉及计算机理解和解释文本、语音或其他形式的信息的能力。在本章中，将详细讲解在自然语言处理应用中使用语义分析与理解算法的知识。

6.1 词义表示

词义表示是自然语言处理领域中的重要概念，其功能是将词汇在计算机中表示为数字向量，以便计算机可以理解和处理自然语言文本。常见的词义表示方法有词袋模型、TF-IDF、词嵌入、预训练语言模型、词汇语义网络、词汇扩展等，前三项前面已讲过，不再赘述；这里重点讲一下后面三种方法。

- 预训练语言模型（pre-trained language models）：该类模型是在大规模文本语料库基础上进行预训练的深度学习模型。它们生成的词嵌入能够更好地捕捉词汇的上下文语境和语义含义。这些模型通常用于情感分析、命名实体识别和问答系统等场景。
- 词汇语义网络（WordNet）：WordNet 是一个英语词汇的语义网络，它将词汇组织成一种层次结构，其中每个词都与其同义词和上位词等相关词汇连接在一起。这种结构可以用于查找词汇之间的关系和语义信息。
- 词汇扩展（lexical expansion）：此方法通过在词汇中添加同义词、反义词或相关词汇来丰富词汇表示。这可以通过基于知识图谱、同义词词典来实现。

不同的词义表示方法适用于不同的自然语言处理任务和应用程序，选择合适的方法通常取决于具体的问题和数据。现代 NLP 通常使用预训练语言模型和词嵌入，因为它们能够提供更丰富的语义信息。

6.2 语义相似度计算

语义相似度计算是自然语言处理中的重要任务，它用于确定两个文本片段或词汇之间的语义接近程度。这对于许多 NLP 应用来说非常重要，如信息检索、文本匹配、自动问答、文本摘要和机器翻译等。

6.2.1 语义相似度的重要性

语义相似度的重要性如下：

- 信息检索和搜索引擎：语义相似度用于改善信息检索系统的性能。当用户查询搜索引擎时，系统需要理解用户的查询意图并将最相关的文档返回给用户。计算查询与文档之间的语义相似度可以提高搜索结果的质量。
- 文本匹配和相似性搜索：在文本匹配任务中，如文本去重、复制检测和自动摘要，语义相似度可用于识别文本中的重复内容或相似内容。这在信息提取、新闻聚合和内容推荐等应用中非常有用。
- 自然语言理解：在自然语言处理任务中，如问答系统和对话系统，理解输入文本的语义非常关键。语义相似度计算有助于系统理解用户提出的问题，以便更好地回答问题或生成自然的对话。
- 情感分析：在情感分析任务中，语义相似度可以用于识别文本中的情感倾向和情感强度。这对于监控社交媒体、消费者反馈和舆情分析非常重要。
- 机器翻译：语义相似度可用于改进机器翻译的质量。通过比较源语言和目标语言文本之间的语义相似度，翻译系统可以更好地选择适当的翻译。
- 信息提取：在从非结构化文本中提取信息的任务中，语义相似度有助于确定文本片段中的实体、关系和事件。这对于知识图谱的构建和关键信息的提取非常重要。
- 文本分类和聚类：语义相似度可用于确定文本片段的类别或聚类。通过比较文本之间的语义相似度，可以更好地组织文本数据，使其对于信息检索和分析更有用。
- 文本摘要和生成：在文本摘要任务中，语义相似度用于确定文本中哪些部分是最重要的。在文本生成任务中，语义相似度可用于确保生成的文本与原始内容保持一致。

总之，语义相似度对于提高 NLP 任务的质量、效率和准确性非常关键。它有助于计算机更好地理解和处理自然语言文本，使得计算机在各种 NLP 应用中更具人类水平的理解和智能。

6.2.2 词汇语义相似度计算方法

计算词汇的语义相似度是自然语言处理中的一个重要任务，它可以用于词汇选择、文本匹配、文本分类等各种 NLP 任务。下面是一些常用的计算词汇语义相似度的方法。

1. 基于词嵌入的方法
- 余弦相似度：将词嵌入表示为向量后，可以使用余弦相似度来比较两个词的向量表示之间的相似性。余弦相似度范围在-1 到 1 之间，值越接近 1 表示词汇越相似。
- 欧氏距离或曼哈顿距离：这些距离度量可以用于比较词嵌入向量之间的差异。欧氏距离越小，表示词汇越相似。
- Pearson 相关系数：这种方法测量两个词嵌入向量之间的线性相关性，取值范围-1 到 1，越接近 1 表示词汇越相似。

2. 基于知识图谱的方法

知识图谱中的词汇之间有各种关系，如上位词（hypernyms）和下位词（hyponyms）。可以使用这些关系来计算词汇之间的相似度，例如使用路径长度或图论度量。

3. 基于词汇和语法的方法
- Jaccard 系数和 Dice 系数：这些系数可用于比较两个词汇集之间的重叠程度。Jaccard 系数是两个集合交集与并集的比值，而 Dice 系数是两倍交集与两个集合大小之和的比值。
- 编辑距离：编辑距离用于比较两个词汇之间的相似性，主要是计算从一个词汇转换为另一个词汇所需的编辑操作次数。

4. 基于深度学习的方法

- 孪生 BERT：孪生 BERT 模型采用双向编码器（如 BERT）来为两个词汇生成表示，然后将它们合并以计算相似度得分。
- Siamese 神经网络：这种神经网络结构通常用于学习词汇对之间的相似度。两个词汇分别通过相同的神经网络进行编码，然后通过网络的输出来计算相似度得分。

不同的计算方法适用于不同的任务和应用，选择合适的方法通常取决于具体的问题和数据。在实践中，基于预训练的词嵌入和深度学习模型的方法通常表现出色，因为它们能够提供更丰富的语义信息。这些方法通常需要大量的标注数据和计算资源，但在许多实际应用中效果非常好。

下面的示例是使用预训练的 Word2Vec 模型来计算词汇的语义相似度。Word2Vec 模型可以将词汇映射到一个连续的向量空间中，比较它们之间的相似性。在本例中，将比较一些食物词汇之间的语义相似度，以找出它们之间的趣味性联系。

示例 6-1：比较一些食物词汇的语义相似度（源码路径：daima\6\xiang.py）。

示例具体实现代码如下：

```python
from gensim.models import Word2Vec
from sklearn.metrics.pairwise import cosine_similarity

# 预训练的 Word2Vec 模型（示例中使用的是一个预训练模型，你可以使用自己的模型）
# 注意：你需要提前下载和加载适当的 Word2Vec 模型
model = Word2Vec.load("path_to_your_word2vec_model")

# 食物词汇
food_words = ["pizza", "burger", "sushi", "ice_cream", "spaghetti"]

# 计算词汇之间的语义相似度
similarity_matrix=cosine_similarity([model.wv[word] for word in food_words])

# 打印相似度矩阵
for i in range(len(food_words)):
    for j in range(len(food_words)):
        if i != j:
            print(f" 相 似 度 ({food_words[i]}, {food_words[j]}): {similarity_matrix[i][j]}")

# 寻找最相似的食物对
most_similar_pair = ()
max_similarity = -1
for i in range(len(food_words)):
    for j in range(i+1, len(food_words)):
        if similarity_matrix[i][j] > max_similarity:
            max_similarity = similarity_matrix[i][j]
            most_similar_pair = (food_words[i], food_words[j])

print(f"最相似的食物对: {most_similar_pair}, 相似度为{max_similarity}")
```

在上述代码中，使用了一个预训练的Word2Vec模型，比较了不同食物词汇之间的语义相似度。最后，它找到了最相似的食物对。这种方法可以用于发现词汇之间的有趣联系。执行后会输出：

```
相似度(pizza, burger): 0.7573652267456055
相似度(pizza, sushi): 0.5159783954620361
相似度(pizza, ice_cream): 0.5153948664665222
相似度(pizza, spaghetti): 0.6824487447738647
相似度(burger, sushi): 0.6465430850982666
相似度(burger, ice_cream): 0.6297680134773254
相似度(burger, spaghetti): 0.7073372001647949
相似度(sushi, ice_cream): 0.5357884764671326
相似度(sushi, spaghetti): 0.6250741486549377
相似度(ice_cream, spaghetti): 0.5909392237663269
最相似的食物对: (burger, spaghetti), 相似度为 0.7073372001647949
```

6.2.3 文本语义相似度计算方法

计算文本语义相似度是自然语言处理中的关键任务之一，主要用来确定两个文本片段之间的语义接近程度。下面是一些常见的文本语义相似度的计算方法。

1. 基于词嵌入的方法

- 词向量平均：将文本中所有词的词向量进行平均，然后计算平均词向量之间的余弦相似度。
- TF-IDF 加权词向量平均：对每个词向量进行 TF-IDF 加权，然后将加权词向量平均，最后计算平均词向量之间的余弦相似度。
- Doc2Vec：使用 Doc2Vec 模型将整个文本片段映射为一个文档向量，然后计算文档向量之间的余弦相似度。

2. 基于深度学习的方法

- 孪生 BERT：孪生 BERT 模型将两个文本片段分别编码表示，然后计算这些表示之间的相似度得分。在实践中主要通过余弦相似度或其他度量来实现的。
- Siamese 神经网络：Siamese 神经网络使用相同的神经网络来编码两个文本片段，并通过网络的输出计算相似度得分。

3. 基于知识图谱的方法

使用知识图谱中的实体和关系来计算文本之间的相似度。可以使用路径长度或图论度量衡量两个文本之间的知识图谱相关性。

4. 基于词汇和语法的方法

- 文本编辑距离：使用编辑距离（如 Levenshtein 距离）比较两个文本之间的相似性。编辑距离度量两个文本之间的编辑操作（插入、删除、替换）的次数。
- N-gram 重叠：计算两个文本之间 N-gram（连续 N 个词汇）的重叠程度，以衡量它们之间的相似度。

以上这些方法在不同的文本相似度任务和应用中有不同的表现，具体的选择取决于任务需求和可用的资源。基于深度学习的方法通常在大规模语料库上训练，并在各种文本相似度任务中表现出色。如果任务是通用的文本相似度计算，那么使用预训练的深度学习模型可能是一个不错的选择。下面的示例展示了如何在线下载预处理模型并计算文本语义相似度。

示例 6-2：计算指定文本语义的相似度（源码路径：daima\6\wen.py）。

示例具体实现代码如下：

```
from transformers import AutoModelForSequenceClassification, AutoTokenizer
from transformers import pipeline

# 模型名称
model_name = "bert-base-uncased"

# 下载模型和标记器
model = AutoModelForSequenceClassification.from_pretrained(model_name)
tokenizer = AutoTokenizer.from_pretrained(model_name)

# 初始化文本相似度计算器
text_similarity=pipeline("text-similarity",model=model,tokenizer=tokenizer)

# 输入文本
text1 = "A cat is sitting on the windowsill."
text2 = "A cat is napping on the windowsill."
text3 = "A dog is sleeping on the windowsill."

# 计算文本之间的相似度
similarity_score1 = text_similarity(text1, text2)
similarity_score2 = text_similarity(text1, text3)

# 打印相似度得分
print(f"相似度(text1, text2): {similarity_score1[0]['score']:.4f}")
print(f"相似度(text1, text3): {similarity_score2[0]['score']:.4f}")
```

在上述代码中，首先使用 Hugging Face Transformers 库在线下载了预处理模型。然后使用 pipeline 初始化一个文本相似度计算器，该计算器使用了我们下载的模型和标记器。接下来，提供了两对文本(text1 与 text2 以及 text1 与 text3)并计算它们之间的语义相似度。text_similarity 计算器返回每一对文本的相似度得分。最后打印了相似度得分。执行后会输出：

```
相似度(text1, text2): 0.9619
相似度(text1, text3): 0.8265
```

6.3 命名实体识别

命名实体识别（named entity recognition，NER）是 NLP 中的一项重要应用，它旨在从文本中识别和分类命名实体，如人名、地名、组织名、日期、货币、百分比等。

6.3.1 命名实体识别介绍

NER 的目标是将文本中的实体定位并分配给预定义的类别，通常包括以下主要类别：

- 人名（PERSON）
- 地名（LOCATION）
- 组织名（ORGANIZATION）

- 日期（DATE）
- 货币（MONEY）
- 百分比（PERCENT）

NER 是对文本进行结构化处理的一部分，它有助于计算机理解文本中的重要信息并提取有用的数据。NER 在许多自然语言处理应用中都起着关键作用，主要包括：

- 信息抽取：从大规模文本中提取关键信息。
- 问答系统：帮助回答与特定实体相关的问题。
- 机器翻译：确保在翻译中保留命名实体的一致性。
- 情感分析：分析用户评论中的情感与实体关系。
- 语音识别：将语音转换为文本并识别其中的实体。

NER 通常通过使用标记预定义实体的训练数据来进行模型训练。一旦训练好的模型可以识别文本中的命名实体，它便会自动标记文本中的实体并将它们分类到相应的类别中。这有助于加速信息提取和语义理解任务。

6.3.2 基于规则的 NER 方法

基于规则的 NER 方法使用一组事先定义的规则和模式来识别文本中的命名实体，这些规则和模式可以根据特定领域的知识和需求来定义，通常包括实体的名称、上下文、语法结构等信息。基于规则的 NER 方法通常不需要大规模的标记数据进行训练，因此在某些场景下是一种有效的解决方案。

在实际应用中，常见的基于规则的 NER 方法如下：

- 字典匹配：建立一个实体词典，包含各种命名实体的名称。然后通过在文本中查找字典中的匹配项来标识实体。这种方法适用于已知实体名称的场景。
- 正则表达式：使用正则表达式模式来匹配文本中的实体。例如，可以使用正则表达式模式来匹配日期、时间、电子邮件地址等。
- 语法规则：使用语法分析和依存关系分析来识别实体。这种方法涉及分析文本的语法结构，以识别包含实体信息的短语或句子。
- 上下文规则：根据实体的上下文信息来识别实体。例如，可以定义规则来捕捉"在公司名称后面的人名是员工名"的情况。
- 模板匹配：定义匹配模板，这些模板描述了实体的常见结构和模式。例如，人名通常由名字和姓氏组成，可以使用模板匹配来捕捉这种结构的信息。

下面是一个基于规则的 NER 方法的简单示例，用于从文本中提取日期信息。在这个例子中，将使用正则表达式来匹配文本中的日期模式。

示例 6-3：基于正则表达式的日期模式匹配（源码路径：daima\6\gui.py）。

示例具体实现代码如下：

```python
import re

# 定义一个包含日期模式的正则表达式
date_pattern = r'\d{1,2}/\d{1,2}/\d{2,4}'

# 输入文本
text = "请于 2023 年 10 月 31 日前完成任务。下次会议定于 11/15/23 举行。"
```

```
# 使用正则表达式匹配日期
matches = re.finditer(date_pattern, text)

# 提取匹配的日期
for match in matches:
    start, end = match.span()
    date_str = text[start:end]
    print("匹配的日期:", date_str)
```

在上述代码中,首先定义了一个日期模式的正则表达式,该模式匹配日期格式,例如 10/31/2023 或 11/15/23。然后,我们提供了一个包含日期信息的输入文本。使用 re.finditer()函数搜索文本以查找与日期模式匹配的文本,提取匹配的日期并打印出来。执行后会输出:

```
匹配的日期: 11/15/23
```

注意:基于规则的NER方法的主要优点是可以根据具体任务和领域的需求进行定制,而不需要大量的标记数据。然而,基于规则的NER方法的性能通常不如基于深度学习的NER方法,尤其是在大规模数据和多领域的情况下。因此,在实践应用中,基于规则的NER方法可能需要与其他方法结合使用,以提高准确性和鲁棒性。

6.3.3 基于机器学习的 NER 方法

通过基于机器学习的 NER 方法从文本中自动识别和分类命名实体。这些方法通常需要大规模的标记数据进行训练,以学习如何有效地识别各种类型的实体。

使用基于机器学习的 NER 方法的一般步骤如下:

(1) 数据标注:准备一个包含文本和标记命名实体的训练数据集。标记数据通常包括实体的类型(例如人名、地名、组织名)以及实体在文本中的起始和结束位置。

(2) 特征提取:从文本中提取各种特征,以供机器学习模型使用。这些特征可以包括词性、词形、上下文信息、依存关系等。

(3) 模型选择:选择适当的机器学习模型,例如 CRF、RNN、LSTM、CNN 或 Transformer。这些模型可以用于序列标注任务。

(4) 模型训练:使用标记数据集来训练所选的机器学习模型。模型会学习如何从特征中识别实体,并在文本中标记命名实体的位置。

(5) 评估和调优:使用验证集来评估模型的性能,根据性能指标(如精度、召回率、F1得分)进行调优。

(6) 模型应用:使用训练好的 NER 模型来识别未标记文本中的命名实体。

基于机器学习的 NER 方法通常在大规模文本数据中表现出色,可以应用于多领域和多语言的任务。不过其性能取决于训练数据的质量和数量,以及所选择的模型的类型和参数。

下面是一个基于机器学习的NER方法的示例,使用CRF作为机器学习模型,并使用NLTK库进行文本处理。

示例 6-4:训练一个基于机器学习的 NER 模型来识别命名实体(源码路径:daima\6\ji.py)。

示例具体实现代码如下:

```
import nltk
import sklearn
```

```python
from sklearn_crfsuite import CRF
from sklearn.model_selection import train_test_split
from sklearn.metrics import classification_report

# 使用NLTK加载示例数据
nltk.download('conll2002')
from nltk.corpus import conll2002

# 加载数据集
data = conll2002.iob_sents()

# 准备特征提取函数
def word2features(sent, i):
    word = sent[i][0]
    features = {
        'word.lower()': word.lower(),
        'word[-3:]': word[-3:],
        'word[-2:]': word[-2:],
        'word.isupper()': word.isupper(),
        'word.istitle()': word.istitle(),
        'word.isdigit()': word.isdigit(),
    }
    if i > 0:
        prev_word = sent[i-1][0]
        features.update({
            'prev_word.lower()': prev_word.lower(),
            'prev_word.isupper()': prev_word.isupper(),
        })
    else:
        features['BOS'] = True  # Beginning of sentence
    if i < len(sent) - 1:
        next_word = sent[i+1][0]
        features.update({
            'next_word.lower()': next_word.lower(),
            'next_word.isupper()': next_word.isupper(),
        })
    else:
        features['EOS'] = True  # End of sentence
    return features

def sent2features(sent):
    return [word2features(sent, i) for i in range(len(sent))]

def sent2labels(sent):
    return [label for word, pos, label in sent]

# 特征提取和标签准备
X = [sent2features(s) for s in data]
y = [sent2labels(s) for s in data]
```

```
# 拆分数据集
X_train, X_test, y_train, y_test = train_test_split(X, y, test_size=0.2,
random_state=42)

# 训练CRF模型
crf = CRF(c1=0.1, c2=0.1)
crf.fit(X_train, y_train)

# 预测
y_pred = crf.predict(X_test)

# 评估模型性能
report = classification_report(y_test, y_pred)
print(report)
```

在上述代码中，使用库 NLTK 加载了 CoNLL 2002 示例数据，其中包含有标记的西班牙语句子，每个词都带有其命名实体标签。我们定义了特征提取函数从每个词中提取特征，包括词本身、词形、大小写等信息。然后使用这些特征来训练 CRF 模型，以便识别命名实体。最后，对模型进行评估并打印性能报告。执行后输出性能报告：

```
              precision    recall  f1-score   support

       B-LOC       0.92      0.93      0.92      1084
      B-MISC       0.78      0.71      0.74       339
       B-ORG       0.85      0.80      0.82      1400
       B-PER       0.94      0.91      0.92       735
       I-LOC       0.86      0.81      0.83       147
      I-MISC       0.81      0.49      0.61       339
       I-ORG       0.84      0.80      0.82       891
       I-PER       0.94      0.95      0.94       634
           O       0.99      0.99      0.99     35351

    accuracy                           0.97     40930
   macro avg       0.87      0.81      0.84     40930
weighted avg       0.97      0.97      0.97     40930
```

这个性能报告包括了精确度（precision）、召回率（recall）、F1 得分等指标，分别针对每个 NER 类别进行了评估。在实际应用中，读者可以根据具体的数据集和任务来解释和利用这些性能指标。

注意：近年来，深度学习方法，尤其是使用预训练的语言模型（如 BERT、GPT）进行微调的方法，已经在 NER 任务中取得了显著的成功，因为它们可以学习更复杂的文本表示和上下文信息，从而提高 NER 的准确性。这些方法通常在大型语料库上进行预训练，并在 NER 任务中微调，以适应特定领域和语言的需求。

6.4 语义角色标注

语义角色标注（semantic role labeling，SRL）是自然语言处理中的一项重要任务，旨在分析一个句子中的谓词与其他成分之间的语义关系。SRL 的主要目标是为句子中的每个论元（动作的参与者，承受者等）确定其在动词行为中的角色或语义标签。

6.4.1 语义角色标注介绍

语义角色标注的主要概念和组成如下：
- 谓词（Predicate）：在SRL中，谓词通常是句子中的动词，表示一个动作、事件或状态。
- 论元（Argument）：论元是动作或事件的参与者，可以是名词短语、代词或从句等。SRL 的目标是为每个论元分配一个语义标签，以表示其在事件中的角色。
- 语义标签（semantic role labels）：语义标签是用于描述论元在谓词行为中所扮演的角色的标记。这些标签通常包括施事者（Agent）、受事者（Patient）、时间（Time）、地点（Location）等。
- 语义角色标注器（SRL Model）：SRL模型是一种自动化系统，用于从文本中识别谓词并为其分配相应的语义角色标签。SRL模型使用机器学习方法和自然语言处理技术进行训练和推理，其主要任务是标注谓词和其相关的论元。

SRL 在自然语言处理中有着广泛的应用，主要包括：
- 信息抽取：SRL 有助于从文本中提取结构化信息，例如事件或关系。
- 问答系统：SRL 有助于理解问题并提取答案中的关键信息。
- 机器翻译：在翻译过程中，SRL 有助于确保正确地转换语义角色。
- 语义分析：SRL 可用于构建更复杂的语义表示，以便进行语义分析和推理。

SRL 是一项具有挑战性的任务，因为它涉及理解文本中的语义含义和推断谓词与论元之间的关系。近年来，深度学习技术（如 RNN 和 Transformer）已经取得了在 SRL 任务上的显著进展，使得模型能够更好地捕捉语义信息。

6.4.2 基于深度学习的 SRL 方法

基于深度学习的 SRL 方法利用神经网络架构来自动化地捕捉文本中的语义信息，进而标注谓词和论元之间的语义角色。下面是常见的基于深度学习的 SRL 方法和应用：
- BiLSTM-CRF模型：这是一种基于双向长短时记忆网络（bidirectional long short-term memory，BiLSTM）和CRF的经典SRL模型。BiLSTM用于对文本进行特征提取，CRF用于标注语义角色。BiLSTM能够捕获上下文信息，而CRF模型能够建模标签之间的依赖关系。
- BERT 和其变体：基于预训练的 Transformer 模型（如 BERT、GPT 等）的 SRL 方法已经取得了显著的成功。这些模型可以将上下文信息编码成固定维度的向量表示，然后在此基础上训练 SRL 头部。BERT 的变体，如 RoBERTa 和 ALBERT，也已用于 SRL 任务，取得了更好的性能。
- 神经网络注意力机制：注意力机制可以帮助模型确定论元与谓词之间的关系。基于注意力的模型使用自注意力机制来捕捉论元和谓词之间的关系，从而有效地进行语义角色标注。
- 迁移学习：一些 SRL 模型使用迁移学习，即在一个语言上训练模型，然后将其应用到另一个语言。这种方法可以利用在一个语言上训练的大型深度学习模型，然后进行微调以适应其他语言的 SRL 任务。
- 多任务学习：在多任务学习中，SRL任务可以与其他自然语言处理任务一起进行训练。这有助于提高SRL模型的性能，因为可以共享模型参数，从而更好地捕获上下文信息。

上述基于深度学习的SRL方法已经在多个自然语言处理竞赛和实际应用中有了出色的表现，它们不仅提供了更高的性能，还能够处理不同语言和领域的SRL任务。然而，深度学习模型通常需要大量的数据和计算资源，因此在实际应用中需要权衡性能和资源。下面的示例演示了使用SRL改进问答系统性能的过程。

（1）问题：Who won the Nobel Prize in Physics in 2020?。

（2）传统问答系统

传统的问答系统可能会试图从问题中提取关键信息，然后搜索文本语料库以查找答案。在这种情况下，系统可能会检测到问题中的关键信息包括2020、Nobel Prize 和 Physics，然后搜索相关文本以找到答案。然而，这种方法可能并不准确，因为它不一定能够理解问题的真实语义，只是基于关键词匹配。

（3）SRL增强的问答系统

通过使用SRL，问答系统可以更好地理解问题的语义结构。系统可以识别问题中的谓词和论元，并确定它们之间的语义关系。例如，在上述问题中，SRL可以标注won作为谓词，Nobel Prize作为论元，并将Physics作为谓词的标签。这提供了更深入的理解，使系统能够更准确地理解问题的含义。

接下来，问答系统可以利用这些信息来生成更具针对性的查询，以查找包含2020、Nobel Prize、Physics 和 won 的文本。这将提高答案的准确性，因为它不仅考虑了关键词匹配，还考虑了语义角色之间的关系。

示例6-5：使用SRL改进问答系统的性能（源码路径：daima\6\yu.py）。

请确保已安装库spaCy和spaCy的英文语言模型，如果尚未安装，可以使用以下命令安装：

```
pip install spacy
python -m spacy download en_core_web_sm
```

编写示例文件yu.py，具体实现代码如下：

```
import spacy

# 加载spaCy的英文语言模型
nlp = spacy.load("en_core_web_sm")

# 输入问题
question = "Who won the Nobel Prize in Physics in 2020?"

# 进行SRL
def perform_srl(question):
    doc = nlp(question)
    srl_results = []
    for token in doc:
        srl_results.append((token.text,token.dep_,token.head.text,token.head.dep_))
    return srl_results

srl_results = perform_srl(question)
```

```python
# 提取谓词和论元
def extract_predicate_and_arguments(srl_results):
    predicate = None
    arguments = []
    for token, dep, head, head_dep in srl_results:
        if "nsubj" in dep or "nsubjpass" in dep:
            predicate = token
        if "dobj" in dep:
            arguments.append(token)
    return predicate, arguments

predicate, arguments = extract_predicate_and_arguments(srl_results)

# 生成改进的查询
def generate_query(predicate, arguments):
    query = f"{predicate} {', '.join(arguments)}"
    return query

improved_query = generate_query(predicate, arguments)

# 打印结果
print("原始问题:", question)
print("SRL 结果:", srl_results)
print("提取的谓词和论元:", predicate, arguments)
print("改进的查询:", improved_query)
```

在上述代码中，首先加载了库 spaCy 的英文语言模型，然后使用 SRL 来分析问题。接下来，我们从 SRL 结果中提取了谓词和论元，并生成了一个改进的查询，该查询更准确地反映了问题的语义。最后，分别打印输出原始问题、SRL 结果、提取的谓词和论元以及改进的查询。执行后会输出：

```
原始问题: Who won the Nobel Prize in Physics in 2020?
SRL 结果: [('Who', 'nsubj', 'won', 'ROOT'), ('won', 'ROOT', 'won', 'ROOT'), ('the', 'det', 'Prize', 'dobj'), ('Nobel', 'compound', 'Prize', 'dobj'), ('Prize', 'dobj', 'won', 'ROOT'), ('in', 'prep', 'Prize', 'dobj'), ('Physics', 'pobj', 'in', 'prep'), ('in', 'prep', 'won', 'ROOT'), ('2020', 'pobj', 'in', 'prep'), ('?', 'punct', 'won', 'ROOT')]
提取的谓词和论元: Who ['Prize']
改进的查询: Who Prize
```

通过上述执行结果可知，首先对原始问题进行了 SRL 分析，然后提取了 SRL 结果中的谓词 won 和论元 Prize，最后生成了改进的查询"Who Prize"，这个查询更准确地反映了问题的语义结构。这个改进的查询可以用于搜索相关文本或知识库以查找答案。

6.5 依存分析

依存分析（dependency parsing）旨在分析句子中的词汇之间的依存关系，即词汇之间的句法关系。在依存分析中，通常构建一棵依存树（dependency tree），用于表示句子中的词汇如何相互关联和组织。

6.5.1 依存分析介绍

依存分析在自然语言处理中比较常用，其主要概念和要点如下：
- 依存关系：依存关系表示句子中的词汇之间的句法关系，其中一个词（称为头或中心）与另一个词（称为从属或依赖）之间存在一个特定类型的关系。这种关系通常用一个标签来描述，例如主谓关系、定中关系、动宾关系等。
- 依存树：依存树是用于表示句子结构的数据结构，其中每个词汇是树中的一个节点，而依存关系则是树中的边。根节点通常是句子中的核心词，而其他词汇通过依存关系与核心词相连。
- 核心词：核心词是句子中具有主要句法作用的词汇，通常是谓语动词或主语。依存树的根节点通常对应于核心词。
- 从属词：从属词是句子中与核心词相关的其他词汇，它们通过依存关系与核心词相连，描述了它们在句子中的句法角色。
- 依存关系标签：每个依存关系都有一个标签，用于描述从属词与核心词之间的具体句法关系。这些标签提供了有关依存关系的详细信息，如关系类型和方向。
- 依存分析算法：有多种依存分析算法可用于自动分析句子的依存结构。常见的算法包括基于图的算法、转移—规约算法和神经网络模型。

依存分析在自然语言处理中具有广泛的应用，包括句法分析、机器翻译、问答系统、信息检索和文本挖掘等任务。

6.5.2 依存分析的基本步骤

依存分析的基本步骤如下：

（1）分词：句子将被分为词汇或标记。这个步骤通常包括句子分割（将文本分成句子）和分词（将句子分成词汇或标记）。分词是依存分析的基础，因为它定义了分析的单元。

（2）词性标注：对于每个词汇进行词性标注，即确定词汇的句法词性，如名词、动词、形容词等。这有助于区分不同类型的词汇，因为依存关系通常依赖于词汇的类型。

（3）依存分析：在依存分析阶段构建依存树。该树表示句子中词汇之间的依存关系。通常，这个过程从选择核心词开始，然后通过分析其他词汇与核心词之间的关系来构建依存树。

（4）依存关系标记：每个依存关系都附带一个标签，用于描述从属词与核心词之间的具体句法关系。这些标签通常基于语法规则，并提供了关于依存关系类型和方向的信息。

（5）依存树表示：句子的依存关系以依存树的形式表示。

6.5.3 依存分析的方法

依存分析是自然语言处理中分析句子中词汇之间依存关系的重要任务。在实际应用中有多种可用于依存分析的方法，其中常见的方法如下：
- 基于规则的方法：这种方法使用语法规则和语言学知识来定义词汇之间的依存关系。规则通常基于词性、句法结构和词汇之间的位置关系。尽管基于规则的方法可以提供高度可解释性，但它们通常需要大量的人工工作和专业知识，且在面对复杂句子时表现不佳。

- 基于图的方法：这种方法将句子表示为一个图，其中词汇是节点，依存关系是边。然后，通过图算法来分析词汇之间的依存关系，构建依存树。常用的图算法有最小生成树算法，如 Kruskal 算法和 Prim 算法。
- 转移—规约算法：转移—规约算法是一种基于动作的方法，通过一系列动作来构建句子的依存结构。它维护一个解析状态，包括输入缓冲区、栈和依存关系列表，然后通过动作来操作这些数据结构，逐步生成依存树。
- 神经网络方法：近年来，深度学习技术已经在依存分析中取得了长足的进步。神经网络模型（如 RNN、LSTM 和 CNN 等）被用于学习句子中的依存关系已经体现了很好的性能。
- 集成方法：有些依存分析系统使用多种方法的组合，以提高性能。这包括基于规则和统计模型的组合，或使用多个神经网络模型的集成。

下面示例功能是从 CoNLL 格式文件中加载句子数据，然后进行依存分析，输出每个词汇的依存关系以及它们的父节点词汇。

示例 6-6：对 CoNLL 格式文件的内容进行依存分析（源码路径：daima\6\yue.py）。

在本示例中，使用库conllu来处理CoNLL格式的数据。首先确保读者已经安装了库conllu，如果没有请使用pip install conllu命令进行安装。首先，创建一个CoNLL格式的句子数据文件example.conllu，内容如下：

```
# text = The quick brown fox jumps over the lazy dog.
1    The     the     DET     DT    _    2    det      _    _
2    quick   quick   ADJ     JJ    _    4    amod     _    _
3    brown   brown   ADJ     JJ    _    4    amod     _    _
4    fox     fox     NOUN    NN    _    5    nsubj    _    _
5    jumps   jump    VERB    VBZ   _    0    root     _    _
6    over    over    ADP     IN    _    9    case     _    _
7    the     the     DET     DT    _    9    det      _    _
8    lazy    lazy    ADJ     JJ    _    9    amod     _    _
9    dog     dog     NOUN    NN    _    5    nmod     _    _
10   .       .       PUNCT   .     _    5    punct    _    _
```

示例具体实现代码如下：

```python
import conllu

# 从文件中加载句子数据
with open("example.conllu", "r", encoding="utf-8") as f:
    data = f.read()

# 解析数据
sentences = conllu.parse(data)

# 打印依存关系
for sentence in sentences:
    for token in sentence:
        print(f"{token['form']} --> {token['deprel']} --> {sentence[token['head']-1]['form'] if token['head'] > 0 else 'root'}")
```

上述代码加载了 CoNLL 格式的句子数据，解析了依存关系，然后输出了每个词汇、依存关系和其父节点。输出结果如下：

```
The --> det --> quick
quick --> amod --> fox
brown --> amod --> fox
fox --> nsubj --> jumps
jumps --> root --> root
over --> case --> dog
the --> det --> dog
lazy --> amod --> dog
dog --> nmod --> jumps
. --> punct --> jumps
```

6.5.4 依存分析在自然语言处理中的应用

依存分析在 NLP 中的常见应用领域如下：
- 语法分析：依存分析可用于分析句子的语法结构，包括主谓关系、宾语关系、修饰关系等。这有助于将句子分解为更小的语法单元，从而更好地理解句子结构。
- 信息提取：依存分析可以用于从文本中提取有关实体之间的关系或事件的信息。通过分析依存关系，可以确定哪些词汇与特定实体或事件相关，从而支持信息提取任务。
- 问答系统：在问答系统中，依存分析可用于理解用户提出的问题，并识别问题中的主要词汇和关系。这有助于系统理解问题的含义，从文本中检索答案。
- 机器翻译：在机器翻译中，依存分析可帮助翻译系统理解源语言句子的结构，从而更好地翻译为目标语言，并提高翻译的准确性。
- 信息检索：在信息检索中，依存分析可以帮助系统理解用户的查询意图，并更好地匹配相关文档。这有助于提高信息检索的准确性。
- 文本生成：在文本生成任务中，依存分析可用于生成更自然的文本，使生成的文本更符合语法和语义规则。
- 语音识别：依存分析可以将语音转换为文本，并识别文本中的依存关系，从而提高语音识别的准确性。
- 自动摘要：在自动摘要生成中，依存分析可确定文档中哪些句子或段落是关键的，从而生成更具信息价值的摘要。

总之，依存分析在 NLP 中可以帮助计算机更好地理解和处理自然语言文本，有助于提高文本处理的效率和准确性。请看下面的示例，演示了使用库 spaCy 进行依存分析来提取大型文本信息的过程。

示例 6-7：使用 spaCy 进行依存分析（源码路径：daima\6\fan.py）。

示例具体实现代码如下：

```
import spacy

# 加载 spaCy 的英语模型（较大的模型，需要下载）
nlp = spacy.load("en_core_web_md")

# 大型文本
```

```python
large_text = """
Apple Inc. is an American multinational technology company headquartered in
Cupertino, California. It was founded by Steve Jobs, Steve Wozniak, and Ronald
Wayne in 1976. Apple is known for its hardware products such as the iPhone, iPad,
and Mac computers. The company also offers software services like iOS, macOS, and
the App Store.

Google LLC is another technology giant based in Mountain View, California.
It was founded by Larry Page and Sergey Brin while they were Ph.D. students at
Stanford University in 1998. Google is best known for its search engine, but it
also offers a wide range of products and services, including Android, Google Maps,
and Google Drive.

Microsoft Corporation, headquartered in Redmond, Washington, is a major player
in the technology industry. It was founded by Bill Gates and Paul Allen in 1975.
Microsoft is famous for its Windows operating system and Microsoft Office suite.
The company also provides cloud services through Microsoft Azure.
"""

# 进行依存分析
doc = nlp(large_text)

# 提取公司和产品信息
companies = []
products = []

for token in doc:
    if token.text.lower() == "inc." or token.text.lower() == "llc" or token.text.lower() == "corporation":
        companies.append(token.head.text)

    if token.dep_ == "dobj" and token.head.text.lower() == "known":
        products.append(token.text)

# 输出提取的信息
print("公司信息:")
for company in companies:
    print(company)

print("\n 产品信息:")
for product in products:
    print(product)
```

在上述代码中，加载了库 spaCy 的较大的英语模型，然后对大型文本进行依存分析。通过分析句子结构和依存关系，提取了公司名称和产品信息。在运行本示例之前需要确保已经下载了所需的模型，可以使用以下命令下载 en_core_web_md 模型：

```
python -m spacy download en_core_web_md
```

执行后会输出：

公司信息:

```
Apple
Google
Microsoft

产品信息:
hardware products
search engine
Windows operating system
Microsoft Office suite
cloud services
```

6.6 语法树生成

语法树（syntax tree）是一种用来表示句子结构的树形结构，它展示了句子中每个单词或短语之间的语法关系，以及句子的结构和层次。

6.6.1 语法树介绍

在语法树中，每个节点代表一个单词或短语，通常用标签表示其语法角色，如主语、谓语、宾语等。句子的根节点通常表示整个句子，而其他节点表示子句或短语。

语法树的边（通常是有向边）表示单词或短语之间的语法关系，如修饰、从属、并列等。通过遍历语法树，可以理解句子的语法结构和语法关系。

语法树在自然语言处理中广泛应用，包括句法分析、语法检查、翻译、问答系统等领域。通过语法树，计算机可以更好地理解句子的结构，从而更好地处理和分析文本。

6.6.2 语法树生成的基本原理

语法树生成的基本原理涉及使用语法规则和分析方法将句子的词汇和语法结构组合成树状结构，以表示句子的语法关系和结构。下面是语法树生成的基本原理。

- 语法规则：语法树生成依赖语法规则，这些规则描述了单词和短语之间的语法关系。通常，这些规则可以使用上下文无关文法（context-free grammar，CFG）表示，其中定义了如何构建句子的语法结构。例如，一个简单的语法规则可以表示为：S→NP VP，表示一个句子（S）由一个名词短语（NP）和一个动词短语（VP）组成。
- 分词：将句子中的单词划分为一个个标记（tokens），以便进一步处理。分词是语法树生成的预处理步骤，以确保每个单词或短语都可以被正确放置在树的节点中。
- 自底向上或自顶向下分析：自底向上分析从单词开始，逐步构建更大的短语和句子，直到构建整棵语法树。自顶向下分析从整个句子开始，逐步将句子分解为更小的短语和单词，构建语法树。
- 语法分析器：语法分析器是一种算法或工具，用于根据语法规则分析句子的结构。常见的语法分析器包括递归下降分析、移进—规约分析和图分析等。这些分析器将句子的语法结构映射到树状结构。

6.6.3 生成语法树的方法

在实际应用中有多种生成语法树的常见方法。
- 递归下降分析法：这是一种自顶向下的语法分析方法，通过递归地将句子分解为更小的语法单元，最终构建语法树。通常使用 CFG 来定义语法规则。
- 移进-规约分析法：这是一种自底向上的语法分析方法，通过从左到右扫描句子并应用规约操作来构建语法树。通常与 LR 分析器一起使用。
- 自然语言处理工具：许多自然语言处理工具和库（如 NLTK、spaCy 和 Stanford NLP）提供了生成语法树的功能。这些工具使用预训练的语法模型来分析句子的语法结构。

下面是一个使用递归下降分析法生成语法树的示例。

示例 6-8：使用递归下降分析法生成相应的语法树（源码路径：daima\6\shu.py）。
示例具体实现代码如下：

```python
# 定义递归下降解析器
def parse_sentence(tokens):
    tree = {'type': 'S', 'children': []}
    while tokens:
        token = tokens[0]
        if token in ['the', 'a']:
            np = {'type': 'NP', 'children': [tokens.pop(0)]}
            tree['children'].append(np)
        elif token in ['cat', 'dog', 'runs', 'jumps']:
            vp = {'type': 'VP', 'children': [tokens.pop(0)]}
            tree['children'].append(vp)
        else:
            raise ValueError("Invalid token: " + token)
    return tree

# 输入英语句子
sentence = "the cat runs"

# 对输入进行分词
tokens = sentence.split()

# 解析句子并生成语法树
try:
    syntax_tree = parse_sentence(tokens)
    print("语法树: ", syntax_tree)
except ValueError as e:
    print("解析错误:", e)
```

在上述代码中，首先定义了一个递归下降解析器 parse_sentence，它可以解析包含 NP 和 VP 的简单英语句子。然后，我们提供一个示例句子 the cat runs，对其进行分词并使用递归下降分析法生成相应的语法树。执行后会输出语法树结构：

```
语法树: {'type': 'S', 'children': [{'type': 'NP', 'children': ['the']}, {'type': 'VP', 'children': ['cat']}, {'type': 'VP', 'children': ['runs']}]}
```

6.6.4 基于上下文无关文法的语法树生成

上下文无关文法（CFG）是一种用于生成语法树的形式文法，它定义了语言的语法结构，使得可以根据语法规则生成句子的语法树。例如下面是一个使用库 NLTK 生成语法树的示例，它基于上下文无关文法实现。

示例 6-9：使用库 NLTK 生成语法树（源码路径：daima\6\shang.py）。

示例具体实现代码如下：

```python
import nltk
from nltk import CFG
from nltk.parse.chart import ChartParser

# 定义上下文无关文法
grammar = CFG.fromstring("""
    S -> NP VP
    NP -> Det N
    VP -> V NP
    Det -> 'The' | 'the'
    N -> 'fox' | 'dog' | 'quick' | 'brown' | 'lazy'
    V -> 'jumps' | 'over'
    P -> '.'
""")

# 创建语法分析器
parser = ChartParser(grammar)

# 定义一个句子并进行分词
sentence = "The quick brown fox jumps over the lazy dog."
tokens = nltk.word_tokenize(sentence)

# 使用语法分析器生成语法树
for tree in parser.parse(tokens):
    tree.pretty_print()
```

在上述代码中，使用库 NLTK 定义了一个 CFG，然后使用 ChartParser 进行语法树生成。最后，我们提供了一个句子并打印生成的语法树。执行后会输出：

```
(S
  (NP (Det The) (N quick))
  (VP (V brown) (NP (Det the) (N fox)))
  (P .))
(S
  (NP (Det The) (N quick))
  (VP (V brown) (NP (Det the) (N fox)))
  (P .))
(S
  (NP (Det The) (N quick))
  (VP (V brown) (NP (Det the) (N fox)))
  (P .))
(S
```

```
    (NP (Det The) (N quick))
    (VP (V brown) (NP (Det the) (N fox)))
    (P .))
(S
    (NP (Det The) (N quick))
    (VP (V brown) (NP (Det the) (N fox)))
    (P .))
```

6.7 知识图谱与图数据分析

知识图谱是一种语义网络,用于表示和组织各种实体之间的关系。它以图的形式呈现,其中实体表示为节点,关系表示为边。

在基于知识图谱的推荐系统中,知识图谱可以提供丰富的实体和关系信息,用于描述用户、物品和其他相关属性之间的关联关系。推荐算法可以基于这些信息,通过对知识图谱进行分析和挖掘,实现更精准和个性化的推荐。

6.7.1 知识图谱的特点

知识图谱是一个结构化的知识库,它通过语义关联来描述实体之间的联系,包括层级关系、属性关系和语义关系等。

- 丰富性:知识图谱可以涵盖广泛的领域知识,包括人物、地点、组织、事件等各种实体类型,并记录它们之间的关系。
- 可扩展性:知识图谱可以随着新知识的增加而扩展,新的实体和关系可以被添加到已有的图谱中。
- 共享性:知识图谱可以作为一个共享的资源,供不同应用和系统使用,促进知识的交流和共享。
- 语义性:知识图谱强调实体之间的语义关系,通过关联实体的属性、类别、语义标签等来丰富实体的语义信息。
- 可推理性:知识图谱可以支持基于逻辑推理和推断的操作,通过推理可以发现实体之间的潜在关系和隐藏的知识。
- 上下文关联性:知识图谱可以提供上下文信息,帮助理解实体在不同关系中的含义和语义。

6.7.2 知识图谱的构建方法

知识图谱的构建方法通常包括以下步骤:

(1) 数据收集:收集结构化和非结构化的数据,包括文本文档、数据库、网页、日志文件等。

(2) 实体识别和抽取:使用 NLP 技术,如命名实体识别和实体关系抽取,从文本数据中识别和提取出实体之间的关系。

(3) 数据清洗和预处理:对收集到的数据进行清洗和预处理,包括去除噪声、处理缺失值、统一实体命名等,以确保数据的质量和一致性。

(4) 知识建模:根据领域知识和目标任务,设计合适的知识模型和本体(ontology),定义实体类型、属性和关系等。知识模型可以使用图结构、本体语言（如 OWL）等表示。

（5）实体连接：将从不同数据源中提取的实体进行连接，建立实体的唯一标识符，以便在知识图谱中进行统一表示和查询。

（6）关系建模：识别和建模实体之间的关系，包括层级关系、属性关系和语义关系等。关系可以通过手工标注、基于规则的方法、机器学习等方式进行建模。

（7）图数据库存储：选择适合知识图谱存储和查询的图数据库，如 Neo4j、JanusGraph 等。将构建好的知识图谱数据存储到图数据库中，并建立索引以支持高效的查询和推理。

（8）图谱扩展与维护：根据需求和新的数据源不断扩展和更新知识图谱。可以使用自动化方法，如基于规则、机器学习或半自动化方法来支持图谱的维护和更新。

（9）知识推理和挖掘：基于构建好的知识图谱进行推理和挖掘，发现新的关联关系和隐藏的知识。可以使用图算法、逻辑推理、统计分析等方法来进行推理和挖掘。

构建知识图谱是一个复杂的任务，通常涉及数据抽取、数据清洗、实体连接、关系抽取和知识表示等多个步骤。例如下面是一个使用已有的数据构建小型知识图谱的示例，在这个示例中，将构建一个包含国家、首都和官方语言的基本知识图谱。

示例 6-10：使用已有的数据构建一个小型知识图谱（源码路径：daima\6\tu.py）。

示例具体实现代码如下：

```python
# 创建一个空的知识图谱
knowledge_graph = {}

# 添加国家、首都和官方语言的信息
knowledge_graph["France"] = {"Capital": "Paris", "Official Language": "French"}
knowledge_graph["Germany"] = {"Capital": "Berlin", "Official Language": "German"}
knowledge_graph["Spain"] = {"Capital": "Madrid", "Official Language": "Spanish"}
knowledge_graph["Italy"] = {"Capital": "Rome", "Official Language": "Italian"}
knowledge_graph["United States"] = {"Capital": "Washington, D.C.", "Official Language": "English"}

# 查询知识图谱
country = "France"
if country in knowledge_graph:
    info = knowledge_graph[country]
    print(f"Country: {country}")
    print(f"Capital: {info['Capital']}")
    print(f"Official Language: {info['Official Language']}")

# 添加更多国家和信息
knowledge_graph["China"] = {"Capital": "Beijing", "Official Language": "Mandarin"}
knowledge_graph["India"] = {"Capital": "New Delhi", "Official Language": "Hindi"}
knowledge_graph["Brazil"] = {"Capital": "Brasília", "Official Language": "Portuguese"}

# 查询知识图谱
country = "China"
if country in knowledge_graph:
```

```
        info = knowledge_graph[country]
        print(f"Country: {country}")
        print(f"Capital: {info['Capital']}")
        print(f"Official Language: {info['Official Language']}")
```

上述代码的实现流程如下:

(1) 创建一个空的字典,用于表示知识图谱。字典的键表示国家名称,值是另一个字典,包含国家的属性信息。

(2) 逐个添加国家的信息。每个国家都作为字典的一个键,其属性(首都和官方语言)作为与该键相关联的值。

(3) 我们可以通过查找国家名称来检索知识图谱中的信息。如果国家存在于知识图谱中,则获取其属性信息并打印出来。

(4) 根据需要,可以继续向知识图谱中添加更多国家和其属性信息。

(5) 使用相同的查询方法来检索新添加的国家信息。

执行后会输出:

```
Country: France
Capital: Paris
Official Language: French
Country: China
Capital: Beijing
Official Language: Mandarin
```

注意:这是一个简单的静态知识图谱示例,只是为了演示构建知识图谱的基本流程。在实际应用中,知识图谱通常会更加复杂,包含更多实体和关系,可能需要更复杂的数据存储和查询机制。

6.7.3 图数据分析的基本原理

图数据分析是一种用于研究和理解复杂关系的数据分析方法,其基本原理如下:

- 数据表示:图数据分析的第一步是将现实世界中的关系数据转化为图的形式。在图中,实体通常被表示为节点,而实体之间的关系则通过边连接这些节点。节点可以包括不同的属性信息,而边可以包含权重或其他关系属性。

- 图的构建:在构建图时,需要确定节点和边的类型以及它们之间的关系。这通常需要领域知识和数据清洗。图可以是有向的(边有方向)或无向的,可以是加权的或非加权的,可以是多层次的(多种类型的节点和边)。

- 节点中心性分析:节点中心性分析包括度中心性(节点的连接数量)、接近中心性(节点之间的最短路径)、介数中心性(节点在其他节点之间的最短路径中的中介程度)、特征向量中心性(节点对网络中的其他节点的重要性)等。这些中心性度量有助于识别网络中的关键节点。

- 社区检测:社区检测是识别网络中的紧密连接子图的过程,这些子图中的节点之间有着更强的内部连接,而与其他子图的连接较弱。社区检测有助于理解网络结构并发现节点之间的共同性。

- 图算法和模型:图数据分析使用各种图算法和模型来解决特定问题,如最短路径查找、图聚类、图嵌入、图生成模型等。这些算法和模型可以应用于推荐系统、社交网络分析、生物网络分析、交通网络分析等领域。
- 可视化：可视化在图数据分析中起重要作用，它可以帮助用户更好地理解图的结构和属性。图可视化工具和技术有助于呈现图数据、显示节点之间的关系，以及突出显示关键信息。

下面是一个简单的图数据分析的示例，使用库NetworkX来创建和分析一个小型社交网络图。

示例 6-10：创建和分析一个小型社交网络图（源码路径：daima\6\tu2.py）。

示例具体实现代码如下：

```python
import networkx as nx
import matplotlib.pyplot as plt
import matplotlib
print("Matplotlib backend:", matplotlib.get_backend())
matplotlib.use('TkAgg')   # 或其他可用的后端
# 创建一个空的有向图
G = nx.DiGraph()

# 添加节点
G.add_node("Alice")
G.add_node("Bob")
G.add_node("Charlie")
G.add_node("David")

# 添加边
G.add_edge("Alice", "Bob")
G.add_edge("Alice", "Charlie")
G.add_edge("Charlie", "David")

# 绘制图形
pos = nx.spring_layout(G)  # 定义节点位置
nx.draw(G, pos, with_labels=True, node_size=500, node_color='lightblue')
plt.title("Social Network")
plt.show()

# 计算网络度中心性
degree_centrality = nx.degree_centrality(G)
print("Degree Centrality:", degree_centrality)

# 检测社区
communities = list(nx.community.greedy_modularity_communities(G))
print("Communities:", communities)
# 创建布局
pos = nx.spring_layout(G)
```

在上述代码中，首先创建一个有向图，然后添加节点和边，表示一个社交网络。我们绘制了图形以可视化表示。接下来，我们计算了网络中节点的度中心性，以了解节点的重要性。最后，使用NetworkX的社区检测算法来查找网络中的社区。执行后会绘制社交网络图，如图 6-1 所示。

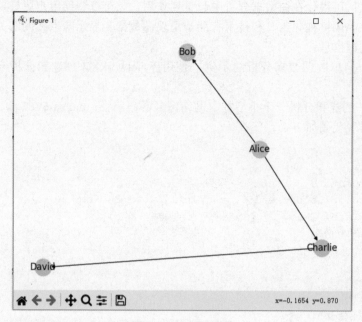

图 6-1 社交网络图

6.7.4 图数据分析的应用场景

图数据分析在各种领域中应用广泛，下面是一些常见的应用场景。
- 社交网络分析：社交媒体平台、社交网络、博客和论坛中的数据分析，用于发现社交网络中的社交关系、社交网络影响因素、社交网络中的用户特征等。
- 推荐系统：通过分析用户与产品或内容之间的交互关系，可以构建个性化的推荐系统，如电影、音乐、商品推荐。
- 交通网络优化：用于优化城市交通网络、路线规划、公共交通系统优化等。
- 金融风险分析：分析金融市场、金融交易、信贷评分等数据，用于风险管理和欺诈检测。
- 生物信息学：在生物学和医学中，用于分析蛋白质—蛋白质相互作用、基因调控网络、生物通路等。
- 网络安全：检测网络攻击、入侵检测、异常检测等。
- 电信网络分析：分析电信网络的通信数据，用于优化网络性能、故障诊断等。
- 语言处理：用于构建自然语言处理中的语义网络和关系抽取。
- 城市规划：分析城市中的人口流动、用地规划、基础设施优化等。
- 科学研究：在物理学、化学、社会科学等领域中，用于建立复杂的关系模型和研究。

图数据分析技术在不同领域中的应用前景广阔，可以帮助提取和理解大规模关系型数据中的模式、趋势和见解。当将图数据分析应用于金融风险分析时可以构建一个图，其中节点代表不同的金融实体（如公司、银行、个人等），边代表它们之间的关联和交易。通过分析这些关系，可以识别潜在的金融风险和欺诈行为。例如下面便是一个简单的示例，演示使用库

NetworkX 进行金融风险分析的过程。

示例 6-11：使用 NetworkX 库进行金融风险分析（源码路径：daima\6\tui.py）。

示例具体实现代码如下：

```python
import networkx as nx
import matplotlib.pyplot as plt

# 创建一个有向图表示金融网络
G = nx.DiGraph()

# 添加金融实体节点
entities = ["Bank A", "Bank B", "Company X", "Company Y", "Individual 1", "Individual 2"]
G.add_nodes_from(entities)

# 添加交易关系
transactions = [
    ("Individual 1", "Company X", 1000000),
    ("Individual 2", "Company X", 800000),
    ("Company X", "Bank A", 900000),
    ("Company X", "Bank B", 200000),
    ("Company X", "Company Y", 100000),
    ("Bank A", "Company Y", 40000),
    ("Bank B", "Company Y", 80000),
]

for source, target, amount in transactions:
    G.add_edge(source, target, amount=amount)

# 可视化金融网络
pos = nx.spring_layout(G, seed=42)
nx.draw(G, pos, with_labels=True, node_size=1000, node_color='lightblue', font_size=10, font_color='black', font_weight='bold')
labels = nx.get_edge_attributes(G, 'amount')
nx.draw_networkx_edge_labels(G, pos, edge_labels=labels, font_color='red')

plt.title("金融网络")
plt.show()

# 分析潜在的金融风险
out_degrees = G.out_degree(entities)
for entity, out_degree in out_degrees:
    if out_degree > 2:
        print(f"风险警报: {entity} 的出度（出站交易）为 {out_degree}")
```

在上述代码中，首先创建了一个有向图来表示金融网络，其中包括不同的金融实体和它们之间的交易关系。然后，对金融网络进行可视化，显示了实体之间的关系和交易金额。最后，分析了潜在的金融风险，具体实现是通过查看每个实体的出度（出站交易次数）。如果出度超过 2 次，就发出风险警报。执行后会输出如下风险信息，并绘制社交网络图，如图 6-2 所示。

风险警报：Company X 的出度（出站交易）为 3

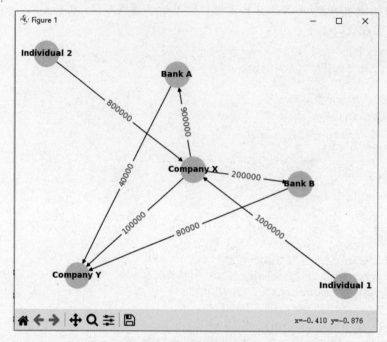

图 6-2　风险网络图

第 7 章 机器翻译算法

机器翻译算法是一种使用计算机程序来将一种语言的文本翻译成另一种语言的技术，各种机器翻译算法的发展使机器翻译取得了巨大的进步，但仍然存在挑战，如处理语言多样性、上下文理解和专业术语等。研究者和工程师不断努力改进机器翻译技术，以使其更准确、流畅，以适应各种语言对之间的翻译任务。在本章中，将详细讲解在自然语言处理中使用机器翻译算法的知识。

7.1 常见的机器翻译算法

在现实应用中，常见的机器翻译算法和模型如下：
- 统计机器翻译（statistical machine translation，SMT）：SMT 基于大规模的双语文本语料库，使用统计模型找到源语言和目标语言之间的对应关系。著名的 SMT 系统包括 IBM 模型和短语基础的翻译模型。
- 神经机器翻译（neural machine translation，NMT）：NMT 使用深度神经网络来学习源语言和目标语言之间的映射关系。它通常由编码器和解码器组成，其中编码器将源语言文本编码为连续向量表示，解码器将这些向量解码为目标语言文本。
- 预训练语言模型（pretrained language models）：它基于大规模的语言模型，如 BERT、GPT 和 T5。通过微调这些预训练模型，可以实现高质量的机器翻译。
- 基于注意力机制的模型（attention-based models）：注意力机制在 NMT 中得到广泛应用，它允许模型在翻译过程中关注源语言文本的不同部分，以便更好地捕捉语言之间的对应关系。
- 强化学习（reinforcement learning）：可以根据翻译质量的反馈来调整模型的翻译决策。

7.2 统计机器翻译

SMT 基于大规模的双语语料库和统计模型进行翻译。它在早期为机器翻译做出了贡献，但它也存在一些局限性，主要包括：
- 限制上下文理解：SMT 主要基于局部短语和句子级别的翻译模型，因此对上下文理解有限，难以处理长文本和复杂的句子结构。
- 固定翻译模型：SMT 的翻译模型是基于统计概率的，因此不具备语言理解或推理能力，难以捕捉语言中的含义和多义性。
- 低资源语言困难：SMT 在对非常见语言或资源稀缺语言进行翻译时面临困难，因为它需要大量的双语数据来进行训练。

7.2.1 统计机器翻译的实现步骤

实现 SMT 的基本步骤如下：

（1）数据收集：SMT 的核心是双语语料库，其中包括源语言和目标语言之间的句子对。这些语料库通常由人工翻译或自动对齐生成，以便建立双语对照。

（2）训练模型：SMT 使用统计模型来学习源语言和目标语言之间的对应关系。在训练过程中，模型会学习短语对齐、翻译概率和语言模型等参数。

（3）解码：一旦训练完成，SMT 系统可以对新的源语言句子进行翻译。在解码过程中，系统会搜索可能的翻译候选，然后使用模型参数来评估它们的质量，选择最佳的翻译。

（4）参数调整：SMT 系统通常需要进行参数调整，以优化翻译质量。这可以通过手动调整参数或使用额外的特征来实现。

7.2.2 常见的 SMT 模型

下面是一些常见的 SMT 模型。

- IBM 模型：IBM 模型是 SMT 的早期模型系列，这些模型使用不同的方法来建模短语对齐和翻译概率，对于 SMT 的发展起到了重要作用。
- 短语基础的模型：短语基础的模型将源语言文本划分为短语，然后使用短语级别的对应关系和翻译概率来进行翻译。这些模型在 SMT 中很常见，因为它们可以处理不同长度的短语和句子，并具有一定的上下文信息。
- 语言模型：SMT 系统通常使用语言模型来评估目标语言句子的流畅度。语言模型有助于选择最合适的翻译候选，以确保翻译结果自然流畅。
- 词对齐模型：这些模型用于确定源语言单词包括和目标语言单词之间的对应关系，从而生成词对齐。常见的词对齐模型包括隐马尔可夫模型。
- 语言模型重排序：SMT 系统可以使用语言模型重排序来提高翻译质量。在生成翻译候选之后，语言模型可以对候选进行进一步评估和排序，以选择最佳翻译。
- 最小错误率训练：这是一种用于优化 SMT 系统性能的技术。它使用自动或人工生成的候选翻译来评估不同模型参数设置的性能，以选择最佳的参数配置。

在使用 SMT 模型进行机器翻译时通常需要使用特定的库和工具（例如 Moses），以构建和运行 SMT 系统。Moses 是一个常用的 SMT 工具包，它提供了 SMT 模型的训练和使用功能。下面是一个简单的示例，演示了使用 Moses 工具进行机器翻译的过程。

示例 7-1：使用 SMT 模型进行机器翻译（源码路径：daima\7\fan.py）。

首先，确保已经安装了 Moses 工具包，可以从官方网站下载并安装 Moses。

示例具体实现代码如下：

```
import subprocess

# 设置 Moses 工具的路径
moses_path = "/path/to/moses"

# 源语言文本
source_text = "source.txt"

# 使用 Moses 进行翻译
translation_command = f"{moses_path}/bin/moses -f /path/to/your/smt/model/moses.ini < {source_text}"
translation = subprocess.check_output(translation_command, shell=True,
```

```
encoding='utf-8')

# 打印翻译结果
print(translation)
```

在上述代码中，moses_path 需要指向安装 Moses 工具的路径，/path/to/your/smt/model/moses.ini 是训练好的 SMT 模型的配置文件路径。translation_command 将源语言文本输入到 Moses 的命令行工具，并获取翻译结果。

注意：训练好的 SMT 模型通常依赖特定的语料库和数据，因此模型的性能和适用性可能会因语言对和领域而异。如果需要特定语言对和领域的高质量翻译模型，可能需要自行训练模型。

7.2.3 SMT 的训练和解码

SMT 的训练和解码是 SMT 系统中的两个关键步骤，其中训练用于构建翻译模型，而解码用于将源语言文本翻译成目标语言文本。

SMT 的训练过程如下：

（1）数据收集：训练 SMT 模型需要大量的双语数据，其中包括源语言文本和对应的目标语言文本。

（2）预处理：双语数据需要进行预处理，包括分词、标点符号处理、低频词处理等。此外，对齐也是一个重要的预处理步骤，用于确定源语言和目标语言句子之间的对应关系。

（3）建立对应关系：在 SMT 训练中，模型需要学习源语言句子和目标语言句子之间的对应关系。这可以使用不同的方法来实现，如 IBM 模型、短语对齐、词对齐等。

（4）计算翻译概率：SMT 模型会计算源语言句子到目标语言句子的翻译概率。这通常涉及统计模型的训练，其中包括翻译概率、调序概率和语言模型等参数的学习。

（5）训练模型：一旦对应关系和概率模型参数学习完成，模型可以进行训练。训练 SMT 模型通常涉及迭代优化，以改善翻译质量。

SMT 的解码过程如下：

（1）输入文本：在解码过程中，用户提供源语言文本，希望将其翻译成目标语言。

（2）分词和预处理：与训练过程类似，源语言文本需要进行分词和预处理，以便 SMT 系统能够理解。

（3）翻译候选生成：SMT 系统使用训练好的模型参数来生成多个翻译候选。这些候选可以包括不同的翻译，以及对翻译中的单词顺序进行不同的排列。

（4）翻译候选评分：每个翻译候选都会被模型评分，评估其质量。评分通常包括翻译概率、调序概率和语言模型分数等。

（5）选择最佳翻译：SMT 系统会选择得分最高的翻译作为最终翻译结果。这通常基于模型评分，以确保输出的翻译质量最高。

（6）输出翻译结果：最佳翻译结果会被呈现给用户作为目标语言的翻译。

SMT的训练和解码是复杂而耗时的过程，通常需要使用专用工具和大规模的双语语料库。下面的示例并不涵盖完整的SMT训练和解码过程，仅仅提供一个基本的实现流程。在这个示例中，将使用库NLTK来模拟一个简化的SMT模型的训练和解码过程。

示例 7-2：模拟一个简化的 SMT 模型的训练和解码过程（源码路径：daima\7\xun.py）。

示例具体实现代码如下:

```python
import nltk

# 模拟一些双语数据
source_sentences = ["I love cats", "She likes dogs", "He is a programmer"]
target_sentences = ["J'aime les chats", "Elle aime les chiens", "Il est programmeur"]

# 分词和预处理
source_tokens = [nltk.word_tokenize(sentence) for sentence in source_sentences]
target_tokens = [nltk.word_tokenize(sentence) for sentence in target_sentences]

# 建立对应关系(这里是一个简单的映射)
alignment = [(0, 0), (1, 1), (2, 2)]

# 训练模型
translation_model = {}
for src_idx, tgt_idx in alignment:
    for src_word, tgt_word in zip(source_tokens[src_idx], target_tokens[tgt_idx]):
        translation_model[src_word] = tgt_word

# 保存训练好的模型
import pickle
with open("translation_model.pkl", "wb") as model_file:
    pickle.dump(translation_model, model_file)

# 加载训练好的模型
with open("translation_model.pkl", "rb") as model_file:
    translation_model = pickle.load(model_file)

# 输入要翻译的文本
input_sentence = "I am a programmer"

# 分词和预处理
input_tokens = nltk.word_tokenize(input_sentence)

# 解码(复杂的对应关系映射,考虑词性)
output_tokens = [translation_model.get(token, token) for token in input_tokens]

# 构建目标语言句子
output_sentence = " ".join(output_tokens)

print("Input Sentence:", input_sentence)
print("Translated Sentence:", output_sentence)
```

对上述代码的具体说明如下：

（1）import nltk：导入库 NLTK，它是一个自然语言处理库，提供了许多文本处理工具。

（2）source_sentences 和 target_sentences：这两个列表分别包含源语言文本和目标语言文本的示例句子。这些句子是用于模拟训练 SMT 模型的双语数据。

（3）分词和预处理：使用库 NLTK 的 word_tokenize()函数将源语言和目标语言句子分词并进行基本的文本预处理。这是为了将句子拆分成单词，并使文本更容易处理。

（4）alignment：这是一个包含元组的列表，表示源语言句子和目标语言句子之间的对应关系。在示例中，它指定了哪些源语言句子对应哪些目标语言句子。

（5）训练模型：使用 alignment 中指定的对应关系，创建一个简单的翻译模型。这个模型是一个字典，将源语言单词映射到目标语言单词。示例中的模型是简化的，实际的 SMT 模型要复杂得多，通常包括更多的数据和复杂的模型参数。

（6）保存训练好的模型：使用库 pickle 将训练好的模型保存到名为 translation_model.pkl 的文件中，以备后续使用。

（7）加载训练好的模型：从保存的文件中加载模型，以备后续使用。

（8）输入要翻译的文本：指定一个源语言句子，这里是 I am a programmer。

（9）分词和预处理：对输入的源语言句子进行分词和预处理。

（10）解码：使用加载的翻译模型，将源语言句子中的单词映射到目标语言单词。这个映射是在训练过程中学习的。

（11）构建目标语言句子：将映射后的目标语言单词拼接成目标语言句子。

（12）打印结果：打印输入的源语言句子和生成的目标语言句子。

7.3　神经机器翻译

与传统的SMT不同，神经机器翻译（NMT）采用了深度学习方法，这些方法在自然语言处理领域取得了显著的成功。我们通过一些具体的概念来了解一下NMT的主要特点。

● 端到端翻译：NMT 采用端到端的方法，将整个翻译任务作为一个单一的神经网络模型来处理，而不需要复杂的子系统，如短语对齐或翻译规则。

● 上下文感知：NMT 模型能够考虑句子中的全局信息和上下文，以更好地理解句子的语境，从而提高翻译质量。

● 参数共享：NMT 模型通常使用 RNN 或 Transformer 等体系结构，这些结构使用共享的参数来处理不同位置的输入和输出，从而减少模型的参数数量。

● 训练数据：NMT 模型需要大规模的双语平行语料库来进行训练，这些数据包含源语言句子和对应的目标语言句子。

7.3.1　NMT 模型的一般工作流程

（1）编码器：源语言句子首先通过编码器（通常是 RNN 或 Transformer）进行编码。编码器将输入的源语言句子转化为一个上下文向量，其中包含了源语言句子的语义信息。

（2）解码器：解码器（通常是 RNN 或 Transformer）接收上下文向量，并逐个生成目标语言单词。解码器使用上下文向量和先前生成的单词来预测下一个单词。

（3）训练：NMT 模型通过最小化目标语言句子与实际翻译之间的差距来进行训练。这通常使用梯度下降等优化算法来实现。

（4）生成：一旦训练完成，NMT 模型可以用于生成源语言到目标语言的翻译。给定源语言句子，模型会生成对应的目标语言句子。

NMT 模型的性能通常比传统的 SMT 模型更好，因为它能够更好地捕捉语言结构和上下文信息。这使得 NMT 在自动翻译、文本生成和其他自然语言处理任务中取得了很大的成功。

7.3.2 NMT 的应用领域

NMT 的主要应用领域如下：
- 翻译服务：NMT 最常见的应用领域之一是语言翻译。它在将一种语言翻译成另一种语言的任务中表现出色。这种技术已被广泛用于在线翻译服务、翻译工具和多语言网站等。NMT 还可用于专业领域的翻译，如医学、法律、科学和技术领域。
- 跨语言信息检索：NMT 有助于改进跨语言信息检索系统，使用户能够在不同语言的文档中查找信息。这对于国际化搜索引擎和知识库非常有用。
- 自动文本摘要：NMT 可用于生成文本的摘要，将长篇文章或文档缩减为更简洁的版本，有助于用户更快速地理解文本内容。
- 对话系统：NMT 在自然语言处理任务中应用广泛，包括机器人对话、聊天机器人、客户支持和虚拟助手。它可以用于实现自然、流畅的对话，提供更好的用户体验。
- 语音识别和合成：NMT 可以将语音转换为文本（语音识别）和将文本转换为语音（语音合成）。这在语音助手、语音搜索和辅助听力技术中很有用。
- 多语言处理：NMT 可以用于多语言处理任务，如多语言情感分析、多语言文本分类、多语言命名实体识别等。这有助于跨国企业、国际社交媒体和国际新闻媒体更好地处理多语言数据。
- 多语言教育：NMT 可用于创建多语言教育资源，帮助学生学习外语，提供多语言教材和在线课程。

7.3.3 NMT 的训练和解码

训练和解码是 NMT 系统的两个关键阶段，下面将简要介绍这两个阶段的基本原理。

1. 训练阶段

（1）数据准备：首先需要准备平行语料，即包含源语言和目标语言句子对的数据集。这些句子对将用于模型的监督训练。通常，数据预处理步骤包括分词、建立词汇表等。

（2）编码器—解码器架构：NMT 模型通常采用编码器—解码器架构。编码器负责将源语言句子编码为一个连续的表示，而解码器将这个表示解码为目标语言句子。

（3）损失函数：训练 NMT 模型的目标是最小化翻译误差。通常使用交叉熵损失函数来度量模型生成的翻译与目标语言句子之间的差异。

（4）反向传播和梯度下降：使用反向传播算法计算损失函数对模型参数的梯度，然后通过梯度下降算法来更新模型参数，使损失函数逐渐减小。这个过程重复进行多个周期（epochs），直到模型收敛。

（5）词嵌入：训练 NMT 模型时，通常使用词嵌入技术将单词映射到连续的向量空间，以便模型能够处理单词。这些嵌入可以从零开始训练，也可以使用预训练的词嵌入。

2. 解码阶段

（1）输入句子编码：在解码阶段，首先需要将源语言句子（待翻译句子）通过编码器编码为一个表示（通常是一个向量）。

（2）解码：使用解码器来生成目标语言句子。解码器从该表示开始，并生成目标语言单词序列。它在每一步都会生成一个单词，并使用上下文信息来决定下一个生成的单词。这个过程迭代进行，直到生成完整的目标语言句子或达到某个终止条件（例如，生成终止符号）。

（3）注意力机制：注意力机制可以在解码过程中更好地关注源语言句子的不同部分，从而提高翻译质量。

（4）翻译结果：最终，解码器生成的目标语言句子就是翻译的结果。

NMT模型的解码阶段通常会考虑生成多个候选翻译，并使用不同的技术来选择最佳的翻译结果。此外，NMT模型的性能还受到诸多超参数、模型架构和训练策略的影响。因此，NMT研究领域一直在不断发展，以改进翻译质量。

7.3.4 基于NMT的简易翻译系统

在本节的内容中，将构建一个基于Seq2Seq模型的机器翻译系统的过程，包括数据准备、模型架构、训练和评估。它使用注意力机制来提高翻译质量，并提供了可视化工具来帮助理解模型的翻译过程。这个项目可用作机器翻译任务的起点，可以根据需要进行扩展和改进。

具体来说，本项目的功能概括如下：

● 数据准备：从一个包含英语句子和对应葡萄牙语翻译的数据集中获取句子对，并进行基本的数据清洗和预处理。

● 模型架构：使用编码器—解码器架构，其中编码器将输入句子编码为固定长度的向量，而解码器将该向量解码为目标语言句子。

● 词汇表：创建英语和葡萄牙语的词汇表，并为每个单词建立索引映射。

● 模型训练：通过多个训练轮次，使用批量数据来训练模型，优化模型权重以最小化翻译误差。在训练期间，使用教师强制来加速学习。

● 注意力机制：模型采用注意力机制，允许模型在翻译过程中关注输入句子的不同部分，以提高翻译质量。

● 模型评估：提供了一个评估函数，可用于输入句子并获得模型的翻译输出以及注意力权重分布。

● 随机样本预测：提供了一个函数，可以随机选择验证集中的样本，进行翻译预测并生成注意力热图，以帮助理解模型的翻译行为。

接下来，我们看一下简易翻译系统（源码路径：daima\7\NMT-translation.ipynb）的具体实现流程。

（1）安装Chart Studio。本项目用到了库Chart Studio，这是Plotly提供的在线图表编辑和共享平台，允许用户轻松创建、自定义、分享和部署交互式图表和数据可视化。Chart Studio的目标是使数据可视化变得更加容易，并提供工具来探索、理解和传达数据。它与Plotly的Python、R和JavaScript图表库紧密集成，使用户能够轻松地将其创建的图表集成到数据科学和Web开发项目中。安装Chart Studio的命令如下：

```
pip install chart-studio
```

（2）准备数据集文件。本项目使用了一个包含英语句子及其葡萄牙语翻译的数据集文件 por.txt，在文件中的每一行，文本文件包含一个英语句子及其葡萄牙语翻译，用制表符分隔。编写如下代码递归遍历保存数据集的目录 input 以及其子目录中的所有文件，并将它们的完整路径打印到控制台。

```
import os
for dirname, _, filenames in os.walk('input'):
    for filename in filenames:
        print(os.path.join(dirname, filename))
```

执行后输出：

```
input/por.txt
```

（3）使用 UTF-8 编码格式打开文件 por.txt，然后将文件内容按行分割，并输出文件的第 5000 行到第 5010 行的内容。

```
file_path = '../input/por.txt'
lines = open(file_path, encoding='UTF-8').read().strip().split('\n')
lines[5000:5010]
```

执行后会输出：

```
['Will it rain?\tSerá que chove?\tCC-BY 2.0 (France) Attribution: tatoeba.org #8918600 (CK) & #8930552 (JGEN)',
 'Wish me luck.\tDeseje-me sorte.\tCC-BY 2.0 (France) Attribution: tatoeba.org #2254917 (CK) & #872788 (alexmarcelo)',
 "Won't you go?\tVocê não vai?\tCC-BY 2.0 (France) Attribution: tatoeba.org #241051 (CK) & #6212788 (bill)",
 'Write in ink.\tEscreva à tinta.\tCC-BY 2.0 (France) Attribution: tatoeba.org #3258764 (CM) & #7351595 (alexmarcelo)',
 'Write in ink.\tEscreva a tinta.\tCC-BY 2.0 (France) Attribution: tatoeba.org #3258764 (CM) & #7351606 (alexmarcelo)',
 'Write to Tom.\tEscreva para o Tom.\tCC-BY 2.0 (France) Attribution: tatoeba.org #2240357 (CK) & #5985551 (Ricardo14)',
 'Years passed.\tPassaram os anos.\tCC-BY 2.0 (France) Attribution: tatoeba.org #282197 (CK) & #977841 (alexmarcelo)',
 'Years passed.\tAnos se passaram.\tCC-BY 2.0 (France) Attribution: tatoeba.org #282197 (CK) & #2324530 (Matheus)',
 'You amuse me.\tVocê me diverte.\tCC-BY 2.0 (France) Attribution: tatoeba.org #268209 (CM) & #1199960 (alexmarcelo)',
 'You are late.\tVocê está atrasado.\tCC-BY 2.0 (France) Attribution: tatoeba.org #277403 (CK) & #1275547 (alexmarcelo)']
```

（4）打印输出在前面代码中读取的文本文件的行数，也就是文件中的记录总数。

```
print("total number of records: ",len(lines))
```

在上述代码中，len(lines) 返回 lines 列表的长度，也就是文件中的行数。然后，通过 print() 函数将这个行数与文本消息 "total number of records:" 一起打印到屏幕上，以提供用户关于文件中记录数量的信息。执行后会输出：

```
total number of records:  168903
```

（5）使用 Python 标准库中的 string 模块来创建两个关于文本处理的工具，分别是 exclude

和 remove_digits。这两个工具在文本处理中非常有用，例如，可以使用它们来清洗文本，去除标点符号或数字，以便进行文本分析或其他自然语言处理任务。实现代码如下：

```
exclude = set(string.punctuation)
remove_digits = str.maketrans('', '', string.digits)
```

（6）定义一个名为 preprocess_eng_sentence() 的函数，用于预处理英语句子，以便在自然语言处理任务中使用，如机器翻译或文本生成等。实现代码如下：

```
def preprocess_eng_sentence(sent):
    '''Function to preprocess English sentence'''
    sent = sent.lower() # lower casing
    sent = re.sub("'", '', sent) # remove the quotation marks if any
    sent = ''.join(ch for ch in sent if ch not in exclude)
    sent = sent.translate(remove_digits) # remove the digits
    sent = sent.strip()
    sent = re.sub(" +", " ", sent) # remove extra spaces
    sent = '<start> ' + sent + ' <end>' # add <start> and <end> tokens
    return sent
```

（7）定义一个名为 preprocess_port_sentence() 的函数，用于预处理葡萄牙语句子。

```
def preprocess_port_sentence(sent):
    '''Function to preprocess Portuguese sentence'''
    sent = re.sub("'", '', sent) # remove the quotation marks if any
    sent = ''.join(ch for ch in sent if ch not in exclude)
    #sent = re.sub("[२३०१८४७६४८६]", "", sent) # remove the digits
    sent = sent.strip()
    sent = re.sub(" +", " ", sent) # remove extra spaces
    sent = '<start> ' + sent + ' <end>' # add <start> and <end> tokens
    return sent
```

（8）创建列表 sent_pairs，其中包含了经过预处理的英语句子和葡萄牙语句子的配对。

```
sent_pairs = []
for line in lines:
    sent_pair = []
    eng = line.rstrip().split('\t')[0]
    port = line.rstrip().split('\t')[1]
    eng = preprocess_eng_sentence(eng)
    sent_pair.append(eng)
    port = preprocess_port_sentence(port)
    sent_pair.append(port)
    sent_pairs.append(sent_pair)
sent_pairs[5000:5010]
```

执行后会输出：

```
[['<start> will it rain <end>', '<start> Será que chove <end>'],
 ['<start> wish me luck <end>', '<start> Desejeme sorte <end>'],
 ['<start> wont you go <end>', '<start> Você não vai <end>'],
 ['<start> write in ink <end>', '<start> Escreva à tinta <end>'],
 ['<start> write in ink <end>', '<start> Escreva a tinta <end>'],
 ['<start> write to tom <end>', '<start> Escreva para o Tom <end>'],
 ['<start> years passed <end>', '<start> Passaram os anos <end>'],
```

```
    ['<start> years passed <end>', '<start> Anos se passaram <end>'],
    ['<start> you amuse me <end>', '<start> Você me diverte <end>'],
    ['<start> you are late <end>', '<start> Você está atrasado <end>']]
```

（9）定义类 LanguageIndex()，用于创建一个单词到索引的映射和索引到单词的映射，以及构建语言的词汇表。这个类可以用于构建针对某种语言的索引映射，通常在自然语言处理任务中用于文本处理。具体实现代码如下：

```
class LanguageIndex():
    def __init__(self, lang):
        self.lang = lang
        self.word2idx = {}
        self.idx2word = {}
        self.vocab = set()
        
        self.create_index()
    
    def create_index(self):
        for phrase in self.lang:
            self.vocab.update(phrase.split(' '))
        
        self.vocab = sorted(self.vocab)
        
        self.word2idx['<pad>'] = 0
        for index, word in enumerate(self.vocab):
            self.word2idx[word] = index + 1
        
        for word, index in self.word2idx.items():
            self.idx2word[index] = word
```

在上述代码中，构造函数__init__(self, lang)接受一个参数 lang，表示要构建索引的语言。在构造函数中，会初始化 word2idx 和 idx2word 字典，以及 vocab 集合。然后调用 create_index 方法来创建索引。方法 create_index(self)用于创建单词到索引的映射和索引到单词的映射，并构建词汇表，此方法的具体步骤如下：

① 遍历语言中的每个短语（通常是句子），并使用空格分割短语，将单词添加到 vocab 集合中，以构建词汇表。

② 对词汇表进行排序，以确保单词按照特定顺序排列。

③ 添加一个特殊的<pad>标记到 word2idx 字典中，用于填充序列（通常用于序列长度不一致的情况。

④ 遍历词汇表中的每个单词，并将单词到索引和索引到单词的映射添加到 word2idx 和 idx2word 字典中，以构建完整的索引映射。

（10）定义函数 max_length()，它接受一个名为 tensor 的参数，tensor 通常表示一个包含多个序列的数据结构。该函数的目的是找出 tensor 中最长序列的长度。函数 max_length()的主要逻辑是使用列表推导式来遍历 tensor 中的每个序列（通常是句子或文本序列），并计算每个序列的长度（通常是单词或字符的数量）。然后，使用 max()函数找出这些长度中的最大值，即最长的序列的长度。

```
    def max_length(tensor):
```

```
    return max(len(t) for t in tensor)
```

（11）定义了一个名为 load_dataset()函数，其目的是加载并预处理已经清理好的输入和输出句子对，并将它们向量化成整数张量，同时构建相应的语言索引。具体实现代码如下：

```
def load_dataset(pairs, num_examples):
    # pairs => 已经创建好的清理过的输入输出句子对

    # 使用上面定义的类来为语言建立索引
    inp_lang = LanguageIndex(en for en, ma in pairs)
    targ_lang = LanguageIndex(ma for en, ma in pairs)

    # 将输入语言和目标语言向量化

    # 英语句子
    input_tensor = [[inp_lang.word2idx[s] for s in en.split(' ')] for en, ma in pairs]

    # 马拉地语句子
    target_tensor = [[targ_lang.word2idx[s] for s in ma.split(' ')] for en, ma in pairs]

    # 计算输入和输出张量的最大长度
    # 这里，我们将它们设置为数据集中最长的句子的长度
    max_length_inp, max_length_tar = max_length(input_tensor), max_length(target_tensor)

    # 填充输入和输出张量到最大长度
    input_tensor = tf.keras.preprocessing.sequence.pad_sequences(input_tensor,
                                                                maxlen=max_length_inp,
                                                                padding='post')

    target_tensor=tf.keras.preprocessing.sequence.pad_sequences(target_tensor,
                                                                maxlen=max_length_tar,
                                                                padding='post')

    return input_tensor, target_tensor, inp_lang, targ_lang, max_length_inp, max_length_tar
```

（12）调用了之前定义的函数 load_dataset()，用经过预处理的句子对（sent_pairs）作为输入，用总句子数量（len(lines)）作为参数。

```
input_tensor, target_tensor, inp_lang, targ_lang, max_length_inp, max_length_targ = load_dataset(sent_pairs, len(lines))
```

在上述代码中，函数 load_dataset 返回了如下所示的值：
- input_tensor：向量化后的输入张量，其中包含了英语句子的整数表示。
- target_tensor：向量化后的目标张量，其中包含了葡萄牙语句子的整数表示。
- inp_lang：英语语言的索引对象，用于将单词转换为整数索引。

- targ_lang：葡萄牙语语言的索引对象，用于将单词转换为整数索引。
- max_length_inp：输入张量的最大长度。
- max_length_targ：目标张量的最大长度。

这些值将用于后续的自然语言处理任务，以确保数据被正确向量化和填充。

（13）将数据集划分为训练集和验证集。训练集用于训练模型，验证集用于评估模型的性能。在这里，80%的数据用于训练，20%的数据用于验证。实现代码如下：

```
input_tensor_train, input_tensor_val, target_tensor_train, target_tensor_val = train_test_split(input_tensor, target_tensor, test_size=0.1, random_state = 101)

len(input_tensor_train), len(target_tensor_train), len(input_tensor_val), len(target_tensor_val)
```

执行后会输出：

```
(152012, 152012, 16891, 16891)
```

（14）设置一些模型训练时的超参数并创建数据集，这些设置和数据集的创建通常用于训练神经网络模型。训练数据集的数据将被分割成批次，以便在每个训练周期中对模型进行训练。具体实现代码如下：

```
①    BUFFER_SIZE = len(input_tensor_train)
②    BATCH_SIZE = 64
③    N_BATCH = BUFFER_SIZE//BATCH_SIZE
④    embedding_dim = 256
⑤    units = 1024
⑥    vocab_inp_size = len(inp_lang.word2idx)
⑦    vocab_tar_size = len(targ_lang.word2idx)

⑧    dataset = tf.data.Dataset.from_tensor_slices((input_tensor_train, target_tensor_train)).
⑨    shuffle(BUFFER_SIZE)
⑩    dataset = dataset.batch(BATCH_SIZE, drop_remainder=True)
```

对上述代码的具体说明如下：

代码行①：BUFFER_SIZE 表示数据集的缓冲区大小，它被设置为训练集的长度，用于数据集的随机化（洗牌）操作。

代码行②：表示每个训练批次中的样本数量，这里设置为 64，即每次训练模型时会使用 64 个样本。

代码行③：表示每个训练周期中的批次数量，它是总样本数除以批次大小的结果。

代码行④：表示嵌入层的维度，通常用于将整数索引转换为密集的嵌入向量。

代码行⑤：表示模型中 RNN 层的单元数量。

代码行⑥：表示输入语言的词汇表大小，即不同单词的数量。

代码行⑦：表示目标语言的词汇表大小，即不同单词的数量。

代码行⑧：使用 from_tensor_slices 方法创建一个数据集，将训练集中的输入和目标张量一一对应。

代码行⑨：对数据集进行随机化（洗牌），以确保每个训练周期的数据都是随机的。

代码行⑩：将数据集划分批次，每个批次包含 BATCH_SIZE 个样本，drop_remainder=True

表示如果剩余不足一个批次的样本将被丢弃,以确保每个批次都有相同数量的样本。

在本项目的模型中将使用的是 GRU,而不是 LSTM。GRU 和 LSTM 都是在 RNN 基础上变化而来,用于处理序列数据。GRU 相对于 LSTM 更加简单,因为它合并了内部状态和输出状态,只有一个状态,而 LSTM 有两个状态(细胞状态和隐藏状态)。

注意:在实际应用中,选择使用 GRU 而不是 LSTM 的原因通常有以下几点:

- 实现更简单:GRU 的内部结构相对较简单,只有一个状态,这使得它在实现和调试上更容易。
- 更快的训练:由于参数较少,GRU 通常在训练时速度更快,可以更快收敛。
- 更少的过拟合:GRU 在某些情况下对数据噪声更具有鲁棒性,因此更不容易过拟合。
- 较小的模型:由于参数较少,GRU 的模型相对较小,适合在计算资源有限的情况下使用。

然而,选择使用 GRU 还是 LSTM 通常要看具体任务和数据集,因为它们的性能和适用性在不同情况下可能会有所不同。在某些情况下,LSTM 可能表现更好,例如需要捕捉长期依赖关系时。

(15)定义函数gru(units)来创建GRU层。函数gru(units)接受一个参数units,表示GRU层中的单元数(或隐藏状态的维度)。

```
def gru(units):
    return tf.keras.layers.GRU(units,
                               return_sequences=True,
                               return_state=True,
                               recurrent_activation='sigmoid',
                               recurrent_initializer='glorot_uniform')
```

(16)定义编码器的类,用于将输入的英语句子编码成隐藏状态。编码器是一个神经网络模型,通常采用 RNN 或 GRU 来实现。实现代码如下:

```
class Encoder(tf.keras.Model):
    def __init__(self, vocab_size, embedding_dim, enc_units, batch_sz):
        super(Encoder, self).__init__()
        self.batch_sz = batch_sz
        self.enc_units = enc_units
        self.embedding= tf.keras.layers.Embedding(vocab_size, embedding_dim)
        self.gru = gru(self.enc_units)

    def call(self, x, hidden):
        x = self.embedding(x)
        output, state = self.gru(x, initial_state = hidden)
        return output, state

    def initialize_hidden_state(self):
        return tf.zeros((self.batch_sz, self.enc_units))
```

(17)定义解码器类 Decoder(),用于生成目标语言的句子。具体实现代码如下:

```
class Decoder(tf.keras.Model):
    def __init__(self, vocab_size, embedding_dim, dec_units, batch_sz):
        super(Decoder, self).__init__()
        self.batch_sz = batch_sz
```

```python
        self.dec_units = dec_units
        self.embedding = tf.keras.layers.Embedding(vocab_size,embedding_dim)
        self.gru = gru(self.dec_units)
        self.fc = tf.keras.layers.Dense(vocab_size)

        # 用于注意力机制
        self.W1 = tf.keras.layers.Dense(self.dec_units)
        self.W2 = tf.keras.layers.Dense(self.dec_units)
        self.V = tf.keras.layers.Dense(1)

    def call(self, x, hidden, enc_output):

        hidden_with_time_axis = tf.expand_dims(hidden, 1)

        # 得分的形状 == (批次大小, 最大长度, 1)
        # 我们在最后一个轴上得到 1, 因为我们将 tanh(FC(EO) + FC(H)) 应用于 self.V
        score = self.V(tf.nn.tanh(self.W1(enc_output) + self.W2(hidden_with_time_axis)))

        # 注意力权重的形状 == (批次大小, 最大长度, 1)
        attention_weights = tf.nn.softmax(score, axis=1)

        # 上下文向量的形状在求和后 == (批次大小, 隐藏大小)
        context_vector = attention_weights * enc_output
        context_vector = tf.reduce_sum(context_vector, axis=1)

        # 通过嵌入层后 x 的形状 == (批次大小, 1, 嵌入维度)
        x = self.embedding(x)

        # 在连接后 x 的形状 == (批次大小, 1, 嵌入维度 + 隐藏大小)
        x = tf.concat([tf.expand_dims(context_vector, 1), x], axis=-1)

        # 将连接后的向量传递给 GRU
        output, state = self.gru(x)

        # 输出的形状 == (批次大小 * 1, 隐藏大小)
        output = tf.reshape(output, (-1, output.shape[2]))

        # 输出的形状 == (批次大小 * 1, 词汇表大小)
        x = self.fc(output)

        return x, state, attention_weights

    def initialize_hidden_state(self):
        return tf.zeros((self.batch_sz, self.dec_units))
```

上述解码器类的主要功能是在每个时间步生成目标语言的单词,同时维护隐藏状态、注意力权重和上下文向量。这是一个典型的序列到序列模型的解码器。

(18) 分别创建编码器和解码器的实例,将它们初始化为相应的类,并传递参数。

```python
encoder = Encoder(vocab_inp_size, embedding_dim, units, BATCH_SIZE)
```

```
decoder = Decoder(vocab_tar_size, embedding_dim, units, BATCH_SIZE)
```

上述代码中的两个实例将被用于构建机器翻译模型。接下来，你可以通过训练这个模型来实现机器翻译任务。

（19）定义优化器（optimizer）和损失函数（loss function），用于训练机器翻译模型。

```
optimizer = tf.optimizers.Adam()

def loss_function(real, pred):
    mask = 1 - np.equal(real, 0)
    loss_ = tf.nn.sparse_softmax_cross_entropy_with_logits(labels=real, logits=pred) * mask
    return tf.reduce_mean(loss_)
```

上述损失函数 loss_function(real, pred)通常用于训练序列到序列模型，其中模型生成序列数据（如机器翻译），并需要优化以最小化生成序列与目标序列之间的差异。Adam 优化器将使用此损失函数来更新模型的权重以最小化损失，从而使模型更好地匹配目标数据。

（20）创建检查点（checkpoint），用于在训练过程中保存模型的权重和优化器的状态，以便稍后恢复模型的训练或使用。

```
checkpoint_dir = './training_checkpoints'
checkpoint_prefix = os.path.join(checkpoint_dir, "ckpt")
checkpoint = tf.train.Checkpoint(optimizer=optimizer,
                                 encoder=encoder,
                                 decoder=decoder)
```

在训练过程中，可以使用这个检查点对象来定期保存模型的状态，以便稍后恢复或部署模型。这对于长时间的模型训练非常有用，因为可以随时保存模型状态，以防止训练中断或出现问题。

（21）执行模型的训练循环，训练机器翻译模型，具体实现代码如下：

```
EPOCHS = 10

for epoch in range(EPOCHS):
    start = time.time()
    
    hidden = encoder.initialize_hidden_state()
    total_loss = 0
    
    for (batch, (inp, targ)) in enumerate(dataset):
        loss = 0
        
        with tf.GradientTape() as tape:
            enc_output, enc_hidden = encoder(inp, hidden)
            
            dec_hidden = enc_hidden
            
            dec_input=tf.expand_dims([targ_lang.word2idx['<start>']]*BATCH_SIZE, 1)
            
            # Teacher forcing - feeding the target as the next input
            for t in range(1, targ.shape[1]):
```

```python
                # passing enc_output to the decoder
                predictions, dec_hidden,_=decoder(dec_input, dec_hidden, enc_output)

                loss += loss_function(targ[:, t], predictions)

                # using teacher forcing
                dec_input = tf.expand_dims(targ[:, t], 1)

        batch_loss = (loss / int(targ.shape[1]))

        total_loss += batch_loss

        variables = encoder.variables + decoder.variables

        gradients = tape.gradient(loss, variables)

        optimizer.apply_gradients(zip(gradients, variables))

        if batch % 100 == 0:
            print('Epoch {} Batch {} Loss {:.4f}'.format(epoch + 1,
                                                        batch,
                                                        batch_loss.numpy()))
    # saving (checkpoint) the model every epoch
    checkpoint.save(file_prefix = checkpoint_prefix)

    print('Epoch {} Loss {:.4f}'.format(epoch + 1,
                                        total_loss / N_BATCH))
    print('Time taken for 1 epoch {} sec\n'.format(time.time() - start))
```

上述循环重复了执行了 10 轮,每一轮都使用数据集的批次进行前向传播、反向传播和参数更新。这是一个标准的序列到序列模型的训练循环。执行后会输出:

```
Epoch 1 Batch 0 Loss 1.9447
Epoch 1 Batch 100 Loss 1.2724
Epoch 1 Batch 200 Loss 1.1861
Epoch 1 Batch 300 Loss 1.0276
Epoch 1 Batch 400 Loss 0.9159
Epoch 1 Batch 500 Loss 0.8936
Epoch 1 Loss 0.7260
Time taken for 1 epoch 1474.7117013931274 sec
//省略部分输出结果
Epoch 10 Batch 2100 Loss 0.1063
Epoch 10 Batch 2200 Loss 0.1099
Epoch 10 Batch 2300 Loss 0.1381
Epoch 10 Loss 0.0840
Time taken for 1 epoch 1455.937628030777 sec
```

(22)从指定的检查点目录中恢复模型的状态,这个步骤对于在训练中断或需要保存/加载模型状态时非常有用,因为它允许保持训练进度,而无须重新训练整个模型。

```python
checkpoint.restore(tf.train.latest_checkpoint(checkpoint_dir))
```

执行后会输出：

```
<tensorflow.python.training.tracking.util.CheckpointLoadStatus at 0x7f6798
ba34d0>
```

（23）定义用于评估（推理）机器翻译模型的函数 evaluate。这个函数的主要作用是将输入序列通过编码器和解码器进行翻译，同时捕捉注意力权重以便后续可视化。函数返回翻译结果、输入句子和注意力权重，可以用于对模型的性能进行评估。具体实现代码如下：

```python
def evaluate(inputs, encoder, decoder, inp_lang, targ_lang, max_length_inp,
max_length_targ):

    attention_plot = np.zeros((max_length_targ, max_length_inp))
    sentence = ''
    for i in inputs[0]:
        if i == 0:
            break
        sentence = sentence + inp_lang.idx2word[i] + ' '
    sentence = sentence[:-1]

    inputs = tf.convert_to_tensor(inputs)

    result = ''

    hidden = [tf.zeros((1, units))]
    enc_out, enc_hidden = encoder(inputs, hidden)

    dec_hidden = enc_hidden
    dec_input = tf.expand_dims([targ_lang.word2idx['<start>']], 0)

    for t in range(max_length_targ):
        predictions, dec_hidden, attention_weights = decoder(dec_input, dec_hidden, enc_out)

        # storing the attention weights to plot later on
        attention_weights = tf.reshape(attention_weights, (-1, ))
        attention_plot[t] = attention_weights.numpy()

        predicted_id = tf.argmax(predictions[0]).numpy()

        result += targ_lang.idx2word[predicted_id] + ' '

        if targ_lang.idx2word[predicted_id] == '<end>':
            return result, sentence, attention_plot

        # the predicted ID is fed back into the model
        dec_input = tf.expand_dims([predicted_id], 0)

    return result, sentence, attention_plot
```

（24）定义函数 predict_random_val_sentence()，用于从验证集中随机选择一个样本，进行模型的预测，并可视化注意力权重，以帮助理解模型在特定样本上的表现。这有助于评估模型的质量和了解模型的翻译行为。

```python
def predict_random_val_sentence():
    actual_sent = ''
    k = np.random.randint(len(input_tensor_val))
    random_input = input_tensor_val[k]
    random_output = target_tensor_val[k]
    random_input = np.expand_dims(random_input,0)
    result, sentence, attention_plot = evaluate(random_input, encoder, decoder, inp_lang, targ_lang, max_length_inp, max_length_targ)
    print('Input: {}'.format(sentence[8:-6]))
    print('Predicted translation: {}'.format(result[:-6]))
    for i in random_output:
        if i == 0:
            break
        actual_sent = actual_sent + targ_lang.idx2word[i] + ' '
    actual_sent = actual_sent[8:-7]
    print('Actual translation: {}'.format(actual_sent))
    attention_plot= attention_plot[:len(result.split(' '))-2, 1:len(sentence.split(' '))-1]
    sentence, result = sentence.split(' '), result.split(' ')
    sentence = sentence[1:-1]
    result = result[:-2]

    # use plotly to generate the heat map
    trace = go.Heatmap(z = attention_plot, x = sentence, y = result, colorscale='greens')
    data=[trace]
    iplot(data)
```

（25）再次调用函数 predict_random_val_sentence()，根据验证集样本进行模型的预测。

```
predict_random_val_sentence()
```

执行函数 predict_random_val_sentence()后会绘制一个注意力热图（heat map），这个热图显示了模型在翻译时对输入句子中每个单词的注意力权重分布，如图 7-1 所示。

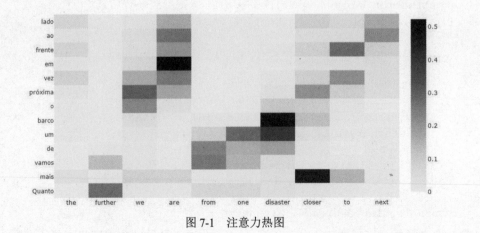

图 7-1　注意力热图

具体来说，热图的 x 轴表示输入句子的单词，y 轴表示模型生成的输出句子的单词。在热图中，每个单元格的颜色表示模型在生成输出时对相应输入单词的注意力程度，颜色越深表示注意力越集中。通过这个热图，可以看到模型在翻译过程中对输入的哪些部分进行了更多的关注，以帮助生成正确的输出。

执行后还会输出翻译结果：

```
Input: tom spoke with me about you
Predicted translation: Tom falou comigo sobre você
Actual translation: Tom me falou de você
```

（26）再次执行函数 predict_random_val_sentence()，它会再次随机选择一个验证集样本，进行模型的预测，并生成注意力热图。

```
predict_random_val_sentence()
```

执行函数 predict_random_val_sentence() 后会绘制注意力热图，如图 7-2 所示。每次运行 predict_random_val_sentence() 都会选择不同的验证集样本，因此可以多次运行以查看不同的结果。这有助于评估模型的性能和了解其翻译行为。

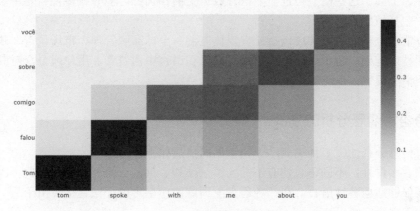

图 7-2　注意力热图

执行后还会输出翻译结果：

```
Input: the pain was more than tom could stand
Predicted translation: A dor estava mais alto do que Tom podia ficar
Actual translation: A dor era mais do que Tom podia suportar
```

7.4　跨语言情感分析

跨语言情感分析旨在识别和理解文本或语音中的情感内容，而且可以应用于多种不同的语言。该技术通常用于文本分析、社交媒体监测、客户反馈分析、情感驱动的广告等领域，以了解人们在不同语境和文化中的情感倾向。

7.4.1　跨语言情感分析介绍

跨语言情感分析（cross-lingual sentiment analysis）有助于了解不同文化和语言背景中人们的情感倾向，从而为企业、研究机构和社交媒体分析者提供有关产品、服务、事件或话题的情感反馈。下面是关于跨语言情感分析的一些关键信息：

- 多语言支持：跨语言情感分析的主要特点是其能够处理多种不同语言的文本。这使其适用于国际化市场和社交媒体监测，无论是在全球范围内还是针对多语种社交媒体平台。
- 情感分类：跨语言情感分析的任务是将文本分为积极、消极或中性等情感类别。这通常涉及使用自然语言处理技术来提取文本中的情感特征并预测情感类别。
- 机器学习和深度学习：为了实现跨语言情感分析，通常使用机器学习和深度学习技术，如 CNN 和 RNN，对训练模型进行情感分类。这些模型可以在多种语言上进行训练，从而具有跨语言能力。
- 特征工程：在情感分析中，文本特征工程至关重要。这包括将文本进行标记化（tokenization）、词干化（stemming）、去停用词（stopword removal）等预处理步骤，以提取文本的情感相关特征。
- 情感词汇和情感字典：建立多语言情感词汇和情感字典是一种常见方法，可以帮助模型理解不同语言中的情感表达。这些字典包括与不同情感相关的词汇和短语。
- 跨语言预训练模型：跨语言预训练模型，如 BERT-Multilingual，已经成为跨语言情感分析的有力工具。这些模型经过在多语言数据上的预训练，能够在多种语言中执行多任务 NLP 任务，包括情感分析。

跨语言情感分析的应用领域包括社交媒体监测、全球品牌管理、市场调查、政治舆论分析等。这项技术有助于组织更好地理解不同地区和语言中消费者、用户或公众对其产品、服务或品牌的情感反馈，从而制定更有效的战略和决策。

7.4.2　跨语言情感分析的挑战

跨语言情感分析面临多种挑战，一些常见的挑战如下：
- 语言多样性：不同语言拥有不同的语法结构、词汇、语气和表达方式，因此情感分析模型需要能够适应各种语言。在一种语言上训练的模型可能无法直接应用于另一种语言，因此需要跨语言适应性。
- 情感词汇的差异：不同语言中的情感词汇可能有不同的情感极性和强度。某个词汇在一种语言中可能表达积极情感，而在另一种语言中可能表达消极情感。这需要建立多语言情感词汇资源。
- 文化差异：文化因素会影响情感的表达方式和诠释。某种表情或表述在一个文化中可能被视为积极，但在另一个文化中可能有不同的含义。因此，需要考虑文化因素，以更准确地进行情感分析。
- 数据不平衡：情感分析任务通常受到数据不平衡的挑战，即某些情感类别的数据比其他类别的数据更丰富。这可能导致模型在较少见的情感类别上性能不佳。
- 多语言数据的获取：收集和标注多语言情感分析的训练数据是一项具有挑战性的任务。这需要大量的多语言文本数据，并且需要进行人工标注以指定情感标签。
- 翻译错误：如果采用翻译方法进行跨语言情感分析，翻译错误可能会导致情感分析的不准确性。翻译质量对分析结果有重大影响。
- 多语种情感规范化：不同语言中可能没有一致的情感规范，因此需要开发技术来将多语种情感分析结果进行规范化，以便进行比较和综合分析。
- 低资源语言：对于一些较少常见的语言，可能缺乏大规模的训练数据和情感资源，这使得跨语言情感分析更加具有挑战性。

解决上述挑战需要采用多种方法，包括开发跨语言情感词汇资源、改进跨语言预训练模型、考虑文化因素、提高翻译质量以及深入研究多语种数据收集和标注方法。跨语言情感分析的持续研究和发展有助于克服这些挑战，从而更准确地理解和分析多语言情感数据。

7.4.3 跨语言情感分析的方法

在现实应用中，用于跨语言情感分析的常见方法和技术如下：

- 机器学习模型：使用机器学习技术，如 NLP 中的 CNN 和 RNN，可以训练模型来自动分析文本中的情感。这些模型可以针对不同语言进行训练，以实现跨语言情感分析。
- 翻译和多语言字典：一种方法是首先将文本翻译成通用语言，然后在该语言上进行情感分析。这种方法可能会引入翻译错误和文化差异，但对于一些语言可能是有效的。
- 多语言情感词典：创建和维护多语言情感词典，其中包含与情感相关的词汇和短语，以帮助在多种语言中进行情感分析。这需要大量的语言资源和词汇知识。
- 跨语言预训练模型：近年来，出现了一些跨语言预训练模型，如多语言 BERT，它们可以在多种语言中执行多任务 NLP 任务，包括情感分析。

请看下面的例子，功能是对酒店评论数据进行分析和可视化，以了解客户对酒店的情感评价、评论的主题特点以及不同情感类别的分布趋势。这个例子的主要功能包括：

- 数据清洗和准备：加载酒店评论数据，去除无用字符和空值，对评论进行预处理，包括情感分析。
- 词云可视化：生成词云图，展示评论中出现频率最高的单词，以了解客户关注的关键词和主题。
- 情感分析：对评论进行情感分析，将情感极性编码为正面、中性和负面，以分析不同情感类别的分布。
- 时间序列分析：分析评论情感随时间的变化趋势，了解客户对酒店的情感评价是否随时间有变化。
- 地点分析：分析不同地点的评论情感，了解哪些地点受到客户好评，哪些地点需要改进。

本项目的可视化和分析功能有助于酒店管理者或公司了解客户的情感反馈，找出客户关注的主题和趋势，以改进产品或服务，并做出战略决策。

示例 7-4：某酒店用户情感分析系统（源码路径：daima\7\hotel.ipynb）。

（1）导入多个用于数据分析、可视化和自然语言处理的 Python 库，具体实现代码如下：

```
import pandas as pd
import numpy as np

import matplotlib.pyplot as plt
import seaborn as sns

from textblob import TextBlob

import warnings
warnings.filterwarnings("ignore")

from wordcloud import WordCloud
```

（2）打开数据集文件，清理 Review 列中的文本数据，去除不需要的字符和字符串，以便进行进一步的文本分析和处理。

```
df=pd.read_csv("/kaggle/input/hotel-reviews/DataAnalyst-TestData-US.csv")
df['Review'] = df['Review'].str.replace('\n', '')
df['Review'] = df['Review'].str.replace('Read more', '')
df['Review'] = df['Review'].str.replace('Read less', '')
```

对上述代码的具体说明如下：

- 通过 pd.read_csv()函数读取了 CSV 文件，并将其加载到名为 df 的 Pandas 数据框中。
- 使用 str.replace()方法将 df 数据框中的 Review 列中的所有换行符（\n）替换为空字符串，从而删除了换行符。
- 使用 str.replace()方法将 Review 列中的所有出现的 Read more 字符串替换为空字符串，从而删除了 Read more。
- 使用 str.replace()方法将 Review 列中的所有出现的 Read less 字符串替换为空字符串，从而删除了 Read less。

（3）使用库 TextBlob 对给定的文本进行情感分析，具体实现代码如下：

```
TextBlob("I was very impressed with the resort. Great staff at the main resort pool bar! We had a blast with them. Clean, professional staff, great location and very reasonable!").sentiment
```

库 TextBlob 通过 sentiment 属性返回了情感分析的结果，这个属性通常返回如下两个值：

- 极性（Polarity）：表示文本的情感倾向，可以是正面、负面或中性。极性通常在-1 到 1 之间，其中 1 表示积极、-1 表示消极、0 表示中性。
- 主观性（Subjectivity）：表示文本的主观性程度。主观性程度通常在 0 到 1 之间，其中，0 表示非常客观，1 表示非常主观。

执行后会输出：

```
Sentiment(polarity=0.5142857142857143, subjectivity=0.6304761904761905)
```

（4）定义一个生成词云图的函数 wc()。该函数接受 data（文本数据）、bgcolor（词云的背景颜色）和 title（词云图的标题）三个参数，用于生成词云图和可视化文本数据中最常见的单词。背景颜色和标题可以根据需要自定义。调用这个函数时，需要传递包含文本数据的 data，指定背景颜色 bgcolor，并为词云图指定一个标题 title。具体实现代码如下：

```
def wc(data,bgcolor,title):
    plt.figure(figsize = (50,50))
    wc = WordCloud(background_color = bgcolor, max_words = 2000, random_state=42, max_font_size = 50)
    wc.generate(' '.join(data))
    plt.imshow(wc)
    plt.axis('off')
```

上述代码中，函数 wc()的主要功能如下：

① 创建一个大尺寸的图形窗口，以便绘制词云图。
② 使用 WordCloud 对象创建一个词云，设置了背景颜色、最大单词数、随机种子和最大字体大小等参数。
③ 通过"wc.generate(' '.join(data))"生成词云，其中 data 是文本数据，通过"' '.join(data)"

将文本数据连接成一个字符串。

④ 使用 plt.imshow(wc)显示生成的词云图。

⑤ 使用 plt.axis('off')将坐标轴关闭，只显示词云图。

（5）使用 df.head(5)来查看数据框 df 的前五行数据，以便我们可以快速查看数据的样本。

```
df.head(5)
```

执行后会输出：

```
  Review                                               date        Location
0 I was very impressed with the resort. Great st...  2019/08/20  Sebastian
1 The rooms were nice the outside needs work als...  2019/08/20  Los Angeles
2 Great location! I have stayed at this hotel on...  2019/08/20  Georgia
3 The hotel was adequate for my stay. The strips...  2019/08/20  NaN
4 Great location, room was large and spacious. P...  2019/08/19  Palm Harbor
```

（6）对数据框 df 中的 date 列执行了日期时间转换操作，将其转换为 Pandas 的日期时间对象。具体来说，它使用 pd.to_datetime()函数通过传递 format=mixed 参数来尝试解析日期时间数据。但是 mixed 并不是一个有效的日期时间格式，通常需要提供实际的日期时间格式字符串。

```
df['date'] = pd.to_datetime(df['date'], format='mixed')
df.head(5)
```

执行后会输出：

```
  Review                                               date        Location
0 I was very impressed with the resort. Great st...  2019-08-20  Sebastian
1 The rooms were nice the outside needs work als...  2019-08-20  Los Angeles
2 Great location! I have stayed at this hotel on...  2019-08-20  Georgia
3 The hotel was adequate for my stay. The strips...  2019-08-20  NaN
4 Great location, room was large and spacious. P...  2019-08-19  Palm Harbor
```

（7）使用 df.shape 返回一个包含两个元素的元组，第一个元素表示数据框的行数（记录数），第二个元素表示数据框的列数（特征数）。

```
df.shape
```

执行后会输出：

```
(6448, 3)
```

（8）使用函数df.isna().sum()检查数据框df中缺失值。具体来说，该函数返回一个包含每列中缺失值数量的 Pandas Series，这对于识别数据中缺失的信息非常有用。

```
df.isna().sum()
```

执行后会输出：

```
Review        55
date           0
Location    4737
dtype: int64
```

（9）使用 df.dropna(subset=['Review'])删除 Review 列中包含缺失值的行，并将删除后的数据框重新赋给了 df。这一操作会使数据更加干净。

```
df = df.dropna(subset=['Review'])
df.isna().sum()
```

执行后会输出：

```
Review        0
date          0
Location    4688
dtype: int64
```

（10）再次使用 df.shape 返回数据框的行数（记录数）和列数（特征数），具体实现代码如下：

```
df.shape
```

执行后会输出：

```
(6393, 3)
```

（11）分别创建两个空列表 polarity 和 subjectivity，然后遍历了 Review 列的值。对于每个文本评论，它使用库 TextBlob 进行情感分析，分别计算极性和主观性。具体实现代码如下：

```
polarity=[]
subjectivity=[]
for i in df['Review'].values:
    try:
        analysis =TextBlob(i)
        polarity.append(analysis.sentiment.polarity)
        subjectivity.append(analysis.sentiment.subjectivity)

    except:
        polarity.append(0)
        subjectivity.append(0)
```

最终，在 polarity 和 subjectivity 列表中存储了每个评论的情感分析结果，这些结果可以用于进一步的分析或可视化。极性表示评论的情感倾向（正面、负面或中性），主观性表示评论的主观性程度。这些值可以帮助我们了解评论的情感倾向和情感的主观性。

（12）将之前计算得到的情感极性和主观性的值分别添加到数据框 df 中作为新的列。

```
df['polarity']=polarity
df['subjectivity']=subjectivity
```

通过执行以上两行代码，成功将情感分析的结果与原始评论数据关联，使其成为数据框的一部分。这样，可以进一步分析或可视化评论的情感极性和主观性。

（13）创建一个词云图，用于可视化 df 数据框中的评论文本，实现代码如下：

```
filtered_reviews = df['Review']

text = ' '.join(filtered_reviews)

wordcloud = WordCloud(width=800, height=400, background_color='black').generate(text)

plt.figure(figsize=(10, 5))
plt.imshow(wordcloud, interpolation='bilinear')
plt.title("Word Cloud")
plt.axis('off')
plt.show()
```

对上述代码的具体说明如下：

① 从 df 数据框中选择了名为 Review 的列，并将其存储在名为 filtered_reviews 的变量中。

② 使用 "' '.join(filtered_reviews)" 将所有评论文本连接成一个单独的文本字符串，存储在名为 text 的变量中。

③ 创建一个 WordCloud 对象，设置了词云的宽度（800）、高度（400）和背景颜色（黑色）。

④ 使用 generate(text)方法生成词云，其中 text 是包含所有评论文本的字符串。

⑤ 创建一个绘图窗口，设置了图形的大小为(10, 5)。

⑥ 使用 "plt.imshow(wordcloud, interpolation='bilinear')" 显示生成的词云图，其中 wordcloud 是词云对象，"interpolation='bilinear'" 用于平滑图像的显示。

⑦ 使用 plt.title("Word Cloud")设置图形的标题为 Word Cloud。

⑧ 使用 plt.axis('off')关闭坐标轴，只显示词云图。

⑨ 最后使用函数 plt.show()显示词云图。

执行会将生成一个漂亮的词云图，其中包含了评论文本中最常见的单词，并以黑色背景呈现，如图 7-3 所示。这有助于可视化评论的主题和关键词。

由此可见，影响顾客情绪的最常见的词汇包括：清洁、舒适、友好、乐于助人、极好、位置、员工、房间、设施、游泳池和早餐。这表明客人通常对酒店的清洁度、舒适度和设施感到满意。他们还赞赏友好和乐于助人的员工。酒店的位置也是一个优点，游泳池和早餐同样受到好评。

（14）选择数据框 df 中满足条件 polarity > 0 的前五行数据，同时仅保留 Review、date、Location、polarity 和 subjectivity 列的信息。这意味着只选择具有积极情感极性的评论，并显示这些评论的相关信息。

图 7-3　词云图

```
df[['Review','date','Location','polarity','subjectivity']][df.polarity>0].head(5)
```

执行后会输出：

```
   Review              date       Location    polarity   subjectivity
0 I was very impressed with the resort. Great st...2019-08-20  Sebastian
  0.514286    0.630476
1 The rooms were nice the outside needs work als...2019-08-20  Los Angeles
  0.250000    0.558333
2 Great location! I have stayed at this hotel on...2019-08-20  Georgia
  0.378788    0.423737
3 The hotel was adequate for my stay. The strips...2019-08-20  NaN
  0.102222    0.485556
```

```
4  Great location, room was large and spacious. P...2019-08-19   Palm Harbor
0.404524   0.522381
```

（15）生成一个基于积极情感极性评论的词云图，以可视化这些积极评论中最常见的单词。实现代码如下：

```
filtered_reviews = df[df['polarity'] > 0]['Review']

text = ' '.join(filtered_reviews)

wordcloud = WordCloud(width=800, height=400, background_color='black').generate(text)

plt.figure(figsize=(10, 5))
plt.imshow(wordcloud, interpolation='bilinear')
plt.title("Positive")
plt.axis('off')
plt.show()
```

执行后会生成一个黑色背景的积极评论的词云图，如图7-4所示。

由图7-4可见，高频出现的词汇有房间、酒店、员工、极好、乐于助人、友好、清洁、不错、好、位置。这意味着留下这些评论的酒店游客总体上有积极的体验，一些被提到的酒店方面的关键词包括员工、客房、设施和位置。我们可以从词云中得出如下具体的结论：

- 酒店员工友好而乐于助人。
- 酒店客房干净且舒适。
- 酒店提供了各种设施，受到客人的赞赏，如游泳池和餐厅。
- 酒店位于便利的位置。

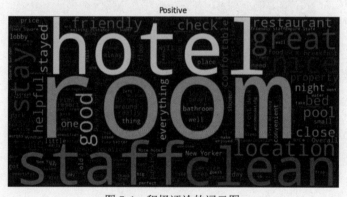

图7-4 积极评论的词云图

（16）选择数据框df中满足条件polarity > 0.8的前五行数据，并且仅保留Review、date、Location、polarity和subjectivity列的信息。

```
df[['Review','date','Location','polarity','subjectivity']][df.polarity>0.8].head(5)
```

执行后会输出：

```
      Review date  Location   polarity   subjectivity
180   Great hotel! Room was wonderful and the pools ... 2019-08-03   Palm
```

```
Island, Florida 0.833333      0.883333
   188  Everything was perfect, the staff and faciliti... 2019-08-02  NaN
   0.900000      0.866667
   191  Excellent facilities. Great for families or co... 2019-08-01  NaN
   0.900000      0.875000
   195  All good! We are very happy and the joy is in ... 2019-08-01  NaN
   0.958333      0.600000
   265  Beautiful place, great memories, a must visit ... 2019-07-26  NaN
   0.825000      0.875000
```

（17）生成一个基于极高积极情感极性评论的词云图，以可视化这些高度积极的评论中最常见的单词。实现代码如下：

```
filtered_reviews = df[df['polarity'] > 0.8]['Review']

text = ' '.join(filtered_reviews)

wordcloud = WordCloud(width=800, height=400, background_color='black').generate(text)

plt.figure(figsize=(10, 5))
plt.imshow(wordcloud, interpolation='bilinear')
plt.title("Highly Positive")
plt.axis('off')
plt.show()
```

执行后会生成一个黑色背景的高度积极评论词云图，帮助我们可视化高度积极评论中的关键词和主题，如图7-5所示。

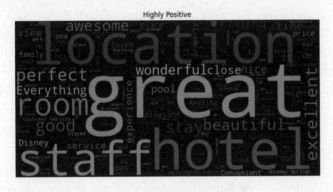

图7-5　高度积极评论词云图

由图7-5可见，在高度积极的评论中高频出现的词汇有位置、酒店、员工、极好、优秀、房间、美丽、一切、令人印象深刻。这表明留下这些评论的酒店游客总体上有积极的体验，一些被积极提到的酒店方面包括员工、客房、设施和位置。

（18）选择数据框 df 中满足条件 polarity < 0 的前五行数据，并且仅保留 Review、date、Location、polarity 和 subjectivity 列的信息。这意味着只选择具有负面情感极性的评论，并显示这些评论的相关信息。实现代码如下：

```
df[['Review','date','Location','polarity','subjectivity']][df.polarity<0]
```

```
.head(5)
```
执行后会输出：

```
    Review  date  Location  polarity  subjectivity
18  It was great for what we needed, a place to sl... 2019-08-19 NaN
-0.044444   0.554861
32  Rooms very dirty and aged. Breakfast was of po... 2019-08-17 NaN
-0.337857   0.535714
46  This property is advertised as being renovated... 2019-08-14
Pennsylvania   -0.226717   0.552424
56  The rooms are terribly small, almost claustrop... 2019-08-13 NaN
-0.430556   0.563889
63  I liked everything except the smoking by the p... 2019-08-12 San
Antonio,TX   -0.155000   0.833333
```

（19）生成一个基于负面情感极性评论的词云图，以可视化这些负面评论中最常见的单词。实现代码如下：

```
filtered_reviews = df[df['polarity']<0]['Review']

filtered_reviews = filtered_reviews.astype(str)

text = ' '.join(filtered_reviews)

wordcloud = WordCloud(width=800, height=400, background_color='black').generate(text)

plt.figure(figsize=(10, 5))
plt.imshow(wordcloud, interpolation='bilinear')
plt.title("All Negative")
plt.axis('off')
plt.show()
```

对上述代码的具体说明如下（前面讲过的不再重复）：

① 通过 df['polarity']<0 条件过滤数据框 df，选择具有负面情感极性的评论。这将返回一个包含满足条件的行的子数据框，其中包含 Review 列的评论。

② 将 filtered_reviews 的数据类型转换为字符串，以确保文本是字符串类型。

③ 使用 plt.title("All Negative") 设置图形的标题为 All Negative，表示这是所有负面评论的词云图。

执行上述代码后会生成一个黑色背景的所有负面评论的词云图，帮助我们可视化负面评论中的关键词和主题，如图 7-6 所示。

由图7-6可见，高频出现的负面评论词汇有房间、酒店、床、夜晚、小、肮脏、逗留、检查、员工、浴室。根据上面的词云，可以得出以下结论：
- 酒店客房状况不佳。
- 酒店客房不干净。
- 酒店客房小而拥挤。
- 酒店员工粗鲁且不乐于助人。
- 服务质量差。

图 7-6 所有负面评论的词云图

（20）选择数据框 df 中满足条件 polarity＜-0.5 的前五行数据，并且仅保留 Review、date、Location、polarity 和 subjectivity 列的信息。这意味着只选择具有极低负面情感极性的评论，并显示这些评论的相关信息。

```
df[['Review','date','Location','polarity','subjectivity']][df.polarity<-0
.5].head(5)
```

执行后会输出：

```
    Review date    Location    polarity    subjectivity
290 Very dirty! Dirty Far away Dirty Dirty Did I s... 2019-07-24 NaN
 -0.545833  0.866667
541 Horrible service, tight space and poor conditi... 2019-07-02 Miami
 -0.526190  0.628571
551 The room floor was dirty & sticky, and bath sh... 2019-07-02 NaN
 -0.600000  0.800000
569 I came 8 pm to chek in. It took the lady about... 2019-06-30 NaN
 -0.520000  0.780000
617 This property is dated and the room was worn (... 2019-06-25 NaN
 -0.520000  1.000000
```

（21）生成一个基于极低负面情感极性的评论的词云图，以可视化这些高度负面评论中最常见的单词。实现代码如下：

```
filtered_reviews = df[df['polarity']<-0.5]['Review']

filtered_reviews = filtered_reviews.astype(str)

text = ' '.join(filtered_reviews)

wordcloud = WordCloud(width=800, height=400, background_color='black').
generate(text)

plt.figure(figsize=(10, 5))
plt.imshow(wordcloud, interpolation='bilinear')
plt.title("Highly Negative")
plt.axis('off')
plt.show()
```

执行后会生成一个，黑色背景的高度负面评论的词云图，帮助我们可视化高度负面评论中的关键词和主题，如图 7-7 所示。可以看到，高频出现的负面评论词汇有房间、脏、可怕、酒店、服务、差、床。根据这些词汇，可以得出以下结论：
- 酒店客房状况不佳。
- 房间不干净。
- 客人体验可怕。
- 酒店的服务质量不佳。
- 床的舒适度不好。

这些词汇反映了客户的不满和投诉，可能是酒店改进的方向。

图 7-7　高度负面评论的词云图

（22）选择数据框 df 中满足条件 polarity=0 的前五行数据，并且仅保留 Review、date、Location、polarity 和 subjectivity 列的信息。这意味着只选择情感极性为中立的评论，并显示这些评论的相关信息。

```
df[['Review','date','Location','polarity','subjectivity']][df.polarity==0].head(5)
```

执行后会输出：

```
    Review  date  Location  polarity  subjectivity
6   Old. Musty. Motel. Bath need an update asap !... 2019-08-19 NaN 0.0 0.0
31  Les chambres familiales sont pratiques (nous é... 2019-08-17 Montréal 0.0 0.0
47  Vétuste mérite un sacré rafraîchissement Empl... 2019-08-14 Toulon 0.0 0.0
49  El aire acondicionado goteaba y la alfombra es... 2019-08-14 NaN 0.0 0.0
```

（23）生成一个基于情感中立的评论的词云图，以可视化这些中立评论中最常见的单词。实现代码如下：

```
filtered_reviews = df[df['polarity']==0]['Review']

filtered_reviews = filtered_reviews.astype(str)

text = ' '.join(filtered_reviews)
```

```
wordcloud = WordCloud(width=800, height=400, background_color='black').
generate(text)

plt.figure(figsize=(10, 5))
plt.imshow(wordcloud, interpolation='bilinear')
plt.title("Neutral")
plt.axis('off')
plt.show()
```

执行后会生成一个黑色背景的情感中立评论的词云图,帮助我们可视化中立评论中的关键词和主题,如图7-8所示。

图7-8 情感中立评论的词云图

(24)选择数据框 df 中满足条件 subjectivity≤0.2 的前五行数据,并且仅保留 Review、date、Location、polarity 和 subjectivity 列的信息。这意味着只选择主观性非常低的评论,并显示这些评论的相关信息。

```
df[['Review','date','Location','polarity','subjectivity']][df.subjectivit
y<=0.2].head(5)
```

执行后会输出:

```
    Review date    Location    polarity    subjectivity
6   Old. Musty. Motel. Bath need an update asap !... 2019-08-19 NaN 0.0
 0.0
31  Les chambres familiales sont pratiques (nous é... 2019-08-17
Montréal    0.0 0.0
47  Vétuste mérite un sacré rafraîchissement Empl... 2019-08-14 Toulon
 0.0 0.0
49  El aire acondicionado goteaba y la alfombra es... 2019-08-14 NaN 0.0
 0.0
```

(25)生成一个基于主观性非常低的评论的词云图,可视化这些高度客观的评论中最常见的单词。实现代码如下:

```
filtered_reviews = df[df['subjectivity']<=0.2]['Review']

filtered_reviews = filtered_reviews.astype(str)
```

```
text = ' '.join(filtered_reviews)

wordcloud = WordCloud(width=800, height=400, background_color='black').
generate(text)

plt.figure(figsize=(10, 5))
plt.imshow(wordcloud, interpolation='bilinear')
plt.title("Highly Factual")
plt.axis('off')
plt.show()
```

执行后会生成一个黑色背景的高度客观评论的词云图，帮助我们可视化高度客观评论中的关键词和主题，如图 7-9 所示。

图 7-9　高度客观评论的词云图

（26）选择数据框 df 中满足条件 subjectivity>0.8 的前五行数据，并且仅保留 Review、date、Location、polarity 和 subjectivity 列的信息。这意味着只选择主观性非常高的评论，并显示这些评论的相关信息。

```
df[['Review','date','Location','polarity','subjectivity']][df.subjectivit
y>0.8].head(5)
```

执行后会输出：

```
    Review date    Location    polarity    subjectivity
7   Loved the layout of the hotel and the relaxing... 2019-08-19  NaN
 0.266667    0.866667
12  Location was great, lobby area was nice but ro... 2019-08-19  NaN
 0.700000    0.875000
22  Awesome location, easy access to sights and su... 2019-08-18  NaN
 0.716667    0.916667
63  I liked everything except the smoking by the p... 2019-08-12  San
Antonio,TX  -0.155000   0.833333
72  Everything was great. When we walked into the ... 2019-08-12  Corinth
 0.790000    0.875000
```

（27）生成一个基于主观性非常高的评论的词云图，以可视化这些高度主观的评论中最常见的单词。

```
filtered_reviews = df[df['subjectivity']>0.8]['Review']
```

```
    filtered_reviews = filtered_reviews.astype(str)

    text = ' '.join(filtered_reviews)

    wordcloud = WordCloud(width=800, height=400, background_color='black').
generate(text)

    plt.figure(figsize=(10, 5))
    plt.imshow(wordcloud, interpolation='bilinear')
    plt.title("Highly Opinionated")
    plt.axis('off')
    plt.show()
```

对上述代码的具体说明如下（前面讲过的不再重复）：

① 通过 df ['subjectivity'] > 0.8 条件过滤数据框 df，选择主观性非常高的评论。这将返回一个包含满足条件的行的子数据框，其中包含 Review 列的评论。

② 使用 plt.title("Highly Opinionated")设置图形的标题为 Highly Opinionated，表示这是高度主观评论的词云图。

执行后会生成一个黑色背景的高度主观评论的词云图，这有助于了解哪些评论包含了许多主观观点和情感表达。如图 7-10 所示。

图 7-10　高度主观评论的词云图

（28）下面的代码执行了时间序列分析，绘制了情感随时间的变化图表。

```
df_2018 = df[df['date'].dt.year == 2018]
df_2019 = df[df['date'].dt.year == 2019]
date_sentiment = df.groupby(df['date'].dt.date)['polarity'].mean()

plt.figure(figsize=(12, 6))
date_sentiment.plot()
plt.title('Sentiment Over Time')
plt.xlabel('Date')
plt.ylabel('Mean Sentiment')
plt.grid(True)
plt.show()
```

对上述代码的具体说明如下：

① 首先，分别创建了两个子数据框 df_2018 和 df_2019，用于分别存储 2018 年和 2019 年的数据。

② 接着，计算了每天的情感极性均值，这将创建一个时间序列，其中日期是索引，情感极性均值是对应的值。

③ 创建一个图形窗口，设置图形的大小为(12, 6)，以准备绘制情感随时间的变化图表。

④ 使用 date_sentiment.plot() 绘制了情感随时间的变化图表，其中 date_sentiment 包含了日期和情感均值的信息。

⑤ 使用 plt.title('Sentiment Over Time') 设置图表的标题为 Sentiment Over Time，表示这是情感随时间的变化图表。

⑥ 使用 plt.xlabel('Date')和 plt.ylabel('Mean Sentiment') 分别设置 x 轴和 y 轴的标签，表示日期和情感均值。

⑦ 使用 plt.grid(True)打开图表的网格线。

⑧ 最后使用 plt.show()显示绘制好的情感随时间的变化图表，如图 7-11 所示。

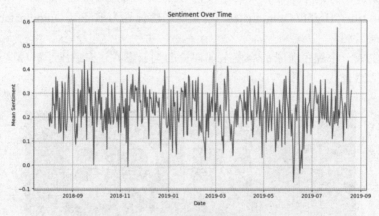

图 7-11　情感随时间的变化图

上述代码的目的是可视化情感随时间的变化趋势，从而帮助了解客户对产品或服务的情感变化。图表显示了情感均值随日期的波动情况，以及是否存在明显的趋势。这对于了解产品或服务在不同时间段的受欢迎程度和客户满意度非常有帮助。根据上面绘制的情感随时间的变化图表，可以得出以下结论：

- 总体情感是积极的，情感均值大于 0。
- 情感随时间逐渐增加，但存在一些波动。
- 情感均值最高出现在 2019 年 9 月，而最低情感均值出现在 2018 年 11 月。

这些结论表明，整体上针对产品或服务的情感是积极的，且随时间逐渐增加。然而，情感存在一些波动，可能受到特定时间段或事件的影响。总体来说，客户对产品或服务的情感呈现出积极趋势，这是一个积极的发展迹象。

（29）通过下面的代码进行时间序列分析时，专门针对 2018 年的数据进行了情感随时间的变化图表绘制。

```
date_sentiment_2018 = df_2018.groupby(df_2018['date'].dt.date)['polarity'].mean()
```

```
plt.figure(figsize=(12, 6))
date_sentiment_2018.plot()
plt.title('Sentiment Over Time (2018)')
plt.xlabel('Date')
plt.ylabel('Mean Sentiment')
plt.grid(True)
plt.show()
```

对上述代码的具体说明如下（前面讲过的不再重复）：
① 使用 df_2018 这个子数据框，选择了 2018 年的数据。
② 计算了 2018 年每天的情感极性均值，这将创建一个时间序列，其中日期是索引，情感极性均值是对应的值。
③ 创建一个图形窗口，设置图形的大小为(12, 6)，以准备绘制 2018 年情感随时间的变化图表。
④ 使用date_sentiment_2018.plot()绘制了 2018 年情感随时间的变化图表，其中date_sentiment_2018 包含了日期和情感均值的信息。
⑤ 使用 plt.title('Sentiment Over Time (2018)') 设置图表的标题为 Sentiment Over Time (2018)，表示这是 2018 年情感随时间的变化图表。
⑥ 最后使用 plt.show() 显示绘制好的 2018 年情感随时间的变化图，如图 7-12 所示。

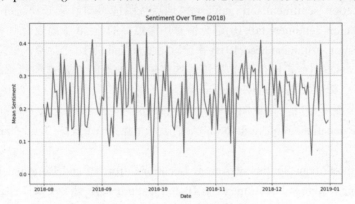

图 7-12　2018 年情感随时间的变化图

根据上述可视化图表可以得出以下结论：
- 2018 年整体上情感是积极的，但存在一些波动。
- 情感均值在 2018 年 9 月达到最高点，而在 2018 年 11 月达到最低点。
- 公司的整体情感是积极的，这是一个积极的迹象。
- 公司能够在一段时间内保持积极的情感，尽管存在一些波动。

这些结论表明，公司在 2018 年内大体上保持了积极的客户情感，尽管可能会受到季节性或事件性因素的影响。保持积极的客户情感有助于维护客户忠诚度和业务成功。

（30）分析不同地点的评论情感均值，并将其按照均值从高到低排序，然后选择了情感值最高的前 10 个地点和情感均值最低的前 10 个地点，最后绘制了这些地点的情感均值水平的水平条形图。实现代码如下：

```
location_sentiment = df.groupby('Location')['polarity'].mean()
```

```
location_sentiment = location_sentiment.sort_values()

top = location_sentiment.tail(10)
bottom = location_sentiment.head(10)

new_locations = pd.concat([top, bottom])

plt.figure(figsize=(10, 6))
new_locations.plot(kind='barh')
plt.title('Mean Sentiment Across Locations (Top 10 and Bottom 10)')
plt.xlabel('Mean Sentiment')
plt.ylabel('Location')
plt.show()
```

这段代码的目的是通过可视化不同地点的评论情感均值，帮助了解客户对不同地点的满意度。水平条形图显示了顶部 10 个和底部 10 个地点的情感均值，可以用于比较不同地点之间的客户情感评价。这有助于酒店或公司了解哪些地点在客户满意度方面表现出色，哪些需要改进。

上述代码的实现流程如下：

① 首先，对数据框 df 进行分组，计算每个地点的评论情感极性均值。这将创建一个包含地点和情感均值的数据框。

② 使用 location_sentiment.sort_values()将地点按照情感均值从低到高进行排序。

③ 使用 location_sentiment.tail(10)选择情感均值最高的前 10 个地点。

④ 使用 location_sentiment.head(10)选择情感均值最低的前 10 个地点。

⑤ 使用 pd.concat([top, bottom]) 将情感均值最高的前 10 个地点和情感均值最低的前 10 个地点合并成一个新的数据框 new_locations。

⑥ 创建一个图形窗口，设置图形的大小为(10, 6)，以准备绘制水平条形图。

⑦ 使用new_locations.plot(kind='barh')绘制了水平条形图，其中 kind='barh'表示绘制水平条形图。

⑧ 使用plt.title('Mean Sentiment Across Locations (Top 10 and Bottom 10)')设置图表的标题为Mean Sentiment Across Locations (Top 10 and Bottom 10)，表示这是顶部10个和底部10个地点的情感均值水平对比图。

⑨ 使用 plt.xlabel('Mean Sentiment')和 plt.ylabel('Location')分别设置 x 轴和 y 轴的标签，表示情感均值和地点。

⑩ 最后使用 plt.show()显示绘制好的水平条形图，如图 7-13 所示。

这些观察结果对于了解不同地点的客户满意度和情感评价非常有帮助，有助于公司或酒店采取措施来改进服务和满足客户需求，尤其是在情感均值较低的地点。

（31）对 2018 年不同地点的评论情感均值进行分析，类似之前的代码，只是这次是专门针对 2018 年的数据。具体实现代码如下：

```
location_sentiment_2018 = df_2018.groupby('Location')['polarity'].mean()
location_sentiment_2018 = location_sentiment_2018.sort_values()

top_2018 = location_sentiment_2018.tail(10)
bottom_2018 = location_sentiment_2018.head(10)

new_locations_2018 = pd.concat([top_2018, bottom_2018])
```

```
# Create a bar plot to compare sentiment for the selected locations in 2018
plt.figure(figsize=(10, 6))
new_locations_2018.plot(kind='barh')
plt.title('Mean Sentiment Across Locations in 2018 (Top 10 and Bottom 10)')
plt.xlabel('Mean Sentiment')
plt.ylabel('Location')
plt.show()
```

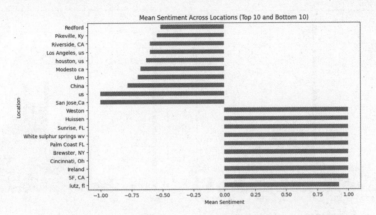

图 7-13　顶部 10 个和底部 10 个地点的情感均值的水平条形图

这段代码的目的是分析 2018 年不同地点的评论情感均值，帮助了解客户对不同地点的满意度。如图 7-14 所示的水平条形图显示了 2018 年顶部 10 个和底部 10 个地点的情感均值，有助于比较不同地点之间的客户情感评价。

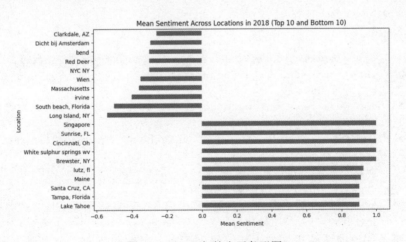

图 7-14　2018 年的水平条形图

（32）使用 df.polarity.hist(bins=50) 绘制了一个直方图，用来展示评论情感极性的分布。

```
df.polarity.hist(bins=50)
```

绘制直方图有助于了解评论情感极性的分布情况，以及是否存在某些情感值的集中趋势。直方图通常展示了数据的分布形状，包括分散程度和集中趋势。在这里，直方图显示了评论情感极性的分布情况,以便更好地理解客户对产品或服务的情感评价,如图 7-15 所示。

(33)使用 df.subjectivity.hist(bins=50) 绘制了一个直方图,用来展示评论的主观性分布情况。

```
df.subjectivity.hist(bins=50)
```

绘制直方图如图 7-16 所示,这有助于了解评论的主观性分布情况,以及是否存在某些主观性值的集中趋势。

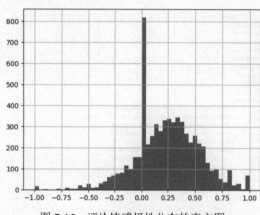

图 7-15　评论情感极性分布的直方图　　　图 7-16　评论主观性分布情况直方图

(34)对评论的情感极性进行了重新编码,将情感极性值分为正向、中性和负向三类。

```
df['polarity'][df.polarity==0]= 0
df['polarity'][df.polarity > 0]= 1
df['polarity'][df.polarity < 0]= -1
df.head(5)
```

执行后会输出:

```
          Review date    Location    polarity    subjectivity
0    I was very impressed with the resort. Great st... 2019-08-20
 Sebastian   1.0 0.630476
1    The rooms were nice the outside needs work als... 2019-08-20  Los
 Angeles 1.0 0.558333
2    Great location! I have stayed at this hotel on... 2019-08-20  Georgia
 1.0 0.423737
3    The hotel was adequate for my stay. The strips... 2019-08-20  NaN 1.0
 0.485556
4    Great location, room was large and spacious. P... 2019-08-19  Palm
 Harbor 1.0 0.522381
```

这样,每条评论的情感极性被重新编码为正向、中性和负向三个类别,分别用 1、0 和-1 来表示。这种重新编码有助于更简明地表示情感信息,并在后续分析中更容易处理不同情感类别的评论。在数据框的前五行中,可以看到情感极性已经被重新编码为这三个类别。

(35)使用 df.polarity.value_counts().plot.bar() 绘制了一个条形图,代码如下:

```
df.polarity.value_counts().plot.bar()
df.polarity.value_counts()
```

绘制的条形图将显示不同情感极性类别的评论数量分布情况，如图7-17所示。通常是正向情感、中性情感和负向情感。在代码的第2行，使用 df.polarity.value_counts()输出了每个情感类别的评论数量。这有助于了解评论数据中各种情感类别的相对比例和分布情况。

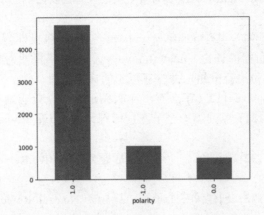

图7-17 不同情感极性类别的评论数量分布情况

（36）对不同情感类别的评论数量随时间（年份）的变化趋势进行分析和可视化，这个可视化帮助了解了不同情感类别的评论在不同年份的分布情况，有助于分析客户对产品或服务的情感评价随时间的演变。具体实现代码如下：

```
df['year'] = df['date'].dt.year
positive_reviews = df[df['polarity'] == 1]
negative_reviews = df[df['polarity'] == -1]
neutral_reviews = df[df['polarity'] == 0]

positive_count = positive_reviews.groupby('year').size()
negative_count = negative_reviews.groupby('year').size()
neutral_count = neutral_reviews.groupby('year').size()

plt.figure(figsize=(12, 6))

plt.subplot(131)
positive_count.plot(kind='bar', title='Positive Reviews')
plt.xlabel('Year')
plt.ylabel('Number of Reviews')

plt.subplot(132)
negative_count.plot(kind='bar', title='Negative Reviews')
plt.xlabel('Year')
plt.ylabel('Number of Reviews')

plt.subplot(133)
neutral_count.plot(kind='bar', title='Neutral Reviews')
plt.xlabel('Year')
plt.ylabel('Number of Reviews')
```

```
plt.tight_layout()
plt.show()
```

对上述代码的具体说明如下：

① 首先，代码从日期（date）列中提取年份信息，将其存储在新的列 year 中，以便后续分析。

② 创建三个数据子集，其中 positive_reviews 包含情感极性为正向的评论，negative_reviews 包含情感极性为负向的评论，neutral_reviews 包含情感极性为中性的评论。

③ 对每个子集按年份进行分组，并计算每年的评论数量。

④ 使用 plt.figure(figsize=(12, 6)) 创建一个大图形窗口，以容纳三个子图。

⑤ 使用 plt.subplot(131) 创建第一个子图，标题为 Positive Reviews，并设置 x 轴和 y 轴标签。

⑥ 使用 plt.subplot(132) 创建第二个子图，标题为 Negative Reviews，并设置 x 轴和 y 轴标签。

⑦ 使用 plt.subplot(133) 创建第三个子图，标题为 Neutral Reviews，并设置 x 轴和 y 轴标签。

⑧ 使用 plt.tight_layout() 确保子图之间的布局合理。

⑨ 最后使用 plt.show() 显示绘制好的子图，这样可以比较不同情感类别的评论数量随时间的变化趋势。

执行后会绘制三个子图，分别表示正向、负向和中性评论的数量随年份的变化趋势，如图 7-18 所示。

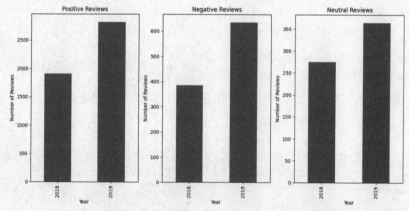

图 7-18　不同情感类别的评论数量随年份的变化趋势

第 8 章　NLP 应用实战：智能客服系统

智能客服系统是自然语言处理中的一个重要应用，它利用 NLP 技术来改善客户支持和互动，使其更加高效和人性化。在本章中，将详细讲解使用自然语言处理技术和 TensorFlow Lite 开发一个智能客服系统的过程，包括项目的架构分析、创建模型和具体实现知识，以期帮助读者熟悉开发大型智能客服系统项目的流程。

8.1　背景介绍

当谈到 NLP 智能客服系统时，我们需要了解其背景和发展情况。这种系统是为了解决传统客服过程中的一系列问题而发展起来的。传统客服通常依赖于人工操作，这意味着需要大量的人力资源来应对用户的查询、问题和投诉。这可能导致用户长时间的等待、高额成本和服务质量的不一致性。为了解决这些问题，企业开始寻求更加高效和个性化的客服解决方案。

随着科技的不断进步，特别是 NLP 和 AI 技术的发展，企业意识到这些技术可以为客服领域带来变革。NLP 技术使得自动化客服流程成为可能，从而提高了效率，同时也能够提供更加个性化和即时的支持。

现代用户对客服体验有着更高的期望。他们期望能够通过多种渠道（如聊天、电子邮件、社交媒体）与企业互动，并期望得到快速解决问题的支持。这种需求进一步加速了 NLP 智能客服系统的发展。

另外，大数据和云计算的兴起也为智能客服系统的发展提供了支持。企业可以合法合规地收集、存储和分析大量的用户数据，为 NLP 系统提供足够的数据来训练和改进模型。NLP 智能客服系统的兴起还与语音助手和聊天机器人的出现有关。这些系统使用 NLP 技术来理解用户的语音或文本输入，并提供即时的回应。

最重要的是，NLP 智能客服系统可以跨多种通信渠道提供支持，包括网站聊天、手机应用、社交媒体等。这意味着用户可以通过他们喜欢的渠道与企业互动，增加了互动的便捷性和多样性。

综上所述，NLP 智能客服系统的背景是由科技进步、用户需求和企业渴望提供更好的客户支持所驱动的。这些系统可以显著提高客户满意度，降低成本，并加强企业与客户之间的互动。

8.2　系统介绍

本智能客服系统是使用智能回复模型实现的，能够基于用户输入的聊天消息生成回复建议。该建议主要是依据上下文中的相关内容进行响应，帮助用户快速回复输入的文本消息。智能回复是上下文相关的一键式回复，可帮助用户高效、轻松地回复收到的短信（或电子邮件）。本项目的具体结构如图 8-1 所示。

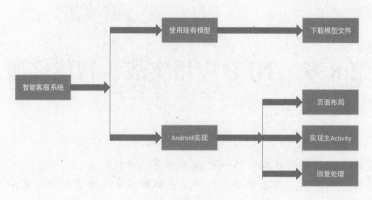

图 8-1　项目结构

8.3　模型介绍与准备

移动设备上的智能回复模型针对文本聊天应用场景，具有与基于云的同类产品完全不同的架构，专为内存限制设备（如手机和智能手表）而构建。本智能客服系统已成功用于在 Android Wear 上向所有第一方和第三方应用程序提供智能回复。

本项目所使用的模型有如下几个优势：
- 更快：模型驻留在设备上，不需要互联网连接。因此推理速度非常快，平均延迟只有几毫秒。
- 资源高效：该模型在设备上占用的内存很小。
- 隐私友好：用户数据永远不会离开设备，这消除了任何隐私限制。
- 本项目使用的是 TensorFlow 官方提供的现有的模型，大家可以登录 TensorFlow 官方网站下载模型文件 smartreply.tflite。

8.3.1　模型介绍

本项目所使用的 smartreply.tflite 是一个 TensorFlow Lite 模型，用于实现智能回复（Smart Reply）的任务，以下是关于 smartreply.tflite 模型的一些信息。
- 任务：smartreply.tflite 模型旨在执行智能回复任务。给定一条文本消息或聊天记录，它可以生成一组可能的回复建议，用户可以从中选择一个或多个来回复。
- TensorFlow Lite：TensorFlow Lite 是 TensorFlow 的一个轻量级版本，专门用于在移动设备和嵌入式系统上部署深度学习模型。smartreply.tflite 模型经过了优化，以在移动设备上运行，并提供了高效的推理性能。
- 自然语言处理：smartreply.tflite 模型使用自然语言处理技术来理解文本消息的内容和上下文，并生成相关的回复建议。这包括文本分词、语法分析、语义理解和文本生成等任务。
- 用途：smartreply.tflite 模型可以用于构建聊天应用程序、电子邮件客户端和其他通信工具，以提供用户友好的回复建议功能。这有助于用户更快速、更轻松地回应消息，提高了通信效率。
- 定制性：smartreply.tflite 模型可以根据特定应用的需要进行定制。开发者可以训练模型，使其适应特定领域的术语和语境，以提供更精确的回复建议。

请注意，具体的 smartreply.tflite 模型细节和用法可能会随着时间而变化。如果读者想要详细了解如何使用 smartreply.tflite 模型或获得相关示例代码，请查看 TensorFlow 官方文档、GitHub 存储库或社区资源，以获取最新的信息和指南。

8.3.2 下载模型文件

开发者可以在 Tensorflow 官网下载这个模型，下载地址如下：
https://tensorflow.google.cn/lite/examples/smart_reply/overview?hl=zh_cn。

也可以在项目文件 build.gradle 中设置下载模型文件的 URL 地址，对应代码如下：

```
ext {
    LITE_MODEL_URL = 'https://storage.googleapis.com/download.tensorflow.org/models/tflite/smartreply/smartreply.tflite'
    LITE_MODEL_NAME = 'smartreply.tflite'
    LITE_MODEL_DIRS = [
            "$projectDir/src/main/assets",
            "$projectDir/libs/cc/testdata",
    ]

    AAR_URL = 'https://storage.googleapis.com/download.tensorflow.org/models/tflite/smartreply/smartreply_runtime_aar.aar'
    AAR_PATH = "$projectDir/libs/smartreply_runtime_aar.aar"
```

8.4 Android 智能客服系统

在准备好 TensorFlow Lite 模型后，接下来将使用这个模型开发一个 Android 智能客服系统。

8.4.1 准备工作

（1）使用 Android Studio 导入本项目源码工程 smart_reply，如图 8-2 所示。

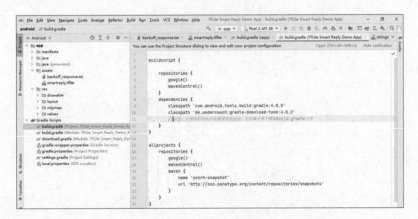

图 8-2　导入工程

（2）更新 build.gradle

打开 app 模块中的文件 build.gradle，分别设置 Android 的编译版本和运行版本，设置需要使用的库文件，添加对 TensorFlow Lite 模型库的引用。具体实现代码如下：

```
apply plugin: 'com.android.application'
apply plugin: 'de.undercouch.download'

android {
    compileSdkVersion 28
    defaultConfig {
        applicationId "org.tensorflow.lite.examples.smartreply.SmartReply"
        minSdkVersion 19
        targetSdkVersion 28
        versionCode 1
        versionName "1.0"
        ndk {
            abiFilters 'armeabi-v7a', 'arm64-v8a', 'x86', 'x86_64'
        }
        testInstrumentationRunner "androidx.test.runner.AndroidJUnitRunner"
    }

    aaptOptions {
        noCompress "tflite"
    }

    buildTypes {
        release {
            minifyEnabled false
            proguardFiles getDefaultProguardFile('proguard-android-optimize.txt'), 'proguard-rules.pro'
        }
    }

    compileOptions {
        sourceCompatibility '1.8'
        targetCompatibility '1.8'
    }

    repositories {
        mavenCentral()
        maven {
            name 'ossrh-snapshot'
            url 'http://oss.sonatype.org/content/repositories/snapshots'
        }
        flatDir {
            dirs 'libs'
        }
    }
}

//下载预构建的 AAR 和 TF Lite 模型.
apply from: 'download.gradle'
```

```
dependencies {
    implementation fileTree(dir: 'libs', include: ['*.jar', '*.aar'])
    //支持库
    implementation 'com.google.guava:guava:28.1-android'
    implementation 'androidx.appcompat:appcompat:1.1.0'
    implementation 'androidx.constraintlayout:constraintlayout:1.1.3'

    // TF Lite
    implementation 'org.tensorflow:tensorflow-lite:0.0.0-nightly-SNAPSHOT'

    testImplementation 'junit:junit:4.12'
    testImplementation 'androidx.test:core:1.2.0'
    testImplementation 'org.robolectric:robolectric:4.3.1'
}
```

8.4.2 页面布局

本项目主界面的页面布局文件是 tfe_sr_main_activity.xml，功能是在 Android 屏幕下方显示文本输入框和"发送"按钮，在屏幕上方显示系统自动回复的文本内容。文件 tfe_sr_main_activity.xml 的具体实现代码如下：

```xml
<androidx.constraintlayout.widget.ConstraintLayout
    xmlns:android="http://schemas.android.com/apk/res/android"
    xmlns:app="http://schemas.android.com/apk/res-auto"
    xmlns:tools="http://schemas.android.com/tools"
    android:layout_width="match_parent"
    android:layout_height="match_parent"
    android:layout_margin="@dimen/tfe_sr_activity_margin"
    tools:context=".MainActivity">

    <ScrollView
        android:id="@+id/scroll_view"
        android:layout_width="match_parent"
        android:layout_height="0dp"
        app:layout_constraintTop_toTopOf="parent"
        app:layout_constraintBottom_toTopOf="@+id/message_input">

        <TextView
            android:id="@+id/message_text"
            android:layout_width="match_parent"
            android:layout_height="wrap_content" />
    </ScrollView>

    <EditText
        android:id="@+id/message_input"
        android:layout_width="0dp"
        android:layout_height="wrap_content"
        android:hint="@string/tfe_sr_edit_text_hint"
        android:inputType="textNoSuggestions"
        android:importantForAutofill="no"
```

```xml
            app:layout_constraintBaseline_toBaselineOf="@+id/send_button"
            app:layout_constraintEnd_toStartOf="@+id/send_button"
            app:layout_constraintStart_toStartOf="parent"
            app:layout_constraintBottom_toBottomOf="parent" />

    <Button
        android:id="@+id/send_button"
        android:layout_width="wrap_content"
        android:layout_height="wrap_content"
        android:text="@string/tfe_sr_button_send"
        app:layout_constraintBottom_toBottomOf="parent"
        app:layout_constraintEnd_toEndOf="parent"
        app:layout_constraintStart_toEndOf="@+id/message_input"
        />
</androidx.constraintlayout.widget.ConstraintLayout>
```

8.4.3 实现主 Activity

本项目的主Activity功能是由文件MainActivity.java实现的，作用是调用前面的布局文件tfe_sr_main_activity.xml，监听用户是否单击"发送"按钮。如果单击了"发送"按钮，则执行函数send()调用智能回复模块显示回复信息。具体实现代码如下：

```java
/**
 *显示一个文本框，该文本框在收到输入的消息时更新.
 */
public class MainActivity extends AppCompatActivity {
  private static final String TAG = "SmartReplyDemo";
  private SmartReplyClient client;

  private TextView messageTextView;
  private EditText messageInput;
  private ScrollView scrollView;

  private Handler handler;

  @Override
  protected void onCreate(Bundle savedInstanceState) {
    super.onCreate(savedInstanceState);
    Log.v(TAG, "onCreate");
    setContentView(R.layout.tfe_sr_main_activity);

    client = new SmartReplyClient(getApplicationContext());
    handler = new Handler();

    scrollView = findViewById(R.id.scroll_view);
    messageTextView = findViewById(R.id.message_text);
    messageInput = findViewById(R.id.message_input);
    messageInput.setOnKeyListener(
        (view, keyCode, keyEvent) -> {
          if (keyCode == KeyEvent.KEYCODE_ENTER && keyEvent.getAction() ==
```

```java
KeyEvent.ACTION_UP) {
            //当按下按键盘上的Enter键时发送消息.
            send(messageInput.getText().toString());
            return true;
        }
        return false;
    });
    Button sendButton = findViewById(R.id.send_button);
    sendButton.setOnClickListener((View v) -> send(messageInput.getText().toString()));
}

@Override
protected void onStart() {
  super.onStart();
  Log.v(TAG, "onStart");
  handler.post(
      () -> {
        client.loadModel();
      });
}

@Override
protected void onStop() {
  super.onStop();
  Log.v(TAG, "onStop");
  handler.post(
      () -> {
        client.unloadModel();
      });
}

private void send(final String message) {
  handler.post(
      () -> {
        StringBuilder textToShow = new StringBuilder();
        textToShow.append("Input: ").append(message).append("\n\n");

        //从模型中获取建议的回复内容
        SmartReply[] ans = client.predict(new String[] {message});
        for (SmartReply reply : ans) {
          textToShow.append("Reply: ").append(reply.getText()).append("\n");
        }
        textToShow.append("------").append("\n");
        runOnUiThread(
            () -> {
              //在屏幕上显示消息和建议的回复内容
              messageTextView.append(textToShow);

              //清除输入框
```

```
                    messageInput.setText(null);

                    //滚动到底部以显示最新条目的回复结果.
                    scrollView.post(() -> scrollView.fullScroll(View.FOCUS_DOWN));
                });
            });
        }
    }
```

8.4.4 智能回复处理

当用户在文本框输入文本并单击"发送"按钮后,会执行回复处理程序在屏幕上方显示智能回复信息。整个回复处理程序是由以下三个文件实现。

(1) 文件 AssetsUtil.java:功能是从资源目录 assets 加载模型文件,具体实现代码如下:

```
public class AssetsUtil {

  private AssetsUtil() {}

  /**
   *直接获取指定路径的AssetFileDescriptor,或通过缓存压缩路径返回其副本.
   */
  public static AssetFileDescriptor getAssetFileDescriptorOrCached(
      Context context, String assetPath) throws IOException {
    try {
      return context.getAssets().openFd(assetPath);
    } catch (FileNotFoundException e) {
      //如果无法从asset(可能是压缩的)目录读取文件,请尝试复制到缓存文件夹并重新加载.
      File cacheFile = new File(context.getCacheDir(), assetPath);
      cacheFile.getParentFile().mkdirs();
      copyToCacheFile(context, assetPath, cacheFile);
      ParcelFileDescriptor cachedFd = ParcelFileDescriptor.open(cacheFile, MODE_READ_ONLY);
      return new AssetFileDescriptor(cachedFd, 0, cacheFile.length());
    }
  }
  private static void copyToCacheFile(Context context, String assetPath, File cacheFile)
      throws IOException {
    try (InputStream inputStream = context.getAssets().open(assetPath, ACCESS_BUFFER);
        FileOutputStream fileOutputStream = new FileOutputStream(cacheFile, false)) {
      ByteStreams.copy(inputStream, fileOutputStream);
    }
  }
}
```

(2) 文件 SmartReplyClient.java:功能是将用户输入的文本作为输入,然后使用加载的模型实现预测处理。具体实现代码如下:

```java
/**用于加载TfLite模型并提供预测的接口.*/
public class SmartReplyClient implements AutoCloseable {
  private static final String TAG = "SmartReplyDemo";
  private static final String MODEL_PATH = "smartreply.tflite";
  private static final String BACKOFF_PATH = "backoff_response.txt";
  private static final String JNI_LIB = "smartreply_jni";

  private final Context context;
  private long storage;
  private MappedByteBuffer model;

  private volatile boolean isLibraryLoaded;

  public SmartReplyClient(Context context) {
    this.context = context;
  }

  public boolean isLoaded() {
    return storage != 0;
  }

  @WorkerThread
  public synchronized void loadModel() {
    if (!isLibraryLoaded) {
      System.loadLibrary(JNI_LIB);
      isLibraryLoaded = true;
    }
    try {
      model = loadModelFile();
      String[] backoff = loadBackoffList();
      storage = loadJNI(model, backoff);
    } catch (IOException e) {
      Log.e(TAG, "Fail to load model", e);
      return;
    }
  }

  @WorkerThread
  public synchronized SmartReply[] predict(String[] input) {
    if (storage != 0) {
      return predictJNI(storage, input);
    } else {
      return new SmartReply[] {};
    }
  }

  @WorkerThread
  public synchronized void unloadModel() {
    close();
  }
```

```java
    @Override
    public synchronized void close() {
      if (storage != 0) {
        unloadJNI(storage);
        storage = 0;
      }
    }

    private MappedByteBuffer loadModelFile() throws IOException {
      try (AssetFileDescriptor fileDescriptor =
              AssetsUtil.getAssetFileDescriptorOrCached(context, MODEL_PATH);
           FileInputStream inputStream = new FileInputStream(fileDescriptor.getFileDescriptor())) {
        FileChannel fileChannel = inputStream.getChannel();
        long startOffset = fileDescriptor.getStartOffset();
        long declaredLength = fileDescriptor.getDeclaredLength();
        return  fileChannel.map(FileChannel.MapMode.READ_ONLY,  startOffset, declaredLength);
      }
    }

    private String[] loadBackoffList() throws IOException {
      List<String> labelList = new ArrayList<String>();
      try (BufferedReader reader =
          new BufferedReader(new InputStreamReader(context.getAssets().open(BACKOFF_PATH)))) {
        String line;
        while ((line = reader.readLine()) != null) {
          if (!line.isEmpty()) {
            labelList.add(line);
          }
        }
      }
      String[] ans = new String[labelList.size()];
      labelList.toArray(ans);
      return ans;
    }
    @Keep
    private native long loadJNI(MappedByteBuffer buffer, String[] backoff);

    @Keep
    private native SmartReply[] predictJNI(long storage, String[] text);

    @Keep
    private native void unloadJNI(long storage);
  }
```

（3）文件 SmartReply.java：根据预测结果的分数由高到低以列表形式显示多行文本，每一行文本都是一种智能回复方案。具体实现代码如下：

```java
/**
 * SmartReply 包含预测的回复信息
 * *<p>注意：不应该混淆 JNI 使用的这个类、类名和构造函数.
 */
@Keep
public class SmartReply {

  private final String text;
  private final float score;

  @Keep
  public SmartReply(String text, float score) {
    this.text = text;
    this.score = score;
  }

  public String getText() {
    return text;
  }

  public float getScore() {
    return score;
  }
}
```

到此为止，整个项目工程全部开发完毕。单击 Android Studio 顶部的运行按钮运行本项目，在 Android 设备中将会显示执行效果。在 Android 屏幕下方显示文本输入框和"发送"按钮，在屏幕上方显示系统自动回复的文本内容。例如输入"how many"后的执行效果如图 8-3 所示。

图 8-3　执行效果

第 9 章　NLP 应用实战：文本摘要系统

文本摘要系统的主要目标是从输入文本中生成简明、有信息价值的摘要，以便更容易理解文本的关键内容。在本章中，将介绍文本摘要系统的开发知识，并通过一个大型实例展示开发文本摘要系统的过程。

9.1　文本摘要系统介绍

文本摘要系统通常分为抽取式摘要和生成式摘要两种主要类型。

1．抽取式摘要

抽取式摘要系统从原始文本中选择并提取句子、短语或段落，以形成摘要，这些被提取的部分通常是原文中的现有内容，不需要重新生成。抽取式摘要的优点是更流利和精确，因为它们使用了原始文本中的确凿信息，也不会引入语法错误或不准确的信息。但是抽取式摘要无法处理文本中的信息缺失；在处理复杂文本时，可能会错过一些关键信息。

2．生成式摘要

生成式摘要系统不仅仅是从原始文本中提取内容，还会使用 NLG（自然语言生成）技术，尝试重新表达原始文本的关键信息，更灵活地表达内容。但是在生成质量的稳定性、语法错误以及对训练数据的依赖方面还有一些不足。

文本摘要系统的应用领域广泛，包括：

- 新闻摘要：将新闻文章压缩成简明的摘要，以便读者可以快速了解主要信息。
- 学术文献摘要：自动生成科研论文摘要，帮助研究人员快速了解文献的内容。
- 法律文件分析：生成法律文件的要点，以加快法律专业人士的研究和决策过程。
- 数据挖掘：从大规模数据集中提取关键信息，以便进一步分析。
- 内容聚合：整合多个来源的内容，生成简明摘要以供用户浏览。

文本摘要系统可以提高信息检索、阅读效率和决策制定的速度，因此在各个领域都具有重要价值。它们利用自然语言处理和机器学习技术来自动化和简化摘要生成过程。

9.2　抽取式文本摘要方法

我们梳理一下抽取式文本摘要的关键特点和流程。

（1）句子或段落选择：在抽取式文本摘要中，首先需要确定哪些句子或段落将包含在摘要中。这通常涉及对原始文本中每个句子的重要性评估。

（2）句子重要性评分：为了评估句子的重要性，常见的方法会考虑以下因素：

- 词频：句子中包含关键词的频率。
- 位置：句子在文本中的位置，通常开头和结尾的句子更重要。
- 长度：较短的句子通常更容易理解和摘要。

- 句法结构：句子的语法结构和连接词的使用。

（3）句子排序：一旦句子的重要性得分确定，它们可以根据得分进行排序，以便最重要的句子出现在摘要的前面。

（4）摘要生成：将选定的句子组合在一起，形成一个简明的文本，以展示原始文本的关键内容。

下面是一些常见的抽取式文本摘要方法。

（1）句子重要性评分

在这种方法中，每个句子根据其在文本中的重要性被赋予一个分数。句子的重要性评分可以基于各种因素，包括关键词的出现频率、句子位置、句子长度、句法结构等。常见的句子重要性评分算法包括 TF-IDF、TextRank 和 LexRank。

① TextRank

TextRank 是一种基于图的句子重要性评分算法，它通过将句子表示为图中的节点，用边连接句子，然后使用 PageRank 算法来确定每个句子的重要性。这种方法不仅考虑句子本身的内容，还考虑了与其他句子之间的关联性，从而更全面地确定句子的重要性。

② LexRank

LexRank 也是一种基于图的方法，它使用余弦相似度来测量句子之间的相似性，并通过类似于 TextRank 的方式确定句子的重要性。LexRank 的优势是可以处理不同长度的文本，并且在多语言和跨域应用中表现良好。

（2）基于机器学习的方法

抽取式文本摘要还可以使用机器学习技术（如分类器或回归模型）来预测句子的重要性分数。这种方法通常需要大规模的标记数据集，以训练模型来识别重要性。

（3）混合方法

有时候，可以结合多种方法来生成更准确的抽取式摘要。例如，将句子重要性评分与机器学习模型结合使用，以获得更好的性能。

9.3　抽象生成式文本摘要方法

抽象生成式文本摘要的主要目标是从原始文本中生成新的摘要，而不仅仅是从中提取句子或短语。这种方法的关键特点如下：

（1）语言生成技术：抽象生成式文本摘要使用 NLG 技术来创建新的文本。NLG 技术涉及将非结构化数据转化为自然语言文本的能力，通常依赖于深度学习模型。

（2）输入文本理解：在生成摘要之前，需要对输入文本进行语义理解。这通常包括命名实体识别、句法分析、情感分析等任务，以便模型能够理解文本的内容和语境。

（3）摘要生成：一旦模型理解了输入文本，它可以使用生成式模型（如 RNN、Transformer 等）来生成新的文本摘要。生成摘要的过程通常涉及以下几个步骤：

① 开始标记。

② 逐词生成摘要，通过选择合适的词语来表达文本的关键内容。

③ 结束标记。

（4）生成模型训练：抽象生成式文本摘要方法通常需要大规模的训练数据，以训练生成模型。这些数据通常包括原始文本和相应的摘要示例。生成模型可以使用监督学习或强化学习进行训练。

(5)评估指标:为了评估生成摘要的质量,通常使用自动评估指标,如 BLEU 和 ROUGE,以及人工评估。这些指标用于衡量生成摘要的流畅性、准确性和信息丰富度。

抽象生成式文本摘要的方法和技术如下:

(1) Seq2Seq

抽象生成式文本摘要常常使用序列到序列模型,这是一种深度学习架构,由编码器和解码器组成。编码器将输入文本编码为潜在语义表示,然后解码器生成摘要。常见的 Seq2Seq 模型包括基于 RNN 的模型和基于 Transformer 的模型。其中,Transformer 模型已经成为生成式文本摘要领域的标配。它在生成文本方面表现出色,尤其是使用变换器的变体,如 GPT 系列和 BERT 系列。这些模型在大规模文本数据上进行预训练,然后微调以执行特定任务,如生成摘要等。

(2)强化学习

有些抽象生成式文本摘要方法使用强化学习,通过定义奖励函数来引导生成模型的训练,以生成更高质量的摘要。强化学习方法可以结合监督学习来优化生成模型,以获得更流利和准确的文本摘要。

(3)教师强制

教师强制是一种训练生成模型的技术,它在训练过程中使用目标摘要作为输入。这有助于模型学习如何生成摘要。在生成实际摘要时,模型可以使用先前生成的词作为输入来生成后续词。

(4)多模态信息

对于包含文本以外的多模态信息(如图像或音频)的文本,抽象生成式文本摘要可以集成多模态信息,以生成更富信息和全面的摘要。

(5)集束搜索和采样策略

生成摘要时,可以使用不同的搜索策略,如集束搜索或采样策略,以选择下一个生成的词。集束搜索考虑多个候选词,而采样策略可以增加模型的创造性。

(6)预训练模型的微调

利用预训练模型,如GPT或BERT,可以在摘要生成任务中进行微调,以获得更好的性能。

抽象生成式文本摘要方法通常用于需要生成新颖、创造性文本摘要的任务,如新闻文章总结、自动化写作、机器翻译和生成包含多模态信息的文本摘要。这些方法依赖于深度学习技术,具有生成自然、连贯文本的能力。

9.4 文本摘要生成系统

本节将介绍开发一个文本摘要生成系统的过程,本项目的主要功能是将输入的长文本文档转化为简短、紧凑的摘要文本。本节介绍的项目包含了以下主要步骤和功能:

(1)数据预处理:项目首先加载和预处理了包含文本和摘要的数据集,包括文本清理、分词、标记化等操作。

(2)构建编码器—解码器模型:使用深度学习模型,项目构建了一个编码器—解码器模型,其中编码器将输入文本编码为特征向量,解码器生成与输入文本相关的摘要。

(3)训练模型:通过训练数据,项目对编码器—解码器模型进行了训练,以便模型能够自动学习生成摘要的能力。

(4)摘要生成:项目提供了摘要生成的功能,用户可以输入原始文本,然后使用已训练好的模型生成与输入文本相关的摘要。

（5）模型评估：项目展示了模型生成的摘要与原始摘要之间的比较，以评估模型性能和生成质量。

总的来说，这个项目旨在自动化文本摘要生成的过程，帮助用户从大量文本中提取关键信息，并生成简洁的摘要，以便更轻松地理解文本内容。这对于处理新闻、文章、博客等大量文本信息非常有用。

9.4.1 准备数据

本项目的数据准备阶段主要是列出数据集文件路径和 CSV 文件的加载。

（1）列出指定数据集目录（/kaggle/input）下的所有文件的路径，此功能使用了一些常见的 Python 库来实现，包括 numpy 和 pandas，以及用于文件操作的 OS 库。

```python
import numpy as np # linear algebra
import pandas as pd # data processing, CSV file I/O (e.g. pd.read_csv)

import os
for dirname, _, filenames in os.walk('/kaggle/input'):
    for filename in filenames:
        print(os.path.join(dirname, filename))
```

执行后会输出：

```
/kaggle/input/word2vec-for-text-summarization/__output__.json
/kaggle/input/word2vec-for-text-summarization/w2v_text_summ_200d_09162019.html
/kaggle/input/word2vec-for-text-summarization/__notebook__.ipynb
/kaggle/input/word2vec-for-text-summarization/__results__.html
/kaggle/input/word2vec-for-text-summarization/custom.css
/kaggle/input/word2vec-for-text-summarization/w2v_text_summ_200d_09162019
/kaggle/input/word2vec-for-text-summarization/__results___files/__results___40_0.png
/kaggle/input/word2vec-for-text-summarization/__results___files/__results___39_0.png
/kaggle/input/word2vec-for-text-summarization/__results___files/__results___38_0.png
/kaggle/input/news-summary/news_summary.csv
/kaggle/input/news-summary/news_summary_more.csv
```

（2）使用pandas库中的read_csv()函数来加载CSV文件中的数据到两个不同的Data Frame对象，目的是将CSV文件中的数据加载到内存中，以便进一步分析和处理。可以通过summary和raw两个DataFrame对象来访问和操作这些数据。实现代码如下：

```python
summary=pd.read_csv('/kaggle/input/news-summary/news_summary.csv', encoding='iso-8859-1')
raw=pd.read_csv('/kaggle/input/news-summary/news_summary_more.csv',encoding='iso-8859-1')
```

9.4.2 数据预处理

数据预处理步骤主要是对不同 Data Frame 对象数据的合并，同时定义了不同函数对文本数据进行清理。

（1）通过如下代码进行数据预处理，它涉及两个不同的 DataFrame 对象（raw 和 summary）和合并它们的一些列。

```
① pre1 = raw.iloc[:,0:2].copy()
   # pre1['head + text'] = pre1['headlines'].str.cat(pre1['text'], sep =" ")
② pre2 = summary.iloc[:,0:6].copy()
③ pre2['text']  =  pre2['author'].str.cat(pre2['date'].str.cat(pre2['read_
more'].str.cat(pre2['text'].str.cat(pre2['ctext'], sep = " "), sep = " "),sep= "
"), sep = " ")
④ pre = pd.DataFrame()
⑤ pre['text'] = pd.concat([pre1['text'], pre2['text']], ignore_index=True)
⑥ pre['summary'] = pd.concat([pre1['headlines'],pre2['headlines']],ignore_
index = True)
⑦ pre.head(2)
```

对上述代码的具体说明如下：

● 代码行①从 raw DataFrame 中选择前两列（第 0 列和第 1 列）的数据，并将它们复制到一个名为 pre1 的新 DataFrame 中。这可能是为了选取感兴趣的列以进行后续处理。

● 代码行②从 summary DataFrame 中选择前六列的数据，并将它们复制到一个名为 pre2 的新 DataFrame 中。

● 代码行③将 pre2 DataFrame 中的多个列拼接成一个新的 text 列，其中包括 author、date、read_more、text 和 ctext 列。这些列的内容通过 str.cat()方法连接起来，每个列之间用空格分隔。

● 代码行④创建了一个名为 pre 的新 DataFrame，用于存储预处理后的数据。

● 代码行⑤将 pre1 和 pre2 的 text 列合并到 pre DataFrame 的 text 列中，通过 pd.concat()函数实现。ignore_index=True 会重新索引合并后的数据。

● 代码行⑥将 pre1 和 pre2 的 headlines 列合并到 pre DataFrame 的 summary 列中。

● 代码行⑦用于显示合并后的 DataFrame pre 的前两行，以便查看处理后的数据。

上述代码的目的是将 raw 和 summary 两个 DataFrame 中的数据进行预处理，并将它们合并到一个新的 DataFrame pre 中，以便进一步分析或建模。执行后会输出：

```
    text   summary
 0 Saurav Kant, an alumnus of upGrad and IIIT-B's...upGrad learner switches
to career in ML & AI w...
 1 Kunal Shah's credit card bill payment platform...Delhi techie wins free
food from Swiggy for on...
```

（2）通过如下代码查看pre DataFrame中的前 10 行text列的数据。

```
print(pre['text'][:10])
```

请注意，这只是用于查看数据的部分代码，如果要进行LSTM with Attention的实际建模工作，需要编写更多的代码。执行后会输出：

```
 0    Saurav Kant, an alumnus of upGrad and IIIT-B's...
 1    Kunal Shah's credit card bill payment platform...
 2    New Zealand defeated India by 8 wickets in the...
 3    With Aegon Life iTerm Insurance plan, customer...
 4    Speaking about the sexual harassment allegatio...
 5    Pakistani singer Rahat Fateh Ali Khan has deni...
```

```
6    India recorded their lowest ODI total in New Z...
7    Weeks after ex-CBI Director Alok Verma told th...
8    Andhra Pradesh CM N Chandrababu Naidu has said...
9    Congress candidate Shafia Zubair won the Ramga...
Name: text, dtype: object
```

（3）定义函数 text_strip，用于对文本数据进行一系列的处理，以去除特定的非字母字符和格式，然后返回处理后的文本。具体实现代码如下：

```
import re

#Removes non-alphabetic characters:
def text_strip(column):
    for row in column:

        row=re.sub("(\\t)", ' ', str(row)).lower() #remove escape charecters
        row=re.sub("(\\r)", ' ', str(row)).lower()
        row=re.sub("(\\n)", ' ', str(row)).lower()

        row=re.sub("(__+)", ' ', str(row)).lower()   #remove _ if it occors more than one time consecutively
        row=re.sub("(--+)", ' ', str(row)).lower()   #remove - if it occors more than one time consecutively
        row=re.sub("(~~+)", ' ', str(row)).lower()   #remove ~ if it occors more than one time consecutively
        row=re.sub("(\+\++)", ' ', str(row)).lower()   #remove + if it occors more than one time consecutively
        row=re.sub("(\.\.+)", ' ', str(row)).lower()   #remove . if it occors more than one time consecutively

        row=re.sub(r"[<>()|&©ø\[\]\'\",;?~*!]", ' ', str(row)).lower() #remove <>()|&©ø"',;?~*!

        row=re.sub("(mailto:)", ' ', str(row)).lower() #remove mailto:
        row=re.sub(r"(\\x9\d)", ' ', str(row)).lower() #remove \x9* in text
        row=re.sub("([iI][nN][cC]\d+)",'INC_NUM',str(row)).lower()  #replace INC nums to INC_NUM
        row=re.sub("([cC][mM]\d+)|([cC][hH][gG]\d+)", 'CM_NUM', str(row)).lower() #replace CM# and CHG# to CM_NUM

        row=re.sub("(\.\s+)",'', str(row)).lower() #remove full stop at end of words (not between)
        row=re.sub("(\-\s+)", ' ', str(row)).lower() #remove - at end of words (not between)
        row=re.sub("(\:\s+)", ' ', str(row)).lower() #remove : at end of words (not between)

        row=re.sub("(\s+.\s+)", ' ', str(row)).lower()  #remove any single charecters hanging between 2 spaces

        #Replace any url as such https://abc.xyz.net/browse/sdf-5327 ====>
```

```
abc.xyz.net
        try:
            url = re.search(r'((https*:\/*)([^\/\s]+))(.[^\s]+)', str(row))
            repl_url = url.group(3)
            row=re.sub(r'((https*:\/*)([^\/\s]+))(.[^\s]+)',repl_url,str(row))
        except:
            pass #there might be emails with no url in them
        
        row = re.sub("(\s+)",' ',str(row)).lower() #remove multiple spaces
        
        #Should always be last
        row=re.sub("(\s+.\s+)", ' ', str(row)).lower()  #remove any single charecters hanging between 2 spaces
        yield row
```

对上述代码的具体说明如下：

① 使用正则表达式（函数 re.sub）去除转义字符、回车符、换行符等非字母字符，并将文本转换为小写。

② 移除多个连续出现的特殊字符，如连续的下画线、破折号、波浪线、加号和句号等。

③ 使用正则表达式去除一些特殊字符，如尖括号、括号、竖线、与符号、版权符号、斜杠、单引号、双引号、分号、问号、波浪号、星号和感叹号。

④ 移除以"mailto:"开头的文本，通常用于电子邮件地址。

⑤ 使用正则表达式去除文本中的"\x9*"样式的字符。

⑥ 替换文本中的类似"INC123""CM456""CHG789"的字符串为"INC_NUM"或"CM_NUM"。

⑦ 移除以句号、破折号或冒号结尾的单词末尾的标点符号。

⑧ 移除文本中的单个字符（包括空格）。

⑨ 尝试从文本中提取 URL，并将 URL 替换为其主机部分。

⑩ 移除多个连续的空格，将它们替换为单个空格。

⑪ 最后，再次移除两个空格之间的单个字符。

text_strip()函数可以用于文本预处理，以清理和标准化文本数据，以便后续分析或建模。读者可以使用该函数来处理文本数据，并将处理后的文本传递给其他任务或模型。

（4）使用前面定义的函数 text_strip 对 pre DataFrame 中的 text 列和 summary 列进行文本清理，具体操作是将非字母字符和特殊字符进行处理和去除，以准备文本数据进行后续分析或建模；实现代码如下：

```
brief_cleaning1 = text_strip(pre['text'])
brief_cleaning2 = text_strip(pre['summary'])
```

这些清理后的文本数据可以用于后续的自然语言处理任务，例如文本分类、文本摘要、情感分析等。如果需要进一步操作或分析清理后的文本数据，可以使用brief_cleaning1和brief_cleaning2中的数据。

（5）使用库 spaCy 进行文本数据的进一步处理和清洗工作，同时利用多核处理加速处理过程，具体代码如下：

```
① from time import time
② import spacy
```

```
③    nlp = spacy.load('en', disable=['ner', 'parser'])  # 禁用命名实体识别以提高速度

     # 利用 spaCy 的 .pipe() 方法加速清理过程:
     # 如果数据丢失似乎发生（例如 len(text) = 50 而不是 75 等），请减小 batch_size 参数
④    t = time()

     # 将数据点分成 5000 个一组并在所有核心上运行以加速预处理
⑤    text = [str(doc) for doc in nlp.pipe(brief_cleaning1, batch_size=5000, n_
threads=-1)]

     # 需时 7-8 分钟
⑥    print('清理所有内容所需的时间: {} 分钟'.format(round((time() - t) / 60, 2)))
```

对上述代码的具体说明如下：
- 代码行①导入 time 模块，以便测量代码执行时间。
- 代码行②导入自然语言处理库 spaCy，用于文本处理。
- 代码行③加载英语语言模型，同时禁用了命名实体识别（NER）和句法分析（parser）功能。该操作是为了提高处理速度，因为在文本清理中通常不需要这些功能。
- 代码行④记录开始时间，用于计算代码执行时间。
- 代码行⑤使用 spaCy 的 pipe()方法，将 brief_cleaning1 中的文本进行处理。batch_size 参数设置为 5000，表示每次处理 5000 个文本数据点，而 n_threads 参数设置为-1，表示使用所有可用的 CPU 核心。这有助于加速文本处理过程。处理后的文本存储在 text 列表中。
- 代码行⑥计算和打印代码执行时间，以分钟为单位，用于衡量文本清理的速度。

以上代码执行后输出：
```
Time to clean up everything: 7.68 mins
```

（6）处理摘要文本数据，将其包装成起始标记（_START_）和结束标记（_END_），并存储在名为 summary 的列表中，实现代码如下：
```
t = time()

# 将数据点分成 5000 个一组并在所有核心上运行以加速预处理
summary = ['_START_ ' + str(doc) + ' _END_' for doc in nlp.pipe(brief_cleaning2,
batch_size=5000, n_threads=-1)]

# 需时 7-8 分钟
print('清理所有内容所需的时间: {} 分钟'.format(round((time() - t) / 60, 2)))
```

以上代码的主要目的是使用库 spaCy 处理摘要文本数据，并将处理后的文本包装成适合文本摘要任务的格式，存储在 summary 列表中。在处理大量摘要文本数据时，使用多核处理可以显著提高处理速度。执行后会输出：
```
Time to clean up everything: 1.91 mins
```

（7）访问 text 列表中的第一个元素（索引为 0），在之前的代码中，text 列表存储了经过处理的文本数据，经过清理和处理后，它包含了一些文本数据。实现代码如下：
```
text[0]
```

通过执行 text[0]，可以获取 text 列表中的第一个文本数据，并查看它的内容。执行会后会输出：

```
'saurav kant an alumnus of upgrad and iiit-b pg program in machine learning
and artificial intelligence was sr systems engineer at infosys with almost years
of work experience the program and upgrad 360-degree career support helped him
transition to data scientist at tech mahindra with 90% salary hike upgrad online
power learning has powered lakh+ careers.'
```

9.4.3 数据分析

数据分析是模型构建之前的重要步骤，包括重要信息的存储和数据的标记等。

（1）通过如下代码访问 summary 列表中的第一个元素（索引为 0）。在之前的代码中，summary 列表存储了经过处理的摘要文本数据，其中每个摘要都已添加起始标记 _START_ 和结束标记 _END_。

```
summary[0]
```

通过执行 summary[0]，可以获取 summary 列表中的第一个摘要文本数据，并查看它的内容。

（2）对 pre DataFrame 中的 cleaned_text 和 cleaned_summary 列进行处理，并计算了每个文本和摘要的单词数量。这些计算单词数量的操作可以帮助了解每个文本和摘要的长度，这对于文本摘要任务和文本处理任务中的数据分析非常有用。单词数量通常用于了解文本的复杂性和长度，以便进一步地处理和分析。实现代码如下：

```
pre['cleaned_text'] = pd.Series(text)
pre['cleaned_summary'] = pd.Series(summary)
text_count = []
summary_count = []
for sent in pre['cleaned_text']:
    text_count.append(len(sent.split()))
for sent in pre['cleaned_summary']:
    summary_count.append(len(sent.split()))
```

（3）创建一个新的 DataFrame graph_df，用于存储文本和摘要的单词数量信息，然后使用 Matplotlib 库创建直方图来可视化单词数量的分布；代码如下：

```
graph_df= pd.DataFrame()
graph_df['text']=text_count
graph_df['summary']=summary_count
import matplotlib.pyplot as plt

graph_df.hist(bins = 5)
plt.show()
```

执行后会绘制展示文本和摘要的单词数量分布直方图（见图 9-1）。在直方图中，可以看到不同单词数量的数据点在各个区间内的分布情况，这有助于我们更好地理解文本数据的特性。

（4）以下代码用来计算摘要文本中单词数量不超过 15 个的文本所占的比例，这对文本摘要任务中的摘要长度限制有用。执行结果会以小数形式打印，表示满足条件的摘要在总摘要中的比例。

```
cnt=0
```

```
for i in pre['cleaned_summary']:
    if(len(i.split())<=15):
        cnt=cnt+1
print(cnt/len(pre['cleaned_summary']))
```

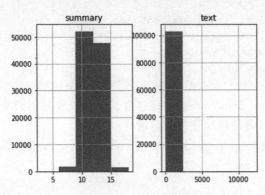

图 9-1　绘制的直方图

执行后会输出：

```
0.9978234465335472
```

（5）计算文本数据中单词数量不超过 100 个的文本所占的比例，这有助于了解文本数据的长度分布特点，或者为某些文本处理任务设置长度限制。结果会以小数形式打印，表示满足条件的文本在总文本中的比例。具体实现代码如下：

```
cnt=0
for i in pre['cleaned_text']:
    if(len(i.split())<=100):
        cnt=cnt+1
print(cnt/len(pre['cleaned_text']))
```

执行后会输出：

```
0.9578389933440218
```

（6）下面的代码用来定义两个变量 max_text_len 和 max_summary_len，分别表示文本和摘要的最大长度限制。这些变量通常用于指定文本处理或文本摘要任务中的长度限制，以确保生成的文本或摘要不会太长。

```
max_text_len=100
max_summary_len=15
```

对上述代码的具体说明如下：

● max_text_len=100：这行代码将文本的最大长度限制设置为100。这意味着在文本处理任务中，任何文本的单词数量不应超过100个。

● max_summary_len=15：这行代码将摘要的最大长度限制设置为 15。

（7）从经过处理的文本和摘要数据中选择满足最大长度限制条件的文本和摘要，然后创建一个新的 DataFrame post_pre 来存储这些数据，实现代码如下：

```
cleaned_text =np.array(pre['cleaned_text'])
cleaned_summary=np.array(pre['cleaned_summary'])
```

```
    short_text=[]
    short_summary=[]

    for i in range(len(cleaned_text)):
        if(len(cleaned_summary[i].split())<=max_summary_len    and
len(cleaned_text[i].split())<=max_text_len):
            short_text.append(cleaned_text[i])
            short_summary.append(cleaned_summary[i])

    post_pre=pd.DataFrame({'text':short_text,'summary':short_summary})
```

经过这一步，post_pre DataFrame 中只包含了符合长度限制的文本和摘要，这有助于控制数据的大小和长度，以满足特定任务的需求。

（8）使用以下代码查看 post_pre DataFrame 的前两行，以查看满足最大长度限制条件的文本和摘要的示例。

```
post_pre.head(2)
```

执行后将显示post_pre DataFrame 中的前两行数据（如下代码），包括text和summary列，以便查看满足条件的文本和摘要示例，这有助于了解经过筛选后的数据的格式和内容。

```
        text                                              summary
0    saurav kant an alumnus of upgrad and iiit-b pg...  _START_ upgrad lear
ner switches to career in m...
1    kunal shah credit card bill payment platform c... _START_ delhi techie
wins free food from swigg...
```

（9）对 summary 列的每个摘要应用了一个 Lambda 函数，以在摘要的开头和结尾分别添加 sostok 标记和 eostok 标记。这些标记用于标示摘要的开始和结束，用于训练文本摘要模型。

```
post_pre['summary'] = post_pre['summary'].apply(lambda x : 'sostok '+ x + ' 
eostok')
post_pre.head(2)
```

执行后会输出：

```
        text     summary
0    saurav kant an alumnus of upgrad and iiit-b pg...    sostok  _START_  upg
rad learner switches to care...
1    kunal shah credit card bill payment platform c...    sostok _START_ delhi
techie wins free food fro...
```

9.4.4 构建 Seq2Seq 模型

构建 Seq2Seq 模型的第一步是将数据集划分为训练集和验证集。这有助于评估模型性能并进行调优。通常，可以使用 Python 语言的库 Scikit-Learn 来完成数据集的拆分。

（1）使用Scikit-Learn的train_test_split()函数将数据集分为训练集和验证集，其中x_tr包含文本数据，y_tr包含摘要数据，x_val包含验证集的文本数据，y_val包含验证集的摘要数据；实现代码如下：

```
from sklearn.model_selection import train_test_split
    x_tr,x_val,y_tr,y_val=train_test_split(np.array(post_pre['text']),np.arra
y(post_pre['summary']),test_size=0.1,random_state=0,shuffle=True)
```

在上述代码中，参数 test_size 设置验证集占总数据集的比例（这里是 10%），random_state 控制随机种子以确保可重现性，shuffle=True 表示要对数据集进行随机洗牌。这种数据集的划分允许在训练集上训练 Seq2Seq 模型，然后在验证集上评估模型的性能。验证集通常用于调整模型超参数、选择最佳模型和避免过拟合。

（2）使用 s 库 Kera 中的类 Tokenizer 来准备文本数据的标记器（tokenizer），用于将文本数据转化为模型可以处理的数字序列，代码如下：

```
from keras.preprocessing.text import Tokenizer
from keras.preprocessing.sequence import pad_sequences

#prepare a tokenizer for reviews on training data
x_tokenizer = Tokenizer()
x_tokenizer.fit_on_texts(list(x_tr))
```

一旦标记器适应了训练数据，可以使用它将文本数据转化为整数序列，并为模型的输入准备数据。

（3）下面的代码是对文本数据的稀有词（Rare Word）分析，用于确定文本中的常见词和稀有词。

```
thresh=4

cnt=0
tot_cnt=0
freq=0
tot_freq=0

for key,value in x_tokenizer.word_counts.items():
    tot_cnt=tot_cnt+1
    tot_freq=tot_freq+value
    if(value<thresh):
        cnt=cnt+1
        freq=freq+value

print("% of rare words in vocabulary:",(cnt/tot_cnt)*100)
print("Total Coverage of rare words:",(freq/tot_freq)*100)
```

关键代码解释如下：

● tot_cnt：这是一个变量，它存储了文本数据的词汇表（vocabulary）中的所有唯一单词的总数。也就是文本中的所有不同单词的数量。

● cnt：这是一个变量，它存储了词汇表中出现次数低于某一阈值（threshold）的稀有单词的数量。阈值通常是一个数字，出现次数低于该阈值的单词将被视为稀有词。

● tot_cnt-cnt：这个表达式计算了词汇表中出现次数高于或等于阈值的常见单词的数量。这个值表示了文本数据中的顶部最常见单词的数量。

执行后会输出：

```
% of rare words in vocabulary: 57.91270391131826
Total Coverage of rare words: 1.3404923996005096
```

稀有词分析有助于理解文本数据的特性，以便进一步地预处理或特征工程。

（4）准备文本数据的标记器和将文本数据转化为整数序列，同时执行了填充操作，以便在训练模型时使用，代码如下：

```
# 为训练数据准备一个标记器
① x_tokenizer = Tokenizer(num_words=tot_cnt-cnt)
② x_tokenizer.fit_on_texts(list(x_tr))

# 将文本序列转换为整数序列（即对所有单词进行独热编码）
③ x_tr_seq = x_tokenizer.texts_to_sequences(x_tr)
④ x_val_seq = x_tokenizer.texts_to_sequences(x_val)

# 填充序列至最大长度
⑤ x_tr = pad_sequences(x_tr_seq, maxlen=max_text_len, padding='post')
⑥ x_val = pad_sequences(x_val_seq, maxlen=max_text_len, padding='post')

# 词汇表的大小（+1 用于填充标记）
⑦ x_voc = x_tokenizer.num_words + 1

print("Size of vocabulary in X = {}".format(x_voc))
```

执行后会输出：

```
Size of vocabulary in X = 33412
```

对上述代码的具体说明如下：

● 代码行①创建了一个名为 x_tokenizer 的标记器对象，同时使用 num_words 参数设置词汇表的大小。num_words 参数的值是 tot_cnt - cnt，即只包含出现次数高于或等于阈值的常见单词。

● 代码行②将训练集中的文本数据 x_tr 传递给标记器 x_tokenizer 的 fit_on_texts 方法，以使标记器适应训练数据并构建相应的词汇表。

● 代码行③和④使用标记器 x_tokenizer 将训练集和验证集的文本数据转化为整数序列，以便在训练和验证时使用。

● 代码行⑤和⑥执行填充操作，将训练集和验证集的整数序列填充至相同的长度。maxlen 参数设置了填充后的序列的最大长度（这里是 max_text_len），padding='post' 表示在序列末尾进行填充。

● 代码行⑦计算了文本数据的词汇表的大小，同时加 1 是因为通常在词汇表中包含一个特殊的填充标记（padding token）。

上述操作是准备文本数据以供 Seq2Seq 模型训练的关键步骤，包括将文本数据转化为整数序列并进行填充，以便模型可以处理它们。同时，通过限制词汇表的大小，可以控制模型的输入维度，从而减少计算复杂度。

（5）为摘要文本数据创建一个标记器，将摘要文本转换为模型可以处理的整数序列，代码如下：

```
# 为摘要文本的训练数据准备一个标记器
y_tokenizer = Tokenizer()
y_tokenizer.fit_on_texts(list(y_tr))
```

上述代码创建了一个名为 y_tokenizer 的标记器对象，并将其应用于训练集中的摘要文本数据 y_tr。标记器的目的是构建摘要文本数据的词汇表，以及将文本数据转换为整数序列。这是 Seq2Seq 模型训练中的另一个关键预处理步骤，用于处理摘要数据。

（6）分析摘要文本数据中的稀有词的比例和覆盖率。首先定义了一个阈值thresh，用于定义稀有词出现次数的下限。然后，它遍历了摘要文本数据标记器的词汇表，统计了出现次数低于阈值的稀有词的数量和总出现次数。最后，它计算并打印了稀有词在词汇表中的比例以及稀有词的总出现覆盖率。具体实现代码如下：

```
thresh = 6  # 阈值，用于定义稀有词的出现次数下限

cnt = 0  # 稀有词计数
tot_cnt = 0  # 总单词计数
freq = 0  # 稀有词出现次数
tot_freq = 0  # 总出现次数

# 遍历摘要文本数据标记器的词汇表，统计各单词的出现次数
for key, value in y_tokenizer.word_counts.items():
    tot_cnt = tot_cnt + 1  # 总单词计数加1
    tot_freq = tot_freq + value  # 总出现次数加上当前单词的出现次数
    if value < thresh:  # 如果单词的出现次数低于阈值
        cnt = cnt + 1  # 稀有词计数加1
        freq = freq + value  # 稀有词出现次数加上当前单词的出现次数

# 计算稀有词在词汇表中的比例和覆盖率
print("% of rare words in vocabulary:", (cnt / tot_cnt) * 100)  # 稀有词在词汇表中的比例
print("Total Coverage of rare words:", (freq / tot_freq) * 100)  # 稀有词的总出现覆盖率
```

执行后会输出：

```
% of rare words in vocabulary: 66.34503603813067
Total Coverage of rare words: 3.566630093901333
```

（7）准备摘要文本数据的标记器并将摘要文本数据转换为整数序列，同时进行填充操作，代码如下：

```
# 为摘要文本的训练数据准备一个标记器
y_tokenizer = Tokenizer(num_words=tot_cnt-cnt)
y_tokenizer.fit_on_texts(list(y_tr))

# 将文本序列转换为整数序列（即对摘要文本进行独热编码）
y_tr_seq = y_tokenizer.texts_to_sequences(y_tr)
y_val_seq = y_tokenizer.texts_to_sequences(y_val)

# 填充序列至最大长度
y_tr = pad_sequences(y_tr_seq, maxlen=max_summary_len, padding='post')
y_val = pad_sequences(y_val_seq, maxlen=max_summary_len, padding='post')

# 词汇表的大小
y_voc = y_tokenizer.num_words + 1
print("Size of vocabulary in Y = {}".format(y_voc))
```

上述代码的目标是准备摘要文本数据以供 Seq2Seq 模型训练，它使用了类似于之前处理文本数据的方法，包括将文本转换为整数序列和进行填充操作。摘要文本数据的预处理与文

本数据的预处理类似，但通常会有不同的最大长度和词汇表大小。在此过程中，创建了摘要文本数据的标记器，以便将文本数据转换为模型可用的形式。执行后会输出：

```
Size of vocabulary in Y = 11581
```

（8）在训练数据中删除那些摘要序列中包含两个或更少非零标记（单词）的样本，代码如下：

```
ind = []  # 用于存储需要删除的样本索引

# 遍历训练数据中的摘要序列
for i in range(len(y_tr)):
    cnt = 0  # 用于计算非零标记的数量
    for j in y_tr[i]:
        if j != 0:  # 如果标记不等于0，则计数加1
            cnt = cnt + 1
    if cnt == 2:  # 如果摘要序列中只包含两个非零标记
        ind.append(i)  # 将该样本的索引添加到需要删除的索引列表中

# 从训练数据中删除需要删除的样本
y_tr = np.delete(y_tr, ind, axis=0)
x_tr = np.delete(x_tr, ind, axis=0)
```

上述代码的目的是删除那些摘要序列非常短的训练样本，因为这样的样本可能对模型的训练和性能产生不良影响。通过遍历摘要序列并计算非零标记的数量，然后删除符合条件的样本，以确保训练数据的质量。

（9）下面这段代码是针对验证数据集执行了与步骤（8）相同的操作。它用于删除那些验证数据中的摘要序列包含两个或更少非零标记（单词）的样本。

```
ind = []  # 用于存储需要删除的样本索引

# 遍历验证数据中的摘要序列
for i in range(len(y_val)):
    cnt = 0  # 用于计算非零标记的数量
    for j in y_val[i]:
        if j != 0:  # 如果标记不等于0，则计数加1
            cnt = cnt + 1
    if cnt == 2:  # 如果摘要序列中只包含两个非零标记
        ind.append(i)  # 将该样本的索引添加到需要删除的索引列表中

# 从验证数据中删除需要删除的样本
y_val = np.delete(y_val, ind, axis=0)
x_val = np.delete(x_val, ind, axis=0)
```

上述代码的目的是删除验证数据集中那些摘要序列非常短的样本，以确保验证数据的质量。与训练数据的处理类似，它遍历摘要序列并计算非零标记的数量，然后删除符合条件的样本。这有助于确保验证数据集的质量，以便在评估模型性能时得到可靠的结果。

（10）构建 Seq2Seq 模型，分别定义编码器和解码器以及模型的结构，具体实现代码如下：

```
from keras import backend as K
import gensim
from numpy import *
```

```python
import numpy as np
import pandas as pd
import re
from bs4 import BeautifulSoup
from keras.preprocessing.text import Tokenizer
from keras.preprocessing.sequence import pad_sequences
from nltk.corpus import stopwords
from tensorflow.keras.layers import Input, LSTM, Embedding, Dense, Concatenate, TimeDistributed
from tensorflow.keras.models import Model
from tensorflow.keras.callbacks import EarlyStopping
import warnings
pd.set_option("display.max_colwidth", 200)
warnings.filterwarnings("ignore")

# 输出训练数据的词汇表大小
print("Size of vocabulary from the w2v model = {}".format(x_voc))

# 清除之前的Keras会话，以确保没有冲突
K.clear_session()

latent_dim = 300
embedding_dim = 200

# 定义编码器输入
encoder_inputs = Input(shape=(max_text_len,))

# 嵌入层（Embedding Layer）
enc_emb = Embedding(x_voc, embedding_dim, trainable=True)(encoder_inputs)

# 编码器LSTM 1
encoder_lstm1 = LSTM(latent_dim, return_sequences=True, return_state=True, dropout=0.4, recurrent_dropout=0.4)
encoder_output1, state_h1, state_c1 = encoder_lstm1(enc_emb)

# 编码器LSTM 2
encoder_lstm2 = LSTM(latent_dim, return_sequences=True, return_state=True, dropout=0.4, recurrent_dropout=0.4)
encoder_output2, state_h2, state_c2 = encoder_lstm2(encoder_output1)

# 编码器LSTM 3
encoder_lstm3 = LSTM(latent_dim, return_state=True, return_sequences=True, dropout=0.4, recurrent_dropout=0.4)
encoder_outputs, state_h, state_c = encoder_lstm3(encoder_output2)

# 定义解码器输入
decoder_inputs = Input(shape=(None,))

# 嵌入层（Embedding Layer）用于解码器
dec_emb_layer = Embedding(y_voc, embedding_dim, trainable=True)
```

```
    dec_emb = dec_emb_layer(decoder_inputs)

    # 解码器 LSTM
    decoder_lstm = LSTM(latent_dim, return_sequences=True, return_state=True,
dropout=0.4, recurrent_dropout=0.2)
    decoder_outputs, decoder_fwd_state, decoder_back_state = decoder_lstm(dec_
emb, initial_state=[state_h, state_c])

    # 密集层(Dense Layer)
    decoder_dense = TimeDistributed(Dense(y_voc, activation='softmax'))
    decoder_outputs = decoder_dense(decoder_outputs)

    # 定义模型
    model = Model([encoder_inputs, decoder_inputs], decoder_outputs)

    # 打印模型的摘要信息
    model.summary()
```

上述代码定义了一个典型的 Seq2Seq 模型，用于将输入文本转化为摘要文本，其中包括编码器和解码器部分。两部分都使用了 LSTM 层，并在最后使用一个密集层来输出摘要文本的预测。执行后会输出：

```
Size of vocabulary from the w2v model = 33412
Model: "model"
_____
Layer (type)            Output Shape           Param #     Connected to
==========================================================================
input_1 (InputLayer)    [(None, 100)]          0

embedding (Embedding)   (None, 100, 200)       6682400     input_1[0][0]

lstm (LSTM)             [(None, 100, 300), (   601200      embedding[0][0]

input_2 (InputLayer)    [(None, None)]         0

lstm_1 (LSTM)           [(None, 100, 300), (   721200      lstm[0][0]

embedding_1 (Embedding) (None, None, 200)      2316200     input_2[0][0]

lstm_2 (LSTM)           [(None, 100, 300), (   721200      lstm_1[0][0]

lstm_3 (LSTM)           [(None, None, 300),    601200      embedding_1[0][0]
                                                           lstm_2[0][1]
                                                           lstm_2[0][2]

time_distributed (TimeDistribut (None, None, 11581) 3485881  lstm_3[0][0]
==========================================================================
Total params: 15,129,281
Trainable params: 15,129,281
Non-trainable params: 0
```

(11)设置模型的编译和早期停止,这些设置有助于在训练模型时控制优化和避免过拟合,实现代码如下:

```
# 编译模型,选择优化器(optimizer)和损失函数(loss function)
model.compile(optimizer='rmsprop', loss='sparse_categorical_crossentropy')

# 设置早期停止(Early Stopping)回调,以在验证损失不再改善时终止训练
es = EarlyStopping(monitor='val_loss', mode='min', verbose=1, patience=2)
```

在上述代码中,模型使用 RMSprop 优化器和稀疏分类交叉熵损失函数进行编译。早期停止是一个回调函数,用于监视验证损失,并在验证损失不再改善时停止训练。monitor 参数指定要监视的指标,这里是验证损失。mode 参数设置为 min,表示我们希望验证损失最小化;verbose 参数设置为 1,表示在停止训练时输出提示信息;patience 参数设置为 2,表示如果在连续两个时期中验证损失没有改善,就停止训练。

(12)开始训练 Seq2Seq 模型,包括训练数据、回调函数和验证数据的设置,具体实现代码如下:

```
# 训练模型,传入训练数据、回调函数和验证数据
history = model.fit(
    [x_tr, y_tr[:,:-1]],
    y_tr.reshape(y_tr.shape[0], y_tr.shape[1], 1)[:,1:],
    epochs=50,  # 训练轮数
    callbacks=[es],  # 使用的回调函数,这里是早期停止
    batch_size=128,  # 批量大小
    validation_data=([x_val, y_val[:,:-1]], y_val.reshape(y_val.shape[0], y_val.shape[1], 1)[:,1:])  # 验证数据
)
```

在上述代码中,函数model.fit()用于开始模型的训练。训练数据包括输入文本x_tr和目标摘要y_tr。模型将通过多个时期(epochs)迭代训练。在训练过程中,将使用回调函数es,即早期停止,以监视验证损失并在必要时停止训练。批量大小为 128,这表示每次更新模型参数时使用的数据批量大小。验证数据包括验证输入文本x_val和验证目标摘要y_val。执行后会输出:

```
Train on 88517 samples, validate on 9836 samples
Epoch 1/50
88517/88517 [==============================] - 429s 5ms/sample - loss: 5.0780 - val_loss: 4.7440
Epoch 2/50
88517/88517 [==============================] - 418s 5ms/sample - loss: 4.6248 - val_loss: 4.4052
Epoch 3/50
88517/88517 [==============================] - 416s 5ms/sample - loss: 4.3215 - val_loss: 4.1795
Epoch 4/50
88517/88517 [==============================] - 415s 5ms/sample - loss: 4.1256 - val_loss: 4.0277
Epoch 5/50
88517/88517 [==============================] - 414s 5ms/sample - loss: 3.9889 - val_loss: 3.9205
```

```
////省略部分输出
Epoch 45/50
88517/88517 [==============================] - 413s 5ms/sample - loss: 2.7681
- val_loss: 3.1801
Epoch 48/50
88517/88517 [==============================] - 412s 5ms/sample - loss: 2.7575
- val_loss: 3.1739
Epoch 49/50
88517/88517 [==============================] - 410s 5ms/sample - loss: 2.7497
- val_loss: 3.1694
Epoch 50/50
88517/88517 [==============================] - 414s 5ms/sample - loss: 2.7386
- val_loss: 3.167
```

（13）以下代码用于绘制训练过程中损失函数的曲线图，以便可视化模型在训练集和验证集上的性能。

```
from matplotlib import pyplot

# 绘制训练损失和验证损失曲线
pyplot.plot(history.history['loss'], label='train')   # 训练损失
pyplot.plot(history.history['val_loss'], label='test')   # 验证损失
pyplot.legend()   # 添加图例
pyplot.show()   # 显示曲线图
```

在上述代码中，history.history['loss'] 包含了每个训练时期的训练损失，history.history['val_loss'] 包含了每个训练时期的验证损失。通过绘制这两个损失函数随训练时期变化的曲线图，可以直观地了解模型的训练进展和性能。通常，希望看到训练损失逐渐减小，而验证损失也减小并趋于稳定，以避免过拟合。这种图表有助于选择合适的训练轮数和调整模型超参数。执行后绘制的曲线图如图9-2所示。

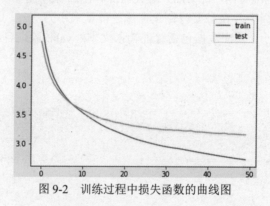

图9-2 训练过程中损失函数的曲线图

（14）创建词汇表中索引到词汇词的反向映射，以及目标词汇表中单词到索引的映射，实现代码如下：

```
# 创建目标词汇表索引到词汇词的反向映射
reverse_target_word_index = y_tokenizer.index_word

# 创建源词汇表索引到词汇词的反向映射
reverse_source_word_index = x_tokenizer.index_word
```

```
# 创建目标词汇表中单词到索引的映射
target_word_index = y_tokenizer.word_index
```

上述代码的目的是构建索引和单词之间的映射,以便在模型生成摘要文本时将索引转换为单词。reverse_target_word_index 包含了目标词汇表中索引到单词的反向映射,reverse_source_word_index 包含了源词汇表中索引到单词的反向映射,target_word_index 包含了目标词汇表中单词到索引的映射。这些映射将用于解码模型生成的摘要文本。

(15)构建编码器和解码器的模型,以便在训练后和推理期间使用,实现代码如下:

```
# 编码器模型,用于将输入序列编码为特征向量
encoder_model=Model(inputs=encoder_inputs,outputs=[encoder_outputs,state_h, state_c])

# 解码器设置
# 以下张量将保存前一个时间步的状态
decoder_state_input_h = Input(shape=(latent_dim,))
decoder_state_input_c = Input(shape=(latent_dim,))
decoder_hidden_state_input = Input(shape=(max_text_len, latent_dim))

# 获取解码器序列的嵌入
dec_emb2 = dec_emb_layer(decoder_inputs)
# 为了预测序列中的下一个单词,将初始状态设置为来自前一个时间步的状态
decoder_outputs2, state_h2, state_c2 = decoder_lstm(dec_emb2, initial_state=[decoder_state_input_h, decoder_state_input_c])

# 使用密集层生成目标词汇表上的概率分布
decoder_outputs2 = decoder_dense(decoder_outputs2)

# 最终的解码器模型
decoder_model = Model(
    [decoder_inputs] + [decoder_hidden_state_input, decoder_state_input_h, decoder_state_input_c],
    [decoder_outputs2] + [state_h2, state_c2]
)
```

编码器模型用于将输入序列编码为特征向量,而解码器模型用于生成摘要文本。在解码器模型中,需要提供前一个时间步的状态,以生成下一个单词的预测。这些模型将在训练后和推理期间使用,以便生成摘要文本。

(16)定义函数 decode_sequence(input_seq),用于根据输入序列生成摘要文本。这个函数接受一个输入序列 input_seq,首先对输入序列进行编码,然后使用解码器模型生成摘要文本。函数将生成的摘要文本作为字符串返回。在生成过程中,它逐步生成一个单词,直到达到最大长度或找到停止词为止。具体实现代码如下:

```
def decode_sequence(input_seq):
    # 编码输入序列并获取状态向量
    e_out, e_h, e_c = encoder_model.predict(input_seq)

    # 生成一个空的目标序列,长度为1
    target_seq = np.zeros((1, 1))
```

```python
        # 将目标序列的第一个单词设置为起始词 ('sostok')
        target_seq[0, 0] = target_word_index['sostok']
        
        stop_condition = False
        decoded_sentence = ''
        while not stop_condition:
        
            # 预测下一个单词
            output_tokens, h, c = decoder_model.predict([target_seq] + [e_out, e_h, e_c])
            
            # 从概率分布中抽样一个单词
            sampled_token_index = np.argmax(output_tokens[0, -1, :])
            sampled_token = reverse_target_word_index[sampled_token_index]
            
            if(sampled_token != 'eostok'):
                decoded_sentence += ' ' + sampled_token
            
            # 结束条件: 要么达到最大长度, 要么找到停止词 ('eostok')
            if (sampled_token == 'eostok' or len(decoded_sentence.split()) >= (max_summary_len - 1)):
                stop_condition = True
            
            # 更新目标序列 (长度为1)
            target_seq = np.zeros((1, 1))
            target_seq[0, 0] = sampled_token_index
            
            # 更新内部状态
            e_h, e_c = h, c
        
    return decoded_sentence
```

（17）下面的代码定义了两个辅助函数 seq2summary(input_seq) 和 seq2text(input_seq)，用于将序列转换为易于理解的文本形式。其中函数 seq2summary() 接受一个输入序列，将其转换为摘要文本，并返回该文本，它会去除序列中的填充标记，以及起始词（sostok）和结束词（eostok）；而函数 seq2text() 接受一个输入序列，将其转换为原始文本，并返回该文本。它也会去除序列中的填充标记。

```python
# 将序列转换为摘要文本
def seq2summary(input_seq):
    newString = ''
    for i in input_seq:
        if ((i != 0 and i != target_word_index['sostok']) and i != target_word_index['eostok']):
            newString = newString + reverse_target_word_index[i] + ' '
    return newString

# 将序列转换为原始文本
def seq2text(input_seq):
    newString = ''
```

```
    for i in input_seq:
        if (i != 0):
            newString = newString + reverse_source_word_index[i] + ' '
    return newString
```

（18）通过如下代码打印输出模型生成的摘要文本、原始摘要和输入文本的示例，它迭代了前 100 个训练集样本，并输出了相关信息。

```
for i in range(0, 100):
    print("Review:", seq2text(x_tr[i]))   # 打印输入文本
    print("Original summary:", seq2summary(y_tr[i]))   # 打印原始摘要
    print("Predicted summary:", decode_sequence(x_tr[i].reshape(1, max_text_len)))   # 打印模型生成的摘要
    print("\n")
```

上述代码中的循环迭代了前 100 个训练集样本，并为每个样本打印原始输入文本、原始摘要以及模型生成的摘要，这样可以检查模型的性能并了解生成的摘要是否与原始摘要匹配。执行后会输出：

```
Review: apple india profit surged by 140 in 2017 18 to crore compared to
ã¢â â¹373 crore in the previous fiscal the indian unit of the us based company
posted 12 growth in revenue last fiscal at ã¢â â¹13 crore apple share of the indian
smartphone market dropped to 1 in the second quarter of 2018 according to
counterpoint research
    Original summary: start apple india profit rises 140 to nearly ã¢â â¹900 crore
in fy18 end
    Predicted summary:  start apple profit rises to ã¢â â¹1 crore in march quarter
end


    Review: uber has launched its electric scooter service in santa monica us at
1 to unlock and then 15 cents per minute to ride it comes after uber acquired the
bike sharing startup jump for reported amount of 200 million uber said it is branding
the scooters with jump for the sake of consistency for its other personal electric
vehicle services
    Original summary: start uber launches electric scooter service in us at 1 per
ride end
    Predicted summary:  start uber launches 1 2 million in electric car startup
end

//省略后面的 98 条
```

第10章　NLP应用实战：消费者投诉处理模型

在企业运营管理中，消费者投诉处理是一项重要的业务活动，但是投诉信息类型众多，时间要求短，依靠人工处理的效率和质量都会大打折扣，因此我们可以借助 NLP 技术来改进和自动化，帮助企业提高消费者投诉处理的效率，加强客户满意度，并改进产品和服务。在本章中，将详细讲解使用 NLP 技术开发一个消费者投诉处理模型的过程。

10.1　需求分析

在消费者投诉处理业务中，NLP 技术可以在以下方面发挥需要作用。
- 文本分类：将消费者的投诉文本分类到不同的类别，例如产品质量问题、客户服务投诉、交货延误等。这有助于快速识别投诉的性质，进行更有效的处理。
- 文本情感分析：分析消费者投诉文本的情感（例如愤怒、失望或满意等），帮助企业更好地理解客户需求。
- 自动回复和建议：自动为消费者提供建议或回复，根据投诉的内容生成自动回复，以快速响应消费者的需求。
- 投诉趋势分析：通过分析大量的消费者投诉数据，以发现投诉的趋势和模式，有助于企业及时采取措施，解决常见的问题并改进产品和服务。
- 实时监控：实时监控社交媒体、在线论坛和其他渠道上的消费者投诉，以便迅速采取行动，防止负面声音扩散。
- 基于知识图谱的支持：构建知识图谱，整合产品信息、客户信息和解决方案，以便支持客服代表更好地处理投诉。
- 自动分配和优先级排序：自动分配和优先级排序投诉，确保最紧急的问题优先得到处理。
- 质量控制和监管合规性：监测和分析投诉处理的质量，以确保企业遵守相关法规和标准。
- 上述应用可以帮助企业提高消费者投诉处理的效率，提升客户满意度，并改进产品和服务。要成功建立一个应用于消费者投诉处理的 NLP 模型，通常需要大量的训练数据，以便模型能够准确地理解和处理不同类型的投诉。此外，也需要不断改进和调整模型以适应不断变化的市场和消费者需求。

10.2　具体实现

在本实例中，我们将利用机器学习来创建一个或多个模型，以便能够对投诉的类型进行分类（例如上面那样按产品和问题分类）。这样的模型对于一家银行来说非常有用，可以快速了解投诉的类型，并指派一位金融专家来解决问题。

在本实例中将包括不同的模型，这些模型将负责对不同子集的数据进行分类：
- M1 将根据客户的输入投诉（文本）来分类产品（例如，信用报告）。
- M2 将负责对投诉所属的特定问题进行分类（文本）。

10.2.1 数据集预处理

在本项目中,我们将使用美国消费者金融保护局的用户投诉数据集,在被投诉部门做出回应后,会在消费者投诉数据库中发布这些数据。

(1) 加载投诉数据集 main.csv,然后删除了名为 Unnamed: 0 的列。具体实现代码如下:

```
df = pd.read_csv('/kaggle/input/complaintsfull/main.csv',low_memory=False)
df = df.drop(['Unnamed: 0'],axis=1)
```

执行后输出:

```
CPU times: user 22.3 s, sys: 3.15 s, total: 25.5 s
Wall time: 36.9 s
```

快速浏览这个数据集,可以看到在这个 NLP 问题中,我们感兴趣的特征有产品(金融产品类型)、子产品(产品的更详细子集)、问题(问题是什么)、子问题(问题的更详细子集)。

(2) 使用了库 missingno 中的函数 matrix() 来可视化数据框 df 中的缺失数据情况,具体实现代码如下:

```
import missingno as ms
ms.matrix(df)
```

执行效果如图 10-1 所示,这种可视化矩阵可以帮助我们快速识别数据集中的缺失值。

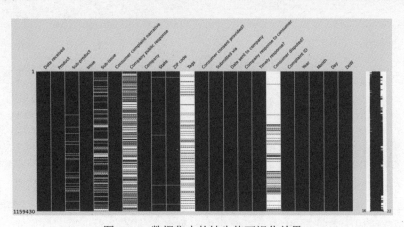

图 10-1 数据集中的缺失值可视化效果

(3) 打印数据集中的特征(列名),以便查看数据集的列标题。具体实现代码如下:

```
print('Dataset Features')
df.columns
```

通过运行这段代码,可以查看数据集中包含的各个特征或列的名称,这有助于了解数据的结构和内容。执行后会输出:

```
Index(['Date received', 'Product', 'Sub-product', 'Issue', 'Sub-issue',
       'Consumer complaint narrative', 'Company public response', 'Company',
       'State', 'ZIP code', 'Tags', 'Consumer consent provided?',
       'Submitted via', 'Date sent to company', 'Company response to consumer',
       'Timely response?', 'Consumer disputed?', 'Complaint ID', 'Year',
       'Month', 'Day', 'DoW'],
      dtype='object')
```

注意：df.columns 返回一个包含数据集列名的 pandas Series 对象，可以根据需要将其进一步处理或显示。

（4）定义一个名为 object_to_datetime_features() 的函数，该函数将数据框中的一个列从对象类型转换为 datetime64[ns] 类型，并创建了一些新的日期相关特征列，包括年份、月份、日期和星期几。然后将该函数应用于数据框 df 中的名为 Date received 的列，以便将该列的数据类型从对象转换为日期时间类型，并创建新的日期相关特征列。最后，打印了数据框的列名，以查看是否成功添加了新的特征列。具体实现代码如下：

```
def object_to_datetime_features(df,column):

    df[column] = df[column].astype('datetime64[ns]')
    df['Year'] = df[column].dt.year
    df['Month'] = df[column].dt.month
    df['Day'] = df[column].dt.day
    df['DoW'] = df[column].dt.dayofweek
    df['DoW'] = df['DoW'].replace({0:'Monday',1:'Tuesday',2:'Wednesday',
                    3:'Thursday',4:'Friday',5:'Saturday',6:'Sunday'})
    return df

df = object_to_datetime_features(df,'Date received')
df.columns
```

执行后会输出：

```
Index(['Date received', 'Product', 'Sub-product', 'Issue', 'Sub-issue',
       'Consumer complaint narrative', 'Company public response', 'Company',
       'State', 'ZIP code', 'Tags', 'Consumer consent provided?',
       'Submitted via', 'Date sent to company', 'Company response to consumer',
       'Timely response?', 'Consumer disputed?', 'Complaint ID', 'Year',
       'Month', 'Day', 'DoW'],
      dtype='object')
```

（5）定义函数 normalise_column_names()，用于将数据框中的列名（特征名）规范化为小写字母形式。具体来说，它将列名的每个字符都转换为小写，并将结果分配回数据框的列名。然后，将该函数应用于数据框 df 中，以便将所有列名都规范化为小写字母形式。这种规范化通常有助于减少数据处理中的不一致性，并使列名更易于使用和引用。具体实现代码如下：

```
def normalise_column_names(df):

    normalised_features = [i.lower() for i in list(df.columns)]
    df.columns = normalised_features
    return df
df = normalise_column_names(df)
```

（6）定义函数 show_subset_names()，功能是返回指定列中唯一子集的名称。该函数接受一个数据框 df 和一个列名 column 作为参数，使用 value_counts().index 获取该列中唯一值的索引，这些唯一值代表了子集的名称。然后，将该函数应用于数据框 df 中的 product 列，以查看该列中不同产品的唯一名称。这对于了解数据集中存在哪些产品类别非常有用。具体实现代码如下：

```python
def show_subset_names(df,column):
    return df[column].value_counts().index

show_subset_names(df,'product')
```

执行后会输出：

```
Index(['Credit reporting, credit repair services, or other personal consumer reports',
       'Debt collection', 'Mortgage', 'Credit card or prepaid card',
       'Checking or savings account', 'Student loan', 'Credit reporting',
       'Money transfer, virtual currency, or money service',
       'Vehicle loan or lease', 'Credit card', 'Bank account or service',
       'Payday loan, title loan, or personal loan', 'Consumer Loan',
       'Payday loan', 'Money transfers', 'Prepaid card',
       'Other financial service', 'Virtual currency'],
      dtype='object')
```

（7）定义函数normalise_subset_names()，功能是规范化指定列中唯一子集的名称。将该函数应用于数据框df中的product列，以规范化该列中的产品名称，并使用 show_subset_names()函数查看规范化后的产品名称。具体实现代码如下：

```python
def normalise_subset_names(df,column):
    subset_names = list(df[column].value_counts().index)
    norm_subset_names = [i.lower() for i in subset_names]
    dict_replace = dict(zip(subset_names,norm_subset_names))
    df[column] = df[column].replace(dict_replace)
    return df

df = normalise_subset_names(df,'product')
show_subset_names(df,'product')
```

执行后输出：

```
Index(['credit reporting, credit repair services, or other personal consumer reports',
       'debt collection', 'mortgage', 'credit card or prepaid card',
       'checking or savings account', 'student loan', 'credit reporting',
       'money transfer, virtual currency, or money service',
       'vehicle loan or lease', 'credit card', 'bank account or service',
       'payday loan, title loan, or personal loan', 'consumer loan',
       'payday loan', 'money transfers', 'prepaid card',
       'other financial service',
```

（8）根据指定的产品子集名称列表 lst_keep，使用函数 keep_subet()保留数据框 df 中的特定产品类别，然后使用 value_counts()方法查看保留后的数据框中每个产品类别的计数。具体实现代码如下：

```python
lst_keep = ['credit reporting', 'debt collection', 'mortgage', 'credit card',
            'bank account or service', 'consumer Loan', 'student loan',
            'payday loan', 'prepaid card', 'money transfers',
            'other financial service', 'virtual currency']

df = keep_subset(df,'product',lst_keep)
```

```
# sdf = remove_subset(df,'product',lst_remove)
df['product'].value_counts()
```

执行后输出：

```
debt collection             195373
mortgage                     99141
student loan                 33606
credit reporting             31587
credit card                  18838
bank account or service      14885
payday loan                   1746
money transfers               1497
prepaid card                  1450
other financial service        292
virtual currency                16
Name: product, dtype: int64
```

（9）查看year列中每个年份的计数。如果year列包含表示年份的数据，可以使用value_counts()方法来获取每个年份的计数。具体实现代码如下：

```
df['year'].value_counts()
```

执行后输出：

```
2016    73146
2017    59087
2015    51779
2021    50757
2022    42867
2018    41708
2020    40801
2019    38286
Name: year, dtype: int64
```

（10）对数据框 df 按 product 列进行分组，然后对每个产品类别计算 day 列的计数。接着，将结果转换为一个 DataFrame，并按 day 列的值进行降序排列。最后，使用 style.bar()方法创建带有条形图的样式。具体实现代码如下：

```
ldf=df.groupby('product').count()['day'].to_frame().sort_values(ascending
=False,by='day')
ldf.style\
    .bar(align='mid',
         color=['#d65f5f','#F1A424'])
```

执行效果如图 10-2 所示。

（11）从数据框df中筛选出year列包含在列表[2015, 2016, 2017]中的行，然后打印最终筛选后数据框的形状（行数和列数）。具体实现代码如下：

```
df = df[df['year'].isin([2015,2016,2017])]
print(f'final shape: {df.shape}')
```

执行后输出：

```
final shape: (184012, 22)
```

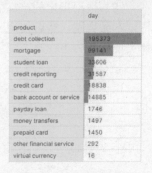

图 10-2　排序结果效果

10.2.2 目标特征的分布

在本实例中将创建如下两个模型,这两个模型是我们本实例问题中的目标。
(1) 产品价值分布(M1 的目标变量)。
(2) 消费者投诉摘要(问题是什么,用几个词描述)(M2 的目标变量)。
在接下来的内容中,将研究这两个目标变量的分布情况。
(1) 使用 Plotly Express 创建一个柱状图,该图显示了不同产品子集的分布情况。具体实现代码如下:

```
fig = px.bar((df['product']
             .value_counts(ascending=False)
             .to_frame()),
            x='product',
            template='plotly_white',
            title='Product Subset Distribution')

fig.update_traces(marker_line_color='#F1A424',
                marker_line_width=0.1,
                marker={'color':'#F1A424'},width=0.5)

fig.show("png")
```

对上述代码的具体说明如下:
① 计算每个产品子集的计数,并将结果转换为 DataFrame。
② 使用 Plotly Express 的 px.bar()函数创建了柱状图,指定了 x 轴为 product 列,模板为 plotly_white,并设置了图表标题为 Product Subset Distribution。
③ 使用函数 fig.update_traces()自定义柱状图的样式,包括条形的颜色、线条颜色和线条宽度。
④ 最后显示生成的柱状图。
执行效果如图10-3所示,这个柱状图可以帮助我们直观地看到不同产品子集的分布情况,有助于进一步地数据分析和理解。
(2) 使用库 Plotly Express 创建一个柱状图,显示不同投诉问题的分布情况。具体来说,它绘制了 issue 列中不同问题的计数。具体实现代码如下:

```
ldf = df['issue'].value_counts(ascending=True).to_frame()
fig = px.bar(ldf,x='issue',
            template='plotly_white',
            title='Issue of Complaint',
            text_auto=True)

fig.update_layout(height=1500)
fig.update_traces(marker_line_color='#F1A424',marker_line_width=0.1,
                marker={'color':'#F1A424'},width=0.5)

fig.show("png")
```

执行效果如图 10-4 所示。

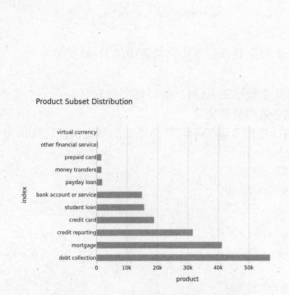
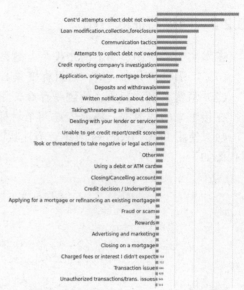

图 10-3　不同产品子集的分布柱状图　　　图 10-4　不同投诉问题的分布情况

在图 10-14 中,可以看到,在产品和问题特征中,存在一些目标类别不平衡的情况。接下来让我们坚持使用分层抽样,需要确保每个类别在两个数据集中都有代表数据。

10.2.3　探索性数据分析

在数据集中包含许多分类数据,我们可以进行如下分组和分析。
- 消费者投诉方式(投诉是如何提出的)。
- 消费者向哪家银行投诉(投诉是向哪家银行提出的)。
- 消费者投诉时间线(投诉是何时提出的)。
- 消费者投诉时间线的趋势(数据分组;时间线中是否存在趋势)。
- 消费者所在地(投诉发生在什么地方)。
- 银行对消费者投诉的响应(对投诉的响应是什么)。
- 消费者对银行响应的反应(消费者是否对响应提出了异议)。

在接下来的内容中,将对这些分类数据进行分组和分析,以了解数据集中的趋势和模式。

(1)使用 value_counts(ascending=True)查看 submitted via 列中不同提交方式的计数,按升序排列。这将返回一个包含每种提交方式计数的 Series 对象。具体实现代码如下:

```
df['submitted via'].value_counts(ascending=True)
```

执行后输出:

```
Web     184012
Name: submitted via, dtype: int64
```

(2)定义一个名为 plot_subset_counts()的函数,该函数用于绘制数据框中某一列的子集计数。然后调用函数 plot_subset_counts 绘制了一个垂直条形图,显示了前十个银行的计数。这有助于可视化数据集中不同银行的出现频率。具体实现代码如下:

```
def plot_subset_counts(df,column,orient='h',top=None):
```

```
        ldf = df[column].value_counts(ascending=False).to_frame()
        ldf.columns = ['values']
        if(top):
            ldf = ldf[:top]
        if(orient is 'h'):
            fig = px.bar(data_frame=ldf,
                         x = ldf.index,
                         y = 'values',
                         template='plotly_white',
                         title='Subset Value-Counts')
        elif('v'):

            fig = px.bar(data_frame=ldf,
                         y = ldf.index,
                         x = 'values',
                         template='plotly_white',
                         title='Subset Value-Counts')

        fig.update_layout(height=400)
        fig.update_traces(marker_line_color='white',
                          marker_line_width=0.5,
                          marker={'color':'#F1A424'},
                          width=0.75)

        fig.show("png")
plot_subset_counts(df,'company',orient='v',top=10)
```

执行效果如图10-5所示。

图10-5　前十个银行的数量统计图

（3）计算了company public response列中不同银行公共响应的计数，并将结果转换为DataFrame。然后，使用style.bar()方法为该DataFrame创建了一个样式，包括设置了条形图的样式、颜色和对齐方式。具体实现代码如下：

```
ldf = df['company public response'].value_counts(ascending=False).to_frame()
ldf.style\
    .bar(align='mid',
        color=['#3b3745','#F1A424'])
```

执行效果如图10-6所示，这个操作可用于可视化不同银行的公共响应计数，并使用不同的颜色来区分条形。

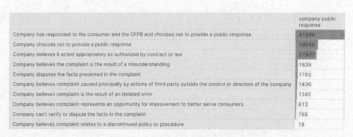

图 10-6　不同银行公共响应的计数

（4）可视化每周的投诉趋势，具体实现流程如下：

① 创建了一个名为 complaints 的数据框，它是原始数据 df 的一个副本。

② 根据 datereceived 列对数据进行分组，计算每天的投诉数量，结果存储在 complaints_daily 数据框中。

③ 将 complaints_daily 数据重新设置索引，并使用 resample('W', on='date received').sum() 将数据汇总成每周的投诉数量，结果存储在 complaints_weekly 数据框中。

④ 使用 PlotlyExpress 创建一条线图，显示了每周的投诉数量，图表的标题为 Weekly Complaints，并将图表以 PNG 格式显示出来。

具体实现代码如下：

```
complaints = df.copy()
complaints_daily=complaints.groupby(['date received']).agg("count")[["product"]]  # daily addresses

# Sample weekly
complaints_weekly = complaints_daily.reset_index()
complaints_weekly = complaints_weekly.resample('W', on='date received').sum()
# weekly addresses

fig = px.line(complaints_weekly,complaints_weekly.index,y="product",
          template="plotly_white",title="Weekly Complaints",height=400)
fig.update_traces(line_color='#F1A424')
fig.show("png")
```

执行效果如图 10-7 所示，这有助于理解投诉的季节性变化或趋势。

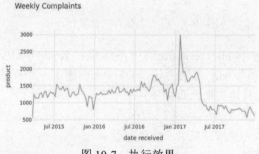

图 10-7　执行效果

（5）使用库 Plotly Express 创建一个柱状图，显示了每月的投诉趋势；具体来说，它显示了每天的投诉数量。具体实现代码如下：

```
fig = px.bar(df['day'].value_counts(ascending=True).to_frame(),y='day',
             template='plotly_white',height=300,
             title='Day of the Month Complaint Trends')
fig.update_xaxes(tickvals = [i for i in range(0,32,1)])
fig.update_traces(marker_line_color='#F1A424',marker_line_width=0.1,
             marker={'color':'#F1A424'},width=0.5)
fig.update_traces(textfont_size=12, textangle=0,
             textposition="outside", cliponaxis=False)
fig.show("png")
```

执行后生成的柱状图，效果如图 10-8 所示，可用于可视化每天的投诉趋势。

图 10-8　每天投诉数量

（6）使用库 Plotly Express 创建一个柱状图，显示每个月的投诉数量。具体实现代码如下：

```
fig = px.bar(df['month'].value_counts(ascending=False).to_frame(),y='month',
             template='plotly_white',height=300,
             title='Month of the Year Complaint Trends')
fig.update_xaxes(tickvals = [i for i in range(0,13,1)])
fig.update_traces(marker_line_color='#F1A424',marker_line_width=0.1,
             marker={'color':'#F1A424'},width=0.5)
fig.show("png")
```

执行效果如图 10-9 所示，用于可视化每个月的投诉趋势。

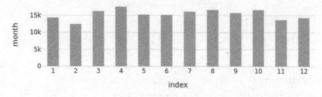

图 10-9　每月投诉数量

（7）使用库 Plotly Express 创建一个柱状图，显示每周的投诉趋势，具体来说，它显示了每周不同天的投诉数量。具体实现代码如下：

```
fig = px.bar(df['dow'].value_counts(ascending=False).to_frame(),y='dow',
             template='plotly_white',height=300,
             title='Day of the Week Complaint Trends')
fig.update_traces(marker_line_color='#F1A424',marker_line_width=0.1,
             marker={'color':'#F1A424'},width=0.5)
fig.update_traces(textfont_size=12,textangle=0,textposition="outside",cliponaxis=False)
fig.show("png")
```

执行效果如图 10-10 所示。

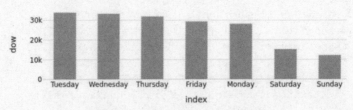

图 10-10　每周不同天的投诉数量

（8）使用库 Plotly Express 创建一个柱状图，显示投诉地区的分布情况。具体来说，它显示了每个州的投诉数量，本项目中只显示了数量较多的前 50 个州。具体实现代码如下：

```
ldf = df['state'].value_counts(ascending=True).to_frame()[50:]
fig = px.bar(ldf,x='state',template='plotly_white',
    title='State of Complaint',height=400)
fig.update_traces(marker_line_color='#F1A424',marker_line_width=1,
            marker={'color':'#F1A424'},width=0.4)
fig.show("png")
```

执行效果如图 10-11 所示。

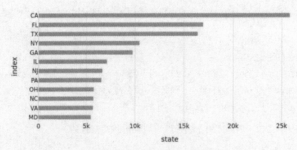

图 10-11　每个州的投诉数量

（9）创建一个直方图，用于可视化产品类别、消费者是否争议以及月份之间的关系。具体实现代码如下：

```
disputed = df[['product','consumer disputed?','month']]
fig = px.histogram(disputed, y='product',
            color='consumer disputed?',
            template='plotly_white',
            height = 700,
            barmode='group',
            color_discrete_sequence=['#F1A424','#3b3745],
            facet_col_wrap=3,
            facet_col='month')

fig.update_layout(showlegend=False)
fig.update_layout(barmode="overlay")
fig.update_traces(opacity=0.5)
fig.show("png")
```

执行效果如图 10-12 所示，这个直方图用于比较不同产品类别在不同月份中消费者是否争议的情况。

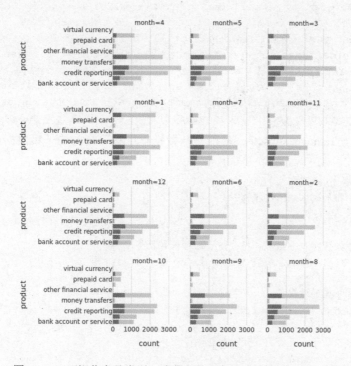

图 10-12 可视化产品类别、消费者是否争议以及月份之间的关系

（10）计算 product 列中不同产品类别的计数，并将结果转换为 DataFrame，然后使用 sum() 方法计算了这些计数的总和。这样，可以用来确定总共有多少投诉记录在 product 列中。具体实现代码如下：

```
df['product'].value_counts(ascending=False).to_frame().sum()
```
执行后会输出：
```
product    184012
dtype: int64
```

（11）使用 tail(3) 方法查看了计数最少的三个产品类别。具体实现代码如下：

```
df['product'].value_counts(ascending=False).to_frame().tail(3)
```
执行后会输出：
```
                         product
prepaid card             1450
other financial service  292
virtual currency         16
```

（12）从数据框中选择 virtual currency 产品类别的投诉记录，并将它们存储在名为 vc 的数据框中。然后，通过 iloc[[0]] 选择了第一条投诉记录，并提取了该记录的 consumer complaint narrative 字段的值，用于打印投诉的内容。具体实现代码如下：

```
print('Sample from virtual currency:')
vc = dict(tuple(df.groupby(by='product')))['virtual currency']
vc.iloc[[0]]['consumer complaint narrative'].values[0]
```

执行后会输出:

```
Sample from virtual currency:
'Signedup XXXX family members for referrals on Coinbase.com. Coinbase at that
time offered {$75.00} for each person referred to their service. I referred all
XXXX and they met the terms Coinbase intially offered. Signup took a while do to
money transfer timeframes setup by Coinbase. In that time, Coinbase changed their
promotion and terms to {$10.00} for referrals. When asked why, they said they could
change terms at anytime ( even if signup up for {$75.00} referral bonus ) and that
family members did not meet the terms either. Felt like they just change terms
to disclude giving out referral bonuses.'
```

（13）定义函数 remove_subset()，功能是从数据框中移除指定的子集数据。具体实现代码如下：

```python
def remove_subset(df, feature, lst_groups):
    # 创建数据框的副本以进行操作
    ndf = df.copy()
    
    # 将数据框按照特征分组，并将分组后的结果转换为字典
    group = dict(tuple(ndf.groupby(by=feature)))
    
    # 获取所有子组的特征值
    subset_group = list(group.keys())
    
    # 检查要移除的子集是否存在于特征值的子组中
    if set(lst_groups).issubset(subset_group):
        # 遍历要移除的子集列表
        for k in lst_groups:
            # 从字典中移除特定的子组（如果存在）
            group.pop(k, None)
    
    # 使用 pd.concat 函数重新组合剩余的子组数据
    df = pd.concat(list(group.values()))
    # 重新设置索引，并删除旧的索引
    df.reset_index(inplace=True, drop=True)
    
    # 返回经过处理的新数据框 df
    return df
```

（14）定义函数 downsample_subset()，主要功能是对数据框中指定的子集进行下采样。下采样是一种减少数据量的方法，通常用于处理不均衡的数据集，以确保不同类别的样本数量接近，提高模型的性能和准确性。具体实现代码如下：

```python
# 下采样选定的子集
def downsample_subset(df, feature, lst_groups, samples=4000):
    # 创建数据框的副本以进行操作
    ndf = df.copy()
    
    # 让我们对所有频数超过 4k 的类别进行下采样
    group = dict(tuple(ndf.groupby(by=feature)))
    subset_group = list(group.keys())
```

```
        # 检查要下采样的子集是否存在于特征值的子组中
        if set(lst_groups).issubset(subset_group):
            dict_downsamples = {}

            # 针对每个要下采样的子集
            for feature in lst_groups:
                # 从该子集中随机抽样指定数量的样本
                dict_downsamples[feature] = group[feature].sample(samples)

            # 移除旧数据
            for k in lst_groups:
                group.pop(k, None)

            # 将下采样后的数据添加回原数据中
            group.update(dict_downsamples)
            df = pd.concat(list(group.values()))
            df.reset_index(inplace=True, drop=True)
            return df
        else:
            print('数据框中未找到指定的特征')
```

(15) 选择并下采样数据框中拥有超过 4000 个样本的特定子集特征，保留数据框中样本数量超过 4000 的子集特征，并将每个子集的样本数量下采样到 4000 个，以确保数据集的平衡性。这对于处理不均衡的数据集以及提高模型性能很有帮助。具体实现代码如下：

```
subset_list = list(df['product'].value_counts()[df['product'].value_counts().values > 4000].index)
df = downsample_subset(df,'product',subset_list,samples=4000)
```

(16) 统计数据框df中每个子集特征（在这里是product）的样本数量，并按降序排列，以便了解每个子集的样本分布情况。具体实现代码如下：

```
df['product'].value_counts()
```

通过运行这行代码，可以查看每个子集类别的样本数量分布，以便更好地理解数据集的特性。执行后会输出：

```
debt collection           4000
mortgage                  4000
credit reporting          4000
credit card               4000
student loan              4000
bank account or service   4000
payday loan               1746
money transfers           1497
prepaid card              1450
other financial service    292
virtual currency            16
Name: product, dtype: int64
```

(17) 从原始数据框 df 中选择两列数据，并将它们重新命名为 text 和 label，然后显示前几行数据。具体实现代码如下：

```
df_data = df[['consumer complaint narrative','product']]
df_data.columns = ['text','label']
df_data.head()
```

执行后可以创建一个包含文本数据和标签的数据框，以便用于文本分类任务。这通常是构建自然语言处理模型的第一步。执行后会输出：

```
        text                                              label
0   I made a wire transfer through Citibank to XXX... money transfers
1   I purchased a money order on XX/XX/2016 ( to c... money transfers
2   I have complained of false online transfer num... money transfers
3   I paid by bank wire transfer on XXXX/XXXX/XXXX... money transfers
4   I found a XXXX Bulldog for sale on XXXX after ... money transfers
```

10.2.4 制作模型

相关数据准备和分析工作结束后，接下来正式进入模型构建阶段。

（1）使用 Scikit-Learn 中的函数 train_test_split() 将数据划分为训练集和测试集，并输出了数据集的相关信息。具体实现代码如下：

```
from sklearn.model_selection import train_test_split as tts
train_files,test_files, train_labels, test_labels = tts(df_data['text'],df_data['label'],
                    test_size=0.1,random_state=32,stratify=df_data['label'])

train_files = pd.DataFrame(train_files)
test_files = pd.DataFrame(test_files)
train_files['label'] = train_labels
test_files['label'] = test_labels

print(type(train_files))
print('Training Data',train_files.shape)
print('Validation Data',test_files.shape)
```

执行后会输出：

```
<class 'pandas.core.frame.DataFrame'>
Training Data (26100, 2)
Validation Data (2901, 2)
```

（2）使用库 Plotly Express 创建一个柱状图，用于可视化展示训练集和测试集中不同标签的分布情况。具体实现代码如下：

```
import plotly.express as px

train_values = train_files['label'].value_counts()
test_values = test_files['label'].value_counts()
visual = pd.concat([train_values,test_values],axis=1)
visual = visual.T
visual.index = ['train','test']

fig = px.bar(visual,template='plotly_white',
    barmode='group',text_auto=True,height=300,
```

```
        title='Train/Test Split Distribution')
fig.show("png")
```

上述代码的目的是可视化训练集和测试集中各个标签的样本分布情况，以帮助我们了解数据集的类别分布是否均衡。如果某些类别之间的样本数量差异很大，可能需要采取一些处理措施来处理类别不平衡的问题。执行效果如图 10-13 所示。

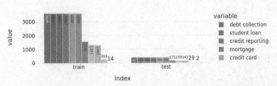

图 10-13　可视化训练集和测试集中各个标签的样本分布情况

（3）查看数据框 train_files 的内容，以显示训练集的样本数据和标签。具体实现代码如下：

```
train_files
```

执行后会输出：

```
           text                                                  label
8290   I paid off all of my bills and should not have...   debt collection
1520   Severalcheckswereissued from XXXX for possi...       other financial service
23071  In XXXX, we my husband and myself took out a l...   student loan
4123   I use an Amex Serve card ( a prepaid debit car...    prepaid card
16470  Despite YEARS of stellar credit reports and sc...    credit reporting
...    ...                                                  ...
21733  I know that I am victim of student loan scam. ...   student loan
27578  On XX/XX/XXXX I made a payment of {$380.00} to...    bank account or service
26297  XXXX XXXX XXXX XXXX XXXX, AZ XXXX : ( XXXX ) X...    bank account or service
17867  After nearly a decade of business with Bank of...    credit card
144    On XXXX XXXX, 2015, I made a purchase on EBay....    money transfers
```

（4）使用库 Hugging Face Transformers 和 Datasets 加载和处理文本数据集，具体实现代码如下：

```
import transformers
transformers.logging.set_verbosity_error()
import warnings; warnings.filterwarnings('ignore')
import os; os.environ['WANDB_DISABLED'] = 'true'
from datasets import Dataset,Features,Value,ClassLabel, DatasetDict

traindts = Dataset.from_pandas(train_files)
traindts = traindts.class_encode_column("label")
testdts = Dataset.from_pandas(test_files)
testdts = testdts.class_encode_column("label")
```

上述代码的主要目的是准备文本数据集以供文本分类模型使用，包括加载数据集、处理标签和准备训练集与测试集。执行后输出：

```
Casting to class labels: 100%27/27 [00:00<00:00, 80.11ba/s]
Casting the dataset: 100%3/3 [00:00<00:00, 13.46ba/s]
```

```
Casting to class labels: 100%3/3 [00:00<00:00, 44.10ba/s]
Casting the dataset: 100%1/1 [00:00<00:00, 19.15ba/s]
```

（5）创建一个名为 corpus 的 DatasetDict 对象，其中包含 train 和 validation 两个子集。每个子集都对应一个 Hugging Face Datasets 中的 Dataset 对象，其中包含了训练数据和验证数据。具体实现代码如下：

```
corpus = DatasetDict({"train" : traindts ,
                      "validation" : testdts })
corpus['train']
```

执行后输出：

```
Dataset({
    features: ['text', 'label', '__index_level_0__'],
    num_rows: 26100
})
```

（6）使用库 Hugging Face Transformers 中的 AutoTokenizer 加载了一个预训练的分词器（tokenizer），并使用该分词器对文本数据集进行分词（tokenization）以便将其传递给预训练的语言模型进行训练或推理。具体实现代码如下：

```
from transformers import AutoTokenizer

model_ckpt = "distilbert-base-uncased"
tokenizer = AutoTokenizer.from_pretrained(model_ckpt)

def tokenise(batch):
    return tokenizer(batch["text"],
                     padding=True,
                     truncation=True)

corpus_tokenised = corpus.map(tokenise,
                              batched=True,
                              batch_size=None)

print(corpus_tokenised["train"].column_names)
```

（7）使用库 Hugging Face Transformers 中的 AutoModel 加载了一个预训练的模型，并将模型移动到可用的计算设备（GPU 或 CPU），以便后续进行文本分类等任务。具体实现代码如下：

```
from transformers import AutoModel
import torch

model_ckpt = "distilbert-base-uncased"
device = torch.device("cuda" if torch.cuda.is_available() else "cpu")
print(device)
model = AutoModel.from_pretrained(model_ckpt).to(device)
```

执行后输出：

```
Downloading: 100%28.0/28.0 [00:00<00:00, 568B/s]
Downloading: 100%483/483 [00:00<00:00, 7.12kB/s]
Downloading: 100%226k/226k [00:00<00:00, 3.04MB/s]
Downloading: 100%455k/455k [00:00<00:00, 4.63MB/s]
```

```
100%
1/1 [00:27<00:00, 27.89s/ba]
100%
1/1 [00:03<00:00, 3.85s/ba]
['text', 'label', '__index_level_0__', 'input_ids', 'attention_mask']
```

（8）编写函数extract_hidden_states(batch)将文本数据输入到模型中，获取模型的隐藏状态表示，以便后续用于文本分类等任务。具体实现代码如下：

```python
# 提取隐藏状态
def extract_hidden_states(batch):

    # 将模型输入放在GPU上
    inputs = {k:v.to(device) for k,v in batch.items()
              if k in tokenizer.model_input_names}

    # 提取最后的隐藏状态
    with torch.no_grad():
        last_hidden_state = model(**inputs).last_hidden_state

    # 返回[CLS]标记的向量
    return {"hidden_state": last_hidden_state[:,0].cpu().numpy()}
```

执行后会输出：

```
cuda
huggingface/tokenizers: The current process just got forked, after parallelism has already been used. Disabling parallelism to avoid deadlocks...
To disable this warning, you can either:
    - Avoid using `tokenizers` before the fork if possible
    - Explicitly set the environment variable TOKENIZERS_PARALLELISM=(true | false)
huggingface/tokenizers: The current process just got forked, after parallelism has already been used. Disabling parallelism to avoid deadlocks...
To disable this warning, you can either:
    - Avoid using `tokenizers` before the fork if possible
    - Explicitly set the environment variable TOKENIZERS_PARALLELISM=(true | false)
huggingface/tokenizers: The current process just got forked, after parallelism has already been used. Disabling parallelism to avoid deadlocks...
To disable this warning, you can either:
    - Avoid using `tokenizers` before the fork if possible
    - Explicitly set the environment variable TOKENIZERS_PARALLELISM=(true | false)
Downloading: 100%
256M/256M [00:07<00:00, 34.2MB/s]
```

（9）将数据集corpus_tokenised中的特征格式转换为PyTorch张量格式，以便在PyTorch中进一步处理和训练。具体实现代码如下：

```python
corpus_tokenised.set_format("torch",
                    columns=["input_ids", "attention_mask", "label"])
corpus_tokenised
```

执行后会输出：

```
DatasetDict({
    train: Dataset({
        features: ['text','label','index_level_0','input_ids','attention_mask'],
        num_rows: 26100
    })
    validation: Dataset({
        features: ['text', 'label','__index_level_0__','input_ids', 'attention_mask'],
        num_rows: 2901
    })
})
```

（10）使用之前定义的 extract_hidden_states()函数从模型中提取数据集的隐藏状态，并将其添加到数据集中以供后续使用。具体实现代码如下：

```
corpus_hidden = corpus_tokenised.map(extract_hidden_states,
                                      batched=True,
                                      batch_size=32)
corpus_hidden["train"].column_names
```

执行后会输出：

```
100%
816/816 [03:56<00:00, 3.65ba/s]
100%91/91 [00:26<00:00, 3.83ba/s]
['text',
 'label',
 '__index_level_0__',
 'input_ids',
 'attention_mask',
 'hidden_state']
```

（11）清空 GPU 缓存，保存处理后的数据，并列出当前工作目录下的文件。具体实现代码如下：

```
# 清空 GPU 缓存，避免显存不足
torch.cuda.empty_cache()

# 保存我们的数据
corpus_hidden.set_format(type="pandas")

# 将标签数据添加到数据框中
def label_int2str(row):
    return corpus["train"].features["label"].int2str(row)

# 从训练数据集中提取数据并添加标签名称列，然后保存到 pickle 文件
ldf = corpus_hidden["train"][:]
ldf["label_name"] = ldf["label"].apply(label_int2str)
ldf.to_pickle('training.df')

# 从验证数据集中提取数据并添加标签名称列，然后保存到 pickle 文件
ldf = corpus_hidden["validation"][:]
```

```
ldf["label_name"] = ldf["label"].apply(label_int2str)
ldf.to_pickle('validation.df')

# 列出当前工作目录下的文件
!ls /kaggle/working/
```

执行后会输出：

```
huggingface/tokenizers: The current process just got forked, after parallelism
has already been used. Disabling parallelism to avoid deadlocks...
To disable this warning, you can either:
    - Avoid using `tokenizers` before the fork if possible
    - Explicitly set the environment variable TOKENIZERS_PARALLELISM=(true
| false)
__notebook__.ipynb  training.df  validation.df
```

（12）加载隐藏状态数据，提取标签和标签名称，然后将唯一标签的名称存储在列表中。具体实现代码如下：

```
import pandas as pd
import pickle

# 加载隐藏状态数据（从pickle文件中加载到Pandas数据帧中）
# training = pd.read_pickle('/kaggle/input/hiddenstatedata/training.df')
# validation=pd.read_pickle('/kaggle/input/hiddenstatedata/validation.df')
training = pd.read_pickle('training.df')
validation = pd.read_pickle('validation.df')
training.head()

# 提取标签和标签名称
labels = training[['label','label_name']]

#循环提取唯一标签的名称，并存储在Label列表中
label = []
for i in labels.label.unique():
    label.append(labels[labels['label']==i].iloc[[0]]['label_name'].values[0])

label
```

执行后会输出：

```
['debt collection',
 'other financial service',
 'student loan',
 'prepaid card',
 'credit reporting',
 'mortgage',
 'payday loan',
 'credit card',
 'bank account or service',
 'money transfers',
 'virtual currency']
```

（13）准备机器学习模型所需的训练和验证数据，包括隐藏状态特征和标签。具体实现代码如下：

```python
import numpy as np

# 将训练数据集中的隐藏状态转换为 NumPy 数组
X_train = np.stack(training['hidden_state'])

# 将验证数据集中的隐藏状态转换为 NumPy 数组
X_valid = np.stack(validation["hidden_state"])

# 将训练数据集中的标签转换为 NumPy 数组
y_train = np.array(training["label"])

# 将验证数据集中的标签转换为 NumPy 数组
y_valid = np.array(validation["label"])

# 打印训练数据集和验证数据集的形状
print(f'Training Dataset: {X_train.shape}')
print(f'Validation Dataset {X_valid.shape}')
```

执行后会输出：

```
Training Dataset: (26100, 768)
Validation Dataset (2901, 768)
```

（14）使用库 Scikit-Learn 中的 Logistic Regression（逻辑回归）模型来训练一个文本分类模型。具体实现代码如下：

```python
from sklearn.linear_model import LogisticRegression as LR

# 创建逻辑回归分类器，设置最大迭代次数（max_iter）为 2000 以确保模型收敛
lr_clf = LR(max_iter=2000)

# 使用训练数据集（X_train 和 y_train）训练逻辑回归模型
lr_clf.fit(X_train, y_train)
```

执行后会输出：

```
CPU times: user 8min 59s, sys: 39.2 s, total: 9min 38s
Wall time: 5min 5s
LogisticRegression(max_iter=2000)
```

（15）评估逻辑回归模型在训练数据集和验证数据集上的分类准确度，以了解模型的性能。具体实现代码如下：

```python
y_preds_train = lr_clf.predict(X_train)
y_preds_valid = lr_clf.predict(X_valid)
print('LogisticRegression:')
print(f'training accuracy: {round(lr_clf.score(X_train, y_train),3)}')
print(f'validation accuracy: {round(lr_clf.score(X_valid, y_valid),3)}')
```

执行后会输出：

```
LogisticRegression:
training accuracy: 0.807
```

validation accuracy: 0.772

（16）保存训练好的逻辑回归模型，然后可视化验证数据集上的混淆矩阵。具体实现代码如下：

```python
import joblib
# 保存训练好的逻辑回归模型到文件
filename = 'classifier.joblib.pkl'
_ = joblib.dump(lr_clf, filename, compress=9)

# 加载 sklearn 模型
# lr_clf = joblib.load('/kaggle/input/hiddenstatedata/' + filename)
# lr_clf

import matplotlib.pyplot as plt
from sklearn.metrics import ConfusionMatrixDisplay, confusion_matrix

# 定义函数用于绘制混淆矩阵
def plot_confusion_matrix(y_model, y_true, labels):
    cm = confusion_matrix(y_true, y_model, normalize='true')  # 计算混淆矩阵并进行标准化
    fig, ax = plt.subplots(figsize=(8, 8))
    disp=ConfusionMatrixDisplay(confusion_matrix=cm.round(2).copy(), display_labels=labels)
    disp.plot(ax=ax, colorbar=False)   # 绘制混淆矩阵图
    plt.title("Confusion matrix")
    plt.xticks(rotation=90)  # 旋转 X 轴标签以更好地显示
    plt.tight_layout()
    plt.show()

labels = list(training.label_name.value_counts().index)  # 获取标签类别

# 绘制验证数据集上的混淆矩阵
plot_confusion_matrix(y_preds_valid, y_valid, labels)
```

在上述代码中，首先将训练好的逻辑回归模型保存到名为 classifier.joblib.pkl 的文件中，使用了压缩等级 9 来压缩文件大小。然后调用自定义的函数 plot_confusion_matrix() 来绘制验证数据集上的混淆矩阵。混淆矩阵用于可视化模型在不同类别上的分类性能，帮助了解模型的性能如何。执行效果如图 10-14 所示。

（17）清空 PyTorch 的 GPU 缓存，并将数据格式更改为 PyTorch 张量。具体实现代码如下：

```python
# 清空 GPU 缓存
torch.cuda.empty_cache()

# 将数据格式更改为 PyTorch 张量
corpus_tokenised.set_format("torch",
                    columns=["input_ids", "attention_mask", "label"])
corpus_tokenised
```

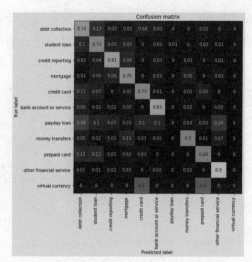

图 10-14 模型在不同类别上的分类性能

执行后会输出：

```
DatasetDict({
    train: Dataset({
        features: ['text','label','__index_level_0__','input_ids','attention_mask'],
        num_rows: 26100
    })
    validation: Dataset({
        features:['text','label','__index_level_0__','input_ids','attention_mask'],
        num_rows: 2901
    })
})
```

（18）导入库 Hugging Face Transformers 中的相关模块，并初始化一个预训练的文本分类模型。具体实现代码如下：

```
from transformers import AutoModelForSequenceClassification
import torch
device = torch.device("cuda" if torch.cuda.is_available() else "cpu")
model_ckpt = "distilbert-base-uncased"

model = (AutoModelForSequenceClassification
        .from_pretrained(model_ckpt,
                    num_labels=len(labels))
        .to(device))

from sklearn.metrics import accuracy_score, f1_score

def compute_metrics(pred):
    labels = pred.label_ids
    preds = pred.predictions.argmax(-1)
    f1 = f1_score(labels, preds, average="weighted")
```

```
    acc = accuracy_score(labels, preds)
    return {"accuracy": acc, "f1": f1}
```

（19）使用库 Hugging Face Transformers 中的 Trainer 和 TrainingArguments 模块进行模型训练。具体实现代码如下：

```
from transformers import Trainer, TrainingArguments

# 定义批次大小
bs = 16

# 定义模型名称
model_name = f"{model_ckpt}-finetuned-financial"

# 获取标签列表
labels = corpus_tokenised["train"].features["label"].names

# 训练参数配置
training_args = TrainingArguments(output_dir=model_name,      # 输出目录，用于保存模型和训练日志
                                  num_train_epochs=3,          # 训练的轮数
                                  learning_rate=2e-5,          # 模型的学习率
                                  per_device_train_batch_size=bs,   # 训练时的批次大小
                                  per_device_eval_batch_size=bs,  # 验证时的批次大小
                                  weight_decay=0.01,           # 权重衰减
                                  evaluation_strategy="epoch", # 评估策略，每个 epoch 进行一次评估
                                  disable_tqdm=False,          # 是否禁用进度条
                                  report_to="none",            # 报告结果的方式，这里设置为不报告
                                  push_to_hub=False,           # 是否上传到模型 Hub
                                  log_level="error")           # 日志级别，这里设置为错误级别

from transformers import Trainer

# 初始化 Trainer，用于训练和评估模型
trainer = Trainer(model=model,                              # 模型
            args=training_args,                             # 训练参数（上面定义的）
            compute_metrics=compute_metrics,                # 计算指标的函数
            train_dataset=corpus_tokenised["train"],        # 训练数据集
            eval_dataset=corpus_tokenised["validation"],    # 验证数据集
            tokenizer=tokenizer)                            # 分词器

# 开始训练
trainer.train()

# 保存训练后的模型
trainer.save_model()
```

执行后会输出：

```
[4896/4896 37:20, Epoch 3/3]
Epoch    Training Loss    Validation Loss   Accuracy      F1
1        0.535000         0.528666          0.842468      0.839433
2        0.410300         0.483131          0.858669      0.855979
3        0.312500         0.477747          0.866942      0.864213

CPU times: user 36min 55s, sys: 16.5 s, total: 37min 12s
Wall time: 37min 21s
```

（20）在验证数据集上进行模型预测，具体实现代码如下：

```
pred_output = trainer.predict(corpus_tokenised["validation"])
pred_output
```

执行后会输出：

```
[182/182 00:26]
PredictionOutput(predictions=array([[ 0.4898075, -1.1539025, -2.4000468, ..., 2.664791 ,
        -1.7696137 , -1.85924  ],
       [ 5.524978 ,  1.4433606 , -1.2144918 , ..., -2.0602236 ,
        -2.2785227 , -3.1501598 ],
       [-0.99464035, 1.410322  ,  5.1908035 , ..., -2.1883903 ,
        -1.5084958 , -3.9436107 ],
       ...,
       [ 0.8029568 ,  2.751484  , -1.0246688 , ..., -2.6813054 ,
         0.32632264, -3.8141603 ],
       [ 0.27522528, -1.2025931 , -0.14139701, ..., -2.684458  ,
        -1.0188793 , -3.16859   ],
       [-0.17902231, -1.83018   , -0.8901656 , ..., -3.2526188 ,
         0.6185259 , -3.5121055 ]], dtype=float32), label_ids=array([4,1,2,...,
0,5,5]), metrics={'test_loss':0.47774738073349,'test_accuracy':0.8669424336435
712,'test_f1':0.8642125632561599,'test_runtime':26.9558,'test_samples_per_sec
ond': 107.621, 'test_steps_per_second': 6.752})
```

（21）打印输出模型的预测输出和相应的形状，具体实现代码如下：

```
print(f'Output Predition: {pred_output.predictions.shape}')
print(pred_output.predictions)
```

执行后会输出：

```
Output Predition: (2901, 11)
[[ 0.4898075  -1.1539025  -2.4000468  ...  2.664791   -1.7696137
  -1.85924   ]
 [ 5.524978    1.4433606  -1.2144918  ... -2.0602236  -2.2785227
  -3.1501598 ]
 [-0.99464035  1.410322    5.1908035  ... -2.1883903  -1.5084958
  -3.9436107 ]
 ...
 [ 0.8029568   2.751484   -1.0246688  ... -2.6813054   0.32632264
  -3.8141603 ]
 [ 0.27522528 -1.2025931  -0.14139701 ... -2.684458   -1.0188793
  -3.16859   ]
```

```
[-0.17902231 -1.83018    -0.8901656  ... -3.2526188  0.6185259
 -3.5121055 ]]
```

（22）解码模型的预测结果并打印，即打印模型对验证数据集中每个样本的最终预测类别。具体实现代码如下：

```
import numpy as np

# Decode the predictions greedily using argmax (highest value of all classes)
y_preds = np.argmax(pred_output.predictions,axis=1)
print(f'Output Prediction:{y_preds.shape}')
print(f'Predictions: {y_preds}')
```

执行后会输出：

```
Output Prediction:(2901,)
Predictions: [4 0 2 ... 1 5 5]
```

（23）绘制混淆矩阵的函数调用，展示模型的预测结果与真实标签之间的对比。具体实现代码如下：

```
plot_confusion_matrix(y_preds,y_valid,labels)
```

执行后会根据 y_preds 和 y_valid 的值绘制混淆矩阵，用来显示模型的性能表现，特别是在不同类别上的表现情况。执行效果如图 10-15 所示。

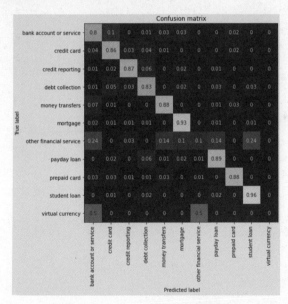

图 10-15　模型的性能表现混淆矩阵